CATIA 知识工程

入门与实战

李光春◎编著

中国铁道出版社有限公司
CHINA RAILWAY PUBLISHING HOUSE CO., LTD.

内容简介

知识工程是 CATIA 的核心功能之一，本书是市面上为数不多的专门介绍 CATIA 知识工程的专业性参考书。全书从知识工程基础、知识工程模板、知识工程顾问三部分内容讲解 CATIA 知识工程的具体操作，并配有详细的实战案例。书中穿插介绍了很多提升工作效率和解决常见问题的经验和技巧，可帮助读者快速提升软件应用水平。

配套资源中提供了书中实例的工程文件和讲解实例的语音视频教学文件。

本书可作为工业工程、机械制造、石油化工、轻工、造船、航空航天、汽车交通等行业科研人员和工程技术人员学习 CATIA 的参考书，也可作为高校及培训机构相关专业的教材。

图书在版编目（CIP）数据

CATIA 知识工程入门与实战/李光春编著. —北京：中国铁道出版社有限公司，2021.7

ISBN 978-7-113-27906-6

Ⅰ. ①C… Ⅱ. ①李… Ⅲ. ①机械设计-计算机辅助设计-应用软件 Ⅳ. ①TH122

中国版本图书馆 CIP 数据核字（2021）第 070801 号

书　　名：CATIA 知识工程入门与实战
CATIA ZHISHI GONGCHENG RUMEN YU SHIZHAN

作　　者：李光春

责任编辑：于先军　　**编辑部电话**：（010）51873026　　**邮箱**：46768089@qq.com

封面设计：MXK DESIGN STUDIO

责任校对：焦桂荣

责任印制：赵星辰

出版发行：中国铁道出版社有限公司（100054，北京市西城区右安门西街 8 号）

印　　刷：国铁印务有限公司

版　　次：2021 年 7 月第 1 版　2021 年 7 月第 1 次印刷

开　　本：787 mm×1 092 mm 1/16　**印张**：12　**字数**：298 千

书　　号：ISBN 978-7-113-27906-6

定　　价：69.80 元

CATIA

推荐序一

CATIA V5 自从 1999 年问世以来，经过 20 多年的发展和推广，在航空、汽车、船舶、土木、能源行业都具备了广泛的应用基础。在 CATIA V5 中，最核心的两大驱动力是知识工程和数字样机，这两样是任何专业领域都需要用到的。知识工程可以结合三维建模、复材设计、电气管路设计、人机工程，甚至 NC 加工和有限元分析，赋能各专业领域提升设计效率。

CATIA V5 知识工程的发展源于达索、IBM 与丰田汽车的三方合作，当时丰田汽车正面临新老工程师的交替，企业希望将老专家们的设计 Know-How 沉淀在 CATIA 工具软件中，让年轻的工程师可以快速复用，提升研发效率和设计质量，减少返工。达索和 IBM 协助丰田汽车规划了 BT-RT 的两阶段开发方法论，即 Build Time 和 Run Time。老专家负责制作各专业的知识工程模板，年轻工程师负责把模板应用在工程项目上。

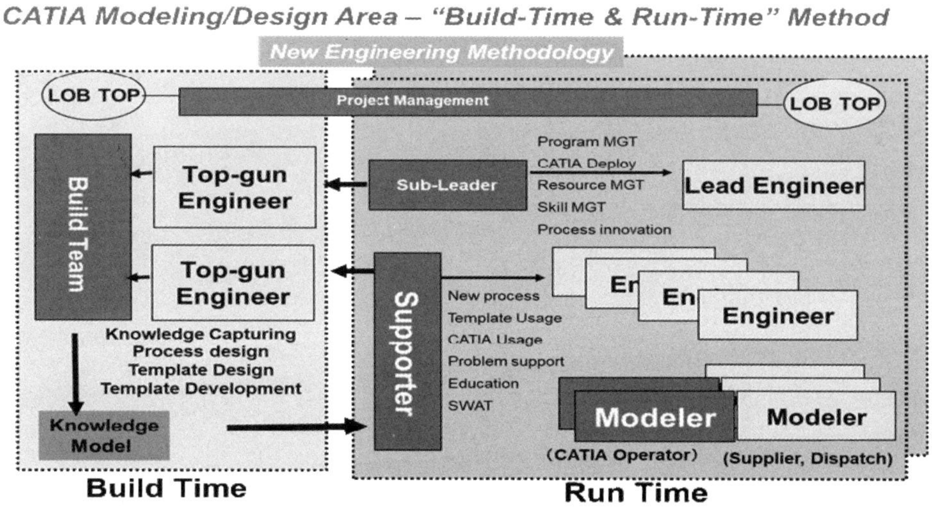

经过丰田汽车 3 年多的项目应用，CATIA V5 的知识工程模块也经历了脱胎换骨的变化，形成了知识工程框架的雏形。即 KWA 知识工程顾问，负责定义 What-If 的参数化逻辑；PEO 产品工程优化，负责定义基于多目标约束的参

数优化；PKT 产品知识模板，负责提供不同级别的容器用于装载参数化的建模过程。后续几年 CATIA 软件又陆续增加了流程模板、功能模板、知识工程专家等一系列新的应用。

本书是市面上为数不多的关于 CATIA 知识工程的专业性参考书。全书从知识工程基础、知识工程模板、知识工程顾问三个方面讲解了 CATIA 知识工程的具体操作，并配有详细的练习案例，通俗易懂。本书作者一直使用 CATIA 从事设计工作，先后供职于工业领域及汽车行业巨头公司，在 CATIA 知识工程领域有着深厚的造诣。

要学好知识工程，需要一个长期的过程，既要对产品有深刻理解，同时要具备参数化建模的能力，建模的稳定性和鲁棒性是知识工程成功应用的关键。希望读者开卷有益，从书中收获知识和方法。

上海江达技术经理

陆广霖

2021 年 6 月

CATIA

推荐序二

在智能制造、工业 4.0 等概念提出的背景下，越来越多的企业认识到构建知识型企业的重要性。大部分企业经过几十年的发展，在产品研发方面积累了大量的设计数据、验证数据、质检数据等技术性数据；在企业管理方面积累了大量的管理经验数据、业务运营数据等管理性数据，但很多的企业数据存储分散，没有形成系统化的数据管理方式，更多的经验靠人来管理。

另一方面，面对日益激烈的市场竞争环境以及越来越多的客户定制化的需求，企业的产品交付周期被压缩得越来越短，这就要求企业必须尽可能地减少设计周期、生产周期、采购周期等多方面的综合时间，保证正常的交付。

基于此，并且基于企业多年的产品研发积累，建设技术研发端统一的企业知识平台显得尤为重要。尤其是如何将老工程师的设计经验与年轻工程师的速度和创新进行完美融合，这将是很多公司所面临的挑战与追求。将多年的产品研发经验沉淀到企业知识工程建设中，以减少重复性的工作，使工程师有更多的时间完成技术创新工作。

CATIA 作为达索系统的产品开发旗舰解决方案，作为 PLM 协同解决方案的重要组成部分，可以通过知识工程帮助制造厂商设计未来的产品，并支持从项目前期阶段、概念及详细设计、分析、模拟、组装到维护在内的全部工业设计流程。

本书以实际工程案例讲解与演示，首先详细阐述构建企业参数化设计库的方法以及建设要点；其次阐述如何将常用的特征及零部件模块化，以超级副本和用户定义特征的方式保存在知识工程库中，以方便工程师快速调用，减少重复性工作；最后讲述 CATIA 中的知识工程顾问的应用，以参数化、系列化的方式快速驱动产品的改型、组合；构建产品零部件的规则、检查，以自动化的设计方式以及对错误的检查分析来提高工程师的工作效率及准确率。

知识工程的建设最终将实现产品研发数据的积累和应用，构建企业的产品设计规范，快速完成设计说明中规定的内容，减少反复设计的时间，逐步为企业构建知识型的产品研发管理平台。

本书作者有十余年的CATIA软件使用经验，并有丰富的企业培训经验，善于深入浅出地讲解软件操作过程中的技巧与要点，本书知识结构层次分明，内容由浅入深，要点讲解简单明了、无过多赘述，使用示例贴合工程实际，特别适合于企业设计人员参考使用，同时也可供大专院校选修课程辅导用书。

数字化与高质高效设计是企业永远的追求，希望广大读者通过本书的学习能各有收获与提升，为助力企业实现宏伟目标贡献自己的一份力量。

青岛友创软件科技技术总监

王　鑫

2021年6月

配套资源下载链接：
https://pan.baidu.com/s/1l3H8aZGjmyU_E6dQOYEleQ
提取码：vryw

http://www.m.crphdm.com/2021/0511/14341.shtml

前　言

CATIA 软件是法国达索公司为适应航空器产品的研发需要而开发出来的三维建模软件，也正因其为航空行业而生的背景，使其成为当今航空航天与国防、船舶与海工、汽车与轨道交通等行业的“垄断”设计软件，全球主流的汽车制造商除通用、日产等少数几个厂商外，几乎全部使用 CATIA 作为主要的机械设计软件。经历几十年的发展与完善，目前已经不再是功能单一的三维建模软件，而是集成了 CAD、CAE、CAM 等多个功能于一体，甚至已经不再局限于机械设计领域，更广泛地应用于人机工程开发、集成电路设计、建筑结构设计、采矿选址、水利工程等领域，现在已经可以见到越来越多的工程使用了 CATIA 集成的 BIM 技术的应用。

目前市面上关于 CATIA 软件操作介绍的书籍、影像资料比较丰富，有的侧重于建模、装配、工程图等基础模块的介绍，有的侧重于曲面建模及复杂造型等方面的介绍，还有些侧重于 CNC 编程及 DMU 等知识的介绍，但是介绍知识工程及二次开发的资料少之又少，仅有的几本参考书内容也已陈旧。而软件的帮助文档一般侧重于介绍命令的操作及其功能本身，相对缺乏完整的工程应用案例，又因帮助文档中关于知识工程方面的介绍大多是英文的原稿，这在一定程度上也造成了使用者在学习方面的障碍，因此笔者计划写作本书，以浅显的实际工程案例，详细讲解知识工程的入门知识。

本书以 CATIA V5 R22 英文版软件作演示，所有截图均为英文原版界面，文中相关命令或术语的描述为中文并附英文原词供参考。为便于制图和突出知识点的表述，部分描述可能与实际零件的真实特征或尺寸不符，还请读者见谅，且勿纠结于此。本书介绍的内容在 CATIA 中属于相对高级的知识，侧重讲解知识工程部分，因此，关于基础建模或其他部分的内容可能未作详细介绍，望读者知悉。本书可作为高校三维 CAD 课程的教辅用书，亦可作为企业培训的实训教材，还可作为航空航天、汽车与轨道交通等行业设计人员的参考书。

感谢北华大学机械工程学院教授张学文博士、格兰富（中国）投资有限公司高级工程师夏茂秋先生对于本书内容的审核、校对和成书所作的贡献；感谢南京高速齿轮制造有限公司高级工程师苏景鹤先生为本书第 7 章大部分内容撰稿，他也是《ABAQUS Python 二次开发攻略》及《ABAQUS 分析之美》两书的作者；感谢达索系统全球合作伙伴上海江达科技技术经理陆广霖先生为本书作推荐序；感谢达索合作伙伴青岛友创软件科技技术总监王鑫先生为本书作推荐序；同时非常感谢丹麦 Grundfos Holding A/S 公司的 Michael Laursen 先生和 Ole Hog 先生给予我在 CATIA 学习过程中的指导与帮助。最后，感谢家人为我在写书期间给予的支持与鼓励。

饮水思源，回顾我的学习和工作历程，曾经受到过很多人的帮助与指导，希望所有的善意和帮助能够得到延续。为此，笔者决定由本书产生的归属于我个人所得的稿酬将全部作公益捐赠。如果本书的内容对各位读者学习专业技能有所收获，希望各位读者在提高专业技能的同时，传递善意互助的正能量。

再次感谢张学文教授、夏茂秋先生、苏景鹤先生、Michael Laursen 先生、Ole Hog 先生对我的指导和给予本书成书的所有支持，感谢上海江达科技技术经理陆广霖先生和青岛友创软件科技技术总监王鑫先生为本书作序。

李光春

2021 年 6 月

CATIA

目录

第一篇 创建定制化零件库

第二篇 超级副本和用户定义特征

第三篇　KWA 常用命令

DS CATIA

第一篇

创建定制化零件库

在产品设计过程中，如螺栓、螺母、轴承等标准件在产品中常被广泛使用，这些常见标准件的三维模型，网络上大多已有完整的三维模型库。但对于很多仅在企业内部常用的一些零件，如自动化传送设备上的辊子、带座轴承，以及工程公司常见的系统管路等，一般都需要设计人员重复绘制不同型号的类似零件。实际上，对于这些结构相似仅是尺寸不同的零件，可以通过创建定制化的零件库来解决重复绘制三维模型的问题，即通过改变预设的相关控制参数达到生成不同零件模型的效果。

本篇选取常见的深沟球轴承作为引例，介绍创建定制化零件库的一般过程，再附以联轴器作为练习案例，强化所述相关知识。通过本篇的学习，读者可以完成常见结构相似类零件的定制化零件库的制作。

第 1 章 参数化设计

本章将带领读者完成参数化设计相关的初始环境设置，再逐步介绍如何创建各种类型的参数（Parameter），以及参数之间的关系（Relation），并最终用参数控制模型的相关尺寸。

本章知识要点：

- 初始环境设置
- 创建参数
- 创建参数间的关系

1.1 参数化初始环境设置

CATIA 软件在使用前，需要对相关环境参数进行设置，才能更方便地用于实际操作。在 CATIA 窗口选择【工具（Tools)】>【选项（Options)】命令，弹出如图 1.1 所示的【选项（Options)】对话框。

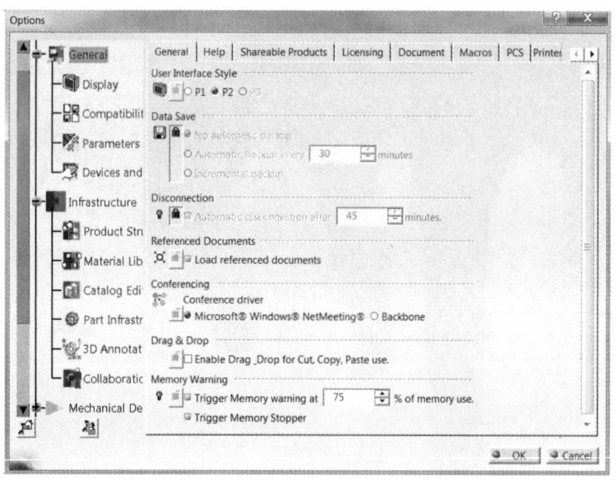

图 1.1

在【选项（Options)】对话框左侧的结构树中展开【基础架构（Infrastructure)】选项集，并选择其下面的【零件基础架构（Part Infrastructure)】选项，在右侧的选项卡中选择【显示（Display)】选项卡，在该选项卡的【在结构树中显示（Display In Specification Tree)】区域的复选框中，选中【参数（Parameters)】和【关系（Relations)】两项，如图 1.2 所示。只有这样设置之后，在零件设计窗口中的结构树中，才能显示所创建的参数以及参数关系式；否则，将无法显示。

在【选项（Options）】对话框左侧的结构树中展开【一般（General）】选项集，并选择其下面的【参数和测量（Parameters and Measure）】选项，在右侧的选项卡中选择【知识（Knowledge）】选项卡，在该选项卡下【参数结构树视图（Parameter Tree View）】区域，选中【带值（With Value）】项，如图 1.3 所示。

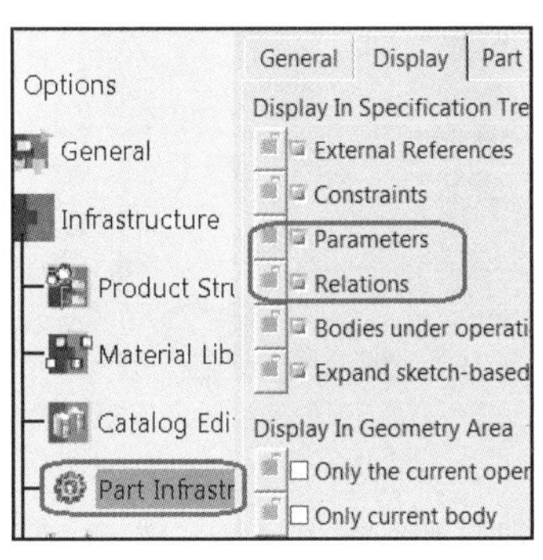

图 1.2

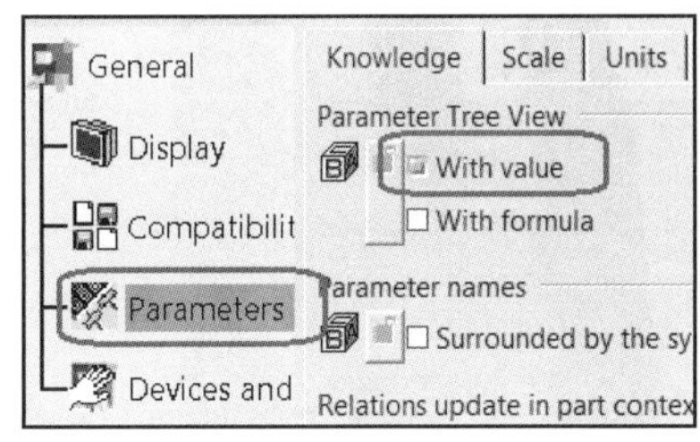

图 1.3

这一操作的目的是，在设计文档的参数结构树中显示出所建的参数值，若选择了【带公式（With formula）】项，对于某个由其他参数通过一定的运算法则得到具体数值的参数，就会显示这一计算法则，即计算公式。若不选择这两项，则无法显示数值或公式，仅显示参数名。如图 1.4 所示，图（a）仅显示参数名，图（b）同时显示参数的值及计算公式，图（c）仅显示参数的值，图（d）仅显示参数的计算公式。

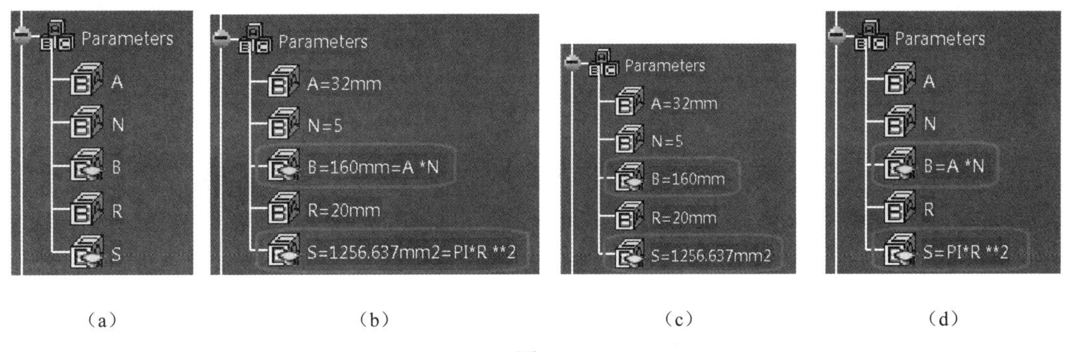

（a）　（b）　（c）　（d）

图 1.4

1.2　创建参数及参数间的关系

图 1.5

新建一个零件文档，单击如图 1.5 所示【知识（Knowledge）】工具栏中的【公式（Formulas）】按钮f(x)，创建一个新的参数，或查看、修改既有的系统默认参数。

单击【公式（Formulas）】按钮f(x)后，弹出【公式（Formulas）】对话框，如图 1.6 所示。

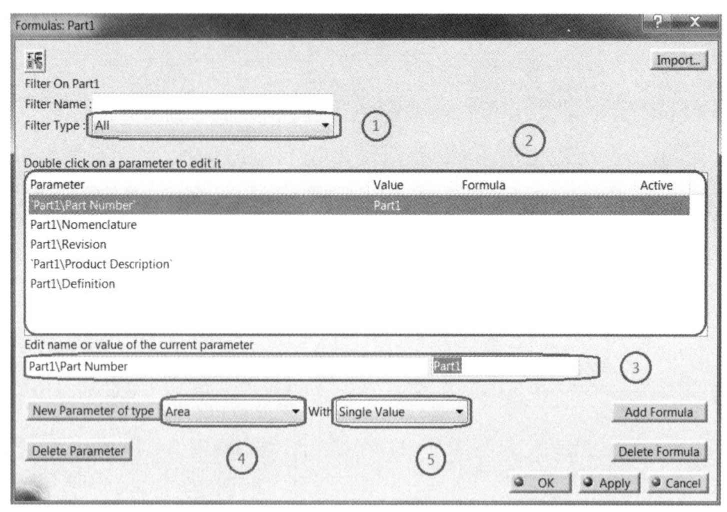

图 1.6

在【公式（Formulas)】对话框中，单击展开图 1.6 中所示序号 4 区域的下拉列表，如图 1.7 所示，选择所需参数类型；单击展开图 1.6 中所示序号 5 区域的下拉列表，如图 1.8 所示，选择所需参数值类型，即【单值（Single Value)】或【多值（Multiple Values)】。

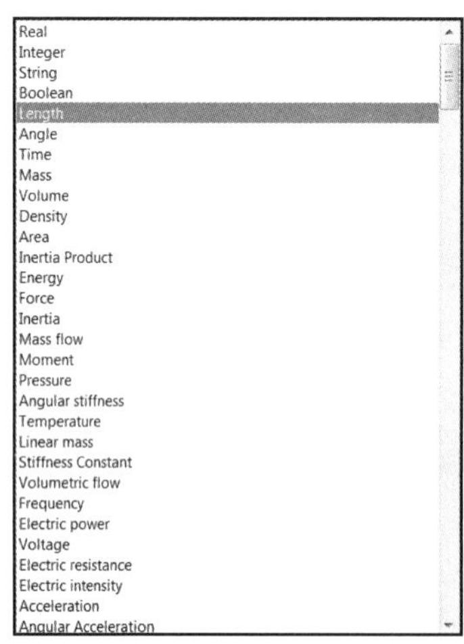

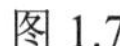

图 1.7

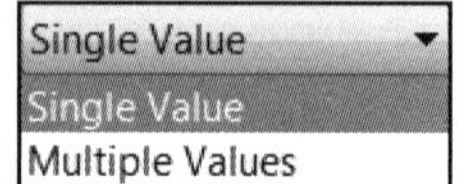

图 1.8

提　示

创建参数前，参数类型一定要谨慎选择，参数一旦创建成功，它的类型将无法修改，参数值类型则可以在【单值（Single Value）】和【多值（Multiple Values）】之间修改。

选择好合适的参数类型和参数值类型后，单击【公式（Formulas)】对话框左下方的【新类型参数（New Parameter of type)】按钮 New Parameter of type ，创建新的参数；与此同时，结构树中会显示新建的参数，且这些新建的参数都被存放于一个名为【参数集（Parameters)】的节点下面，如图 1.9 所示。同样在图 1.6 中所示【公式（Formulas)】对话框序号 2 区域也会显示所创建的参数。

如果参数值的类型选择了【多值（Multiple Values）】类型，单击【新类型参数（New Parameter of type）】按钮 New Parameter of type 会自动弹出一个多值参数值输入对话框，如图 1.10 所示。在上面一行的输入区输入参数值后按下回车键（Enter），输入的数值即被放入下面的数值列表中；输入多个参数值后，可通过右侧的按钮 ⇧ 和 ⇩ 对数值顺序作调整；也可通过单击下面的【移除（Remove）】或【移除全部（Remove All）】按钮移除不需要的数值。

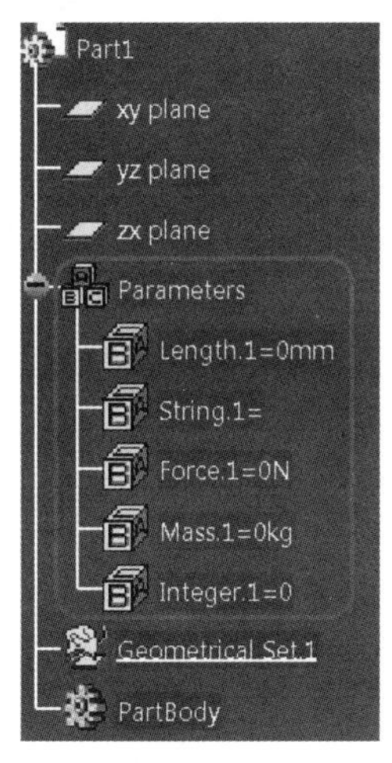

图 1.9

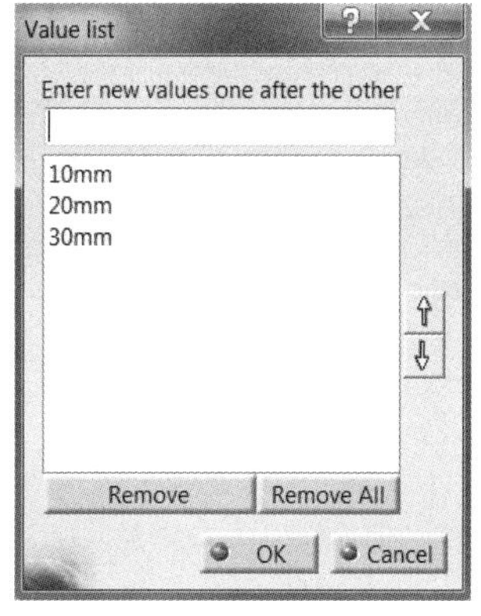

图 1.10

在【公式（Formulas）】对话框序号 2 区域选择一个已创建的参数，在序号 3 区域左侧输入框会显示参数名，右侧输入框会显示参数值，这时可分别修改参数名和参数值。如图 1.11 所示，选择原来的字符串型参数“string.1”，在序号 3 区域左侧将参数名改为“Part Number”，将参数值改为“123456”，同时结构树中相应的参数名称和值都会被更改，单击【公式（Formulas）】对话框下方的【确定（OK）】或【应用（Apply）】按钮确认修改。

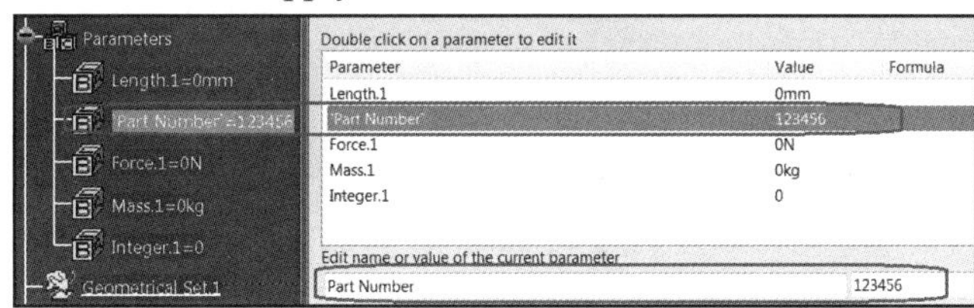

图 1.11

还可以通过在结构树中双击需要修改的参数，在弹出的对话框中修改参数名和参数值，如图 1.12 所示。

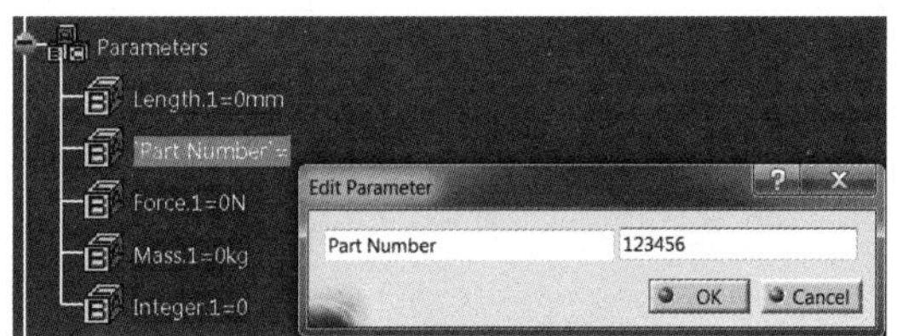

图 1.12

提　示

在结构树中右击参数，选择【属性（Properties）】项，在弹出的对话框中可以修改参数的名称。需要注意的是属性里面的名称有【本地名称（Local Name）】和【名称（Name）】之分，前述两种方法所做的修改，都是【名称（Name）】的修改。

通过图 1.11 和图 1.12 可以看出修改后的参数名从“String.1”改成“Part Number”后，参数名 Part Number 多了一对单引号。这是因为参数名称中间有个空格字符，如果删除 Part 和 Number 中间的空格或以下画线符号“_”代替空格，单引号都会消失。在实际使用过程中，建议不要在参数名称中使用空格。

如果需要删除不需要的参数，可以在【公式（Formulas）】对话框序号 2 区域选择想要删除的参数，然后单击左下方的【删除参数（Delete Parameter）】按钮 Delete Parameter，即可删除所选参数。

假设一个参数的值是由其他参数通过公式计算得出，可以在【公式（Formulas）】对话框序号 2 区域选择想要赋值的参数，然后单击对话框右侧的【添加公式（Add Formula）】按钮 Add Formula，在弹出的如图 1.13 所示的【公式编辑器（Formula Editor）】对话框中输入计算公式即可。

在【公式编辑器（Formula Editor）】对话框中，目标参数的名称呈不可编辑状态显示在窗口的上面一行，其右侧若有一个“=”符号，其下方便是计算公式的输入区域。在公式输入区域的下面则是公式输入资源选择区域，所有可以用于公式的元素，包括参数、运算符、常量及各种系统预设参数和函数等，都可以从这里选择。公式输入资源选择区域下面为当前选中的用于公式输入的参数（或其他类）的名称及其值，且可以在右侧的输入框中修改参数值，结构树中的对应参数则会同步显示修改的结果。

公式输入资源选择区域共分成三部分，右边依次是其左边的子集，因此左边是最高一层，中间其次，右边是最低一层。左边区域被定义为【词典（Dictionary）】，从这一部分选择合适的大类，例如参数类、测量类、数学函数类、对象类、字符类、单位类、运算符类以及常量等；一旦选好左边的第一大类，中间区域的第二层则会显示左边第一层所属的相关子集，例如左边选择了参数类，则在中间区域就会显示参数类下面所属的所有参数；一旦选好中间一层的成员，则右侧最低层会显示中间所选成员的下一级成员，具体如图 1.13 所示。需要注意的是，当第二层无子集的时候，那么公式输入资源选择区域就只有两部分。

图 1.13

提　示

如果需要输入类似"$a=b^4$"这样的乘方公式，可以在公式输入资源选择区域的【词典（Dictionary）】中选择【运算符（Operators）】，在其右侧子集里选择乘方符号"**"，具体表达式为"a=b**4"。

更多关于公式输入的语法知识，请参考 CATIA 官方帮助文档知识工程相关章节。

如果一个参数的值是通过公式计算得出的（即目标参数由其他参数驱动），则可以在结构树中看出来，例如参数"Length"是由参数"Spacing"和参数"Integer.1"通过公式"Length=Spacing*Integer.1"计算所得，在结构树中参数集下面的参数"Length"图标右下角出现了一个学位帽一样的标识，如图 1.14 所示。

在结构树中双击需要修改的参数，弹出【参数编辑（Edit Parameter）】对话框（见图 1.12），在右侧的参数值输入栏中右击，在弹出的如图 1.15 所示的右击菜单中选择【编辑公式（Edit formula）】，也可以进入【公式编辑器（Formula Editor）】对话框（见图 1.13）。

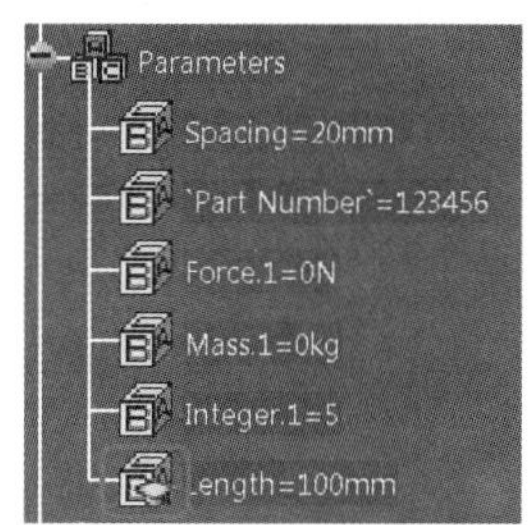

图 1.14

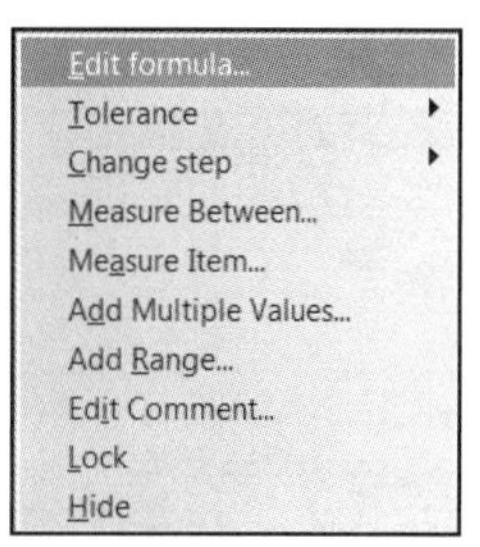

图 1.15

如果要删除为参数所添加的公式，可在【公式（Formulas）】对话框中选择相应的参数，单击【删除公式（Delete Parameter）】按钮 Delete Formula 即可删除驱动该参数的公式。同样也可以在结构树中双击参数，在弹出的如图 1.16 所示的【参数编辑（Edit Parameter）】对话框中，单击按钮 f(x) 进入【公式编辑器（Formula Editor）】对话框（见图 1.13），直接删除公式输入区域的内容即可。还可以单击【公式编辑器（Formula Editor）】对话框右上角的【清空文本区域（Erases the text field）】按钮直接删除公式。

在图 1.6 所示的【公式（Formulas）】对话框序号 1 区域，单击展开【过滤类型（Filter Type）】下拉列表，在下列列表中选择相关过滤条件，则在序号 2 区域只显示符合该过滤条件的参数，如图 1.17 所示。

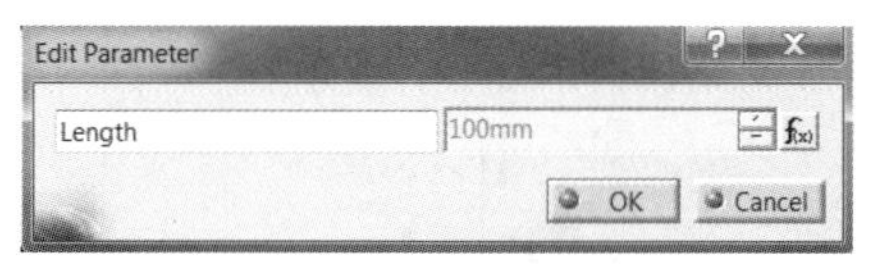

图 1.16

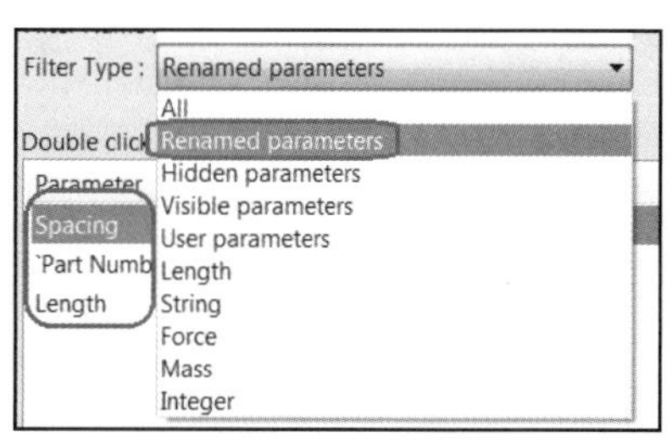

图 1.17

在 CATIA 中，参数不仅可以在设计文档中通过前述方法创建，也可以导入外部文件中已创建好的参数以及相关公式。在图 1.6 所示的【公式（Formulas）】对话框中，单击右上角的【导入（Import）】按钮 Import...，选择外部含参数的文件即可完成参数导入。从外部文件导入参数时，外部表或文本需要保持一个固定的形式，具体要求如下。

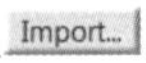

A. 外部导入的文件类型必须是“*.xls”、“*.xlsx”、“*.xlsm”格式的 Excel 文件或“*.txt”格式的文本文件。

B. 如果导入的参数已经存在于当前 CATIA 文档中，则只会更新当前文档中的参数值，不会新建一个同名参数。

C. 确保外部文档中不包含两个同名参数，如果有同名参数，只会导入一个。

D. 外部文件的第一列为【参数名称（Parameter names）】；第二列为【参数值（Parameter values）】，如果是多值参数，则需在不同值之间用英文状态下的半角字符“;”隔开（如果是单值参数或多值参数的最后一个值，则不需要插入“;”），且当前作为被导入的默认值，需置于英文状态下的半角字符“<”和“>”之间，在输入参数值时，需要在参数后写明参数单位以确定参数类型，否则在后续使用过程中，可能导致错误；第三列为【公式（Formula）】，如果没有公式则第三列留空白，输入公式时不要输入等于符号“=”，只需输入等号右侧的公式即可；第四列为【可选注释（Optional comment）】；具体操作如图 1.18 和图 1.19 所示。

	A	B	C	D
1	a	20mm		spacing
2	b	2;<4>;6;8		instance
3	c	80mm	a*b	length

图 1.18

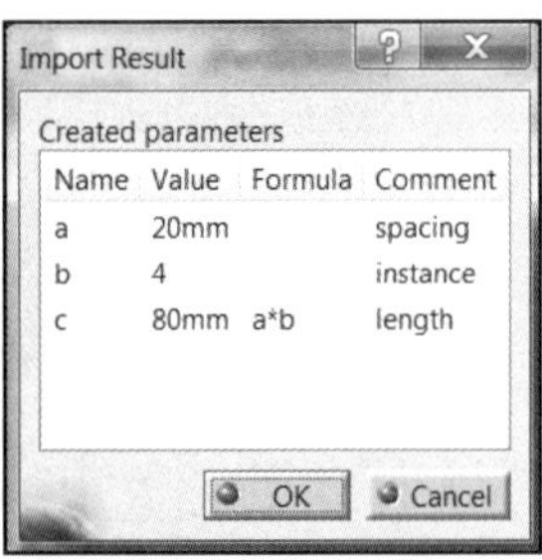

图 1.19

第 2 章 定制零件库

本章将以深沟球轴承为例，详细介绍创建定制化零件库的一般过程。包括创建不同类型的参数（Parameter）、建立参数间的简单运算关系（Relation）、创建设计参数表（Design Table）并与图档参数关联（Association）、创建零件库文件（Catalog）、导入主零件（Master Part）、添加零件族（Part Family）、生成相关变种零件（Variants）、零件库的维护更新等。

本章知识要点

- 创建设计参数表
- 图档参数与设计参数表关联
- 创建零件库文件
- 导入主零件
- 创建零件族
- 生成变种零件
- 零件库的维护

2.1 创建参数及零件三维模型

如图 2.1 所示为常见的深沟球轴承尺寸标示图（参见《机械设计手册》单行本 《第六篇 轴承》）。其中，

B ——轴承宽度；

D ——轴承外圈外径；

D_2——轴承外圈内径；

d ——轴承内圈内径；

d_2——轴承内圈外径；

r ——轴承内、外圈棱边圆角。

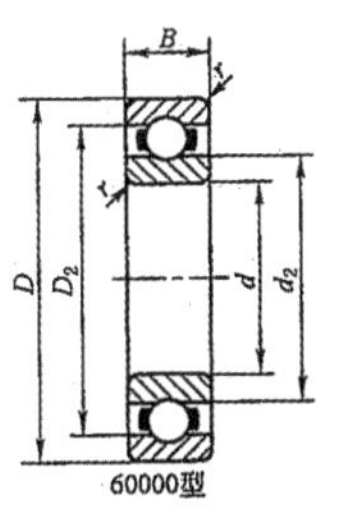

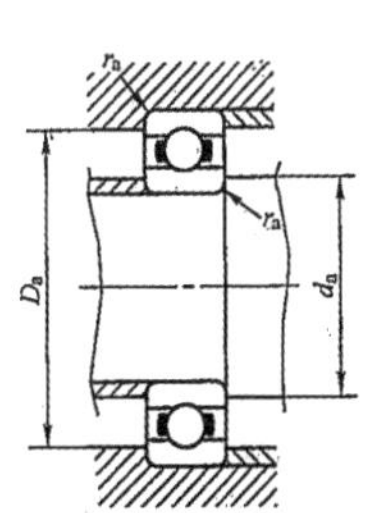

图 2.1

这些尺寸基本描述了一个深沟球轴承的尺寸信息。我们再增加如下几个参数以更完整地描述一个深沟球轴承：

Dw——滚动球体直径；

Z ——滚动球体数量；

t ——冲压型保持架材料厚度；

R ——冲压型保持架弯曲半径。

启动 CATIA，新建一个【零件（Part）】文档，并命名为“Bearing_DGBB_MasterPart”，根据上一节所讲知识，创建以上相关尺寸参数及诸如轴承代号等信息参数。通过简单分析，以上参数中，参数“Z”（滚动球体数量）为【整数（Integer）】类型、轴承代号为【字符串（String）】类型，其他参数均为【长度（Length）】类型参数。参数创建时，以轴承代号为“61800”的轴承给各参数赋值。如图 2.2 所示为结构树中已创建好的参数。

单击【参考元素（Reference Elements）】工具栏中的【点（Point）】按钮，创建一个坐标值为（0，0，0）的坐标点，命名为“Origin”。单击【工具（Tools）】工具栏中的【坐标系（Axis System）】按钮，或在菜单栏中选择【插入（Insert）】>【坐标系（Axis System）】，在弹出的如图 2.3 所示的【定义坐标系（Axis System Definition）】对话框中，在【坐标系类型（Axis System type）】区域选择【标准（Standard）】（即标准笛卡尔三轴坐标系）；在【原点（Origin）】右侧的输入区域单击一下，然后从结构树或者文档窗口选择刚才创建的坐标点“Origin”；选择【当前（Current）】项前面的复选框表示将新创建的坐标系设置为工作坐标系，否则仍以系统默认的三个平面（XY Plane、YZ Plane、ZX Plane）组成的系统坐标系作为工作坐标系；选择【置于坐标系集结点下（Under the Axis Systems node）】项前面的复选框表示将新创建的坐标系放在结构树中一个名为【坐标系集（Axis Systems）】的节点下面，如图 2.4 所示。

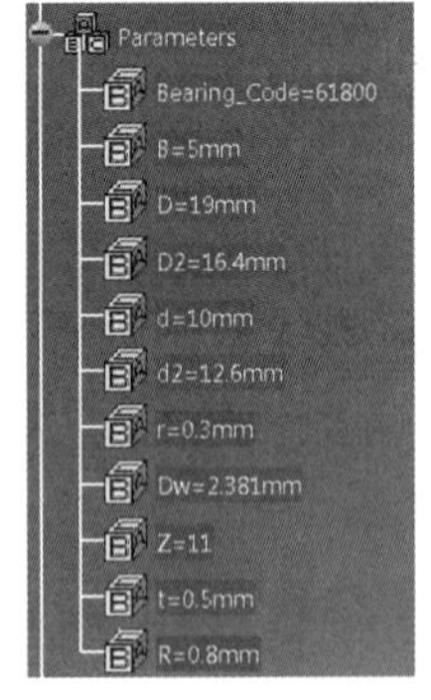

图 2.2

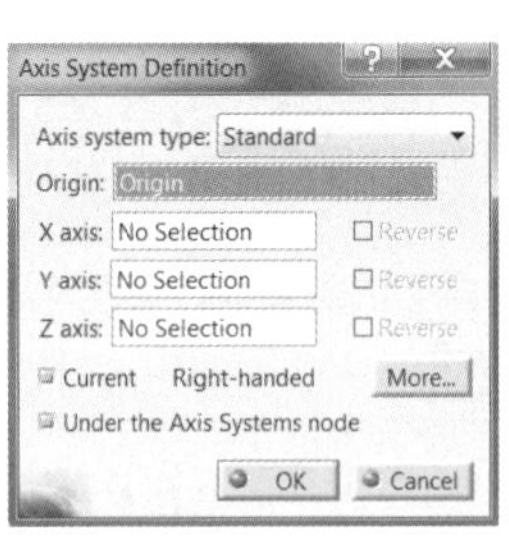

图 2.3

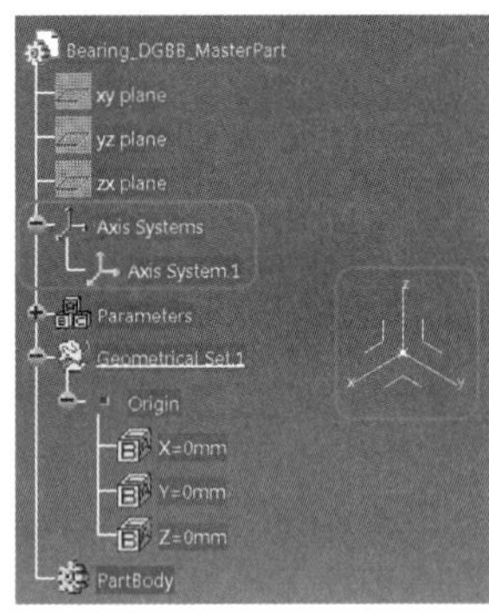

图 2.4

提　示

创建用户自定义坐标系（局部坐标系）的好处包括：其一，零件在空间的位置可以轻易地随坐标原点的位置变化而变化；其二，用户自定义坐标系除了可以看到三个基准平面（XY 面、YZ 面、ZX 面），还可以直观地看到三个基准轴线（X 轴、Y 轴、Z 轴）并便于使用。

更多关于用户自定义坐标系的知识，请参考 CATIA 官方帮助文档相关章节。

单击【插入（Insert）】工具栏中的【几何体（Body）】按钮，或在菜单栏中选择【插入（Insert）】>【几何体（Body）】，新建 4 个【几何体（Body）】，并分别重新命名为“Iner Ring”、“Outer Ring”、“Balls”、“Retainer”，如图 2.5 所示。

提　示

创建新的几何体的目的在于可以将不同的特征放在不同的【几何体(Body)】节点下，使得零件结构清晰且更易于维护，同时也为后续可能做的【布尔运算(Boolean Operation)】提供操作对象。

新建几何体在结构树中的位置取决于几何体创建时工作对象定义在什么位置，右击结构树中的【几何图形集(Geometrical Set)】或【几何体(Body)】，选择【定义工作对象（Define In Work Object）】即可定义当前工作对象的位置，新建几何体会被置于当前定义的工作对象下方。

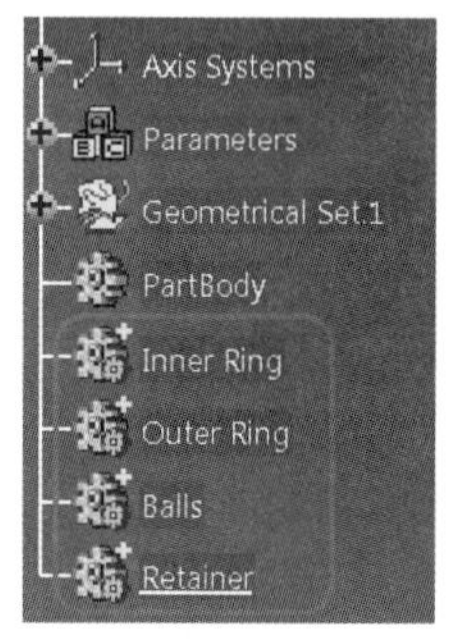

图 2.5

在结构树中右击“Outer Ring”（轴承外圈）几何体，选择【定义工作对象（Define In Work Object)】，即定义“Outer Ring”（轴承外圈）几何体为当前工作对象，如图 2.6 所示，接下来的操作结果将被置于该几何体下。

在菜单栏中选择【插入（Insert)】>【草绘器（Sketcher)】>【定位草图（Positioned Sketch)】，如图 2.7 所示。当然也可以在【草绘器(Sketcher)】工具栏中直接单击【定位草图(Positioned Sketch)】按钮，如图 2.8 所示。

注意观察弹出的【草图定位（Sketch Positioning)】窗口中【平面支持（Planar support)】下的【类型（Type)】项已经是【带定位的（Positioned)】选项状态，当然此时还可以通过下拉菜单切换成【浮动草图（Sliding Sketch)】，如图 2.9 所示。

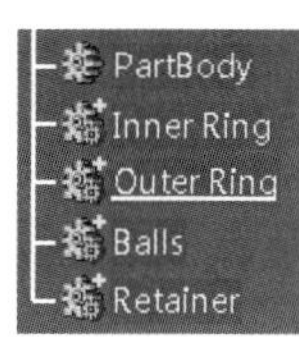

图 2.6

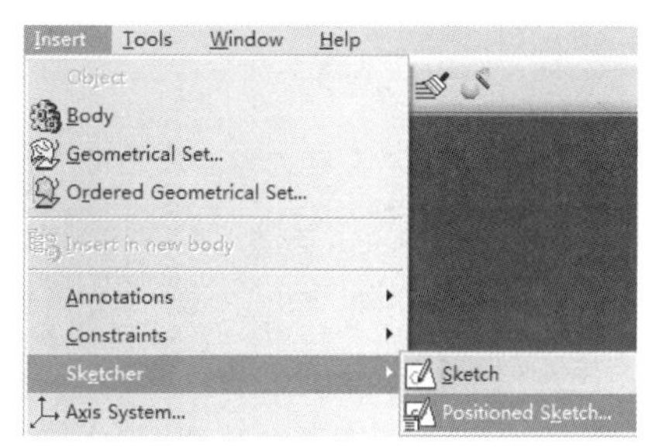

图 2.7

选择用户自定义坐标系的【YZ 平面（YZ Plane)】作为草图支持平面，进入草绘工作台，绘制如图 2.10 所示的轴承外圈草图截面，并标注尺寸完全约束草图。

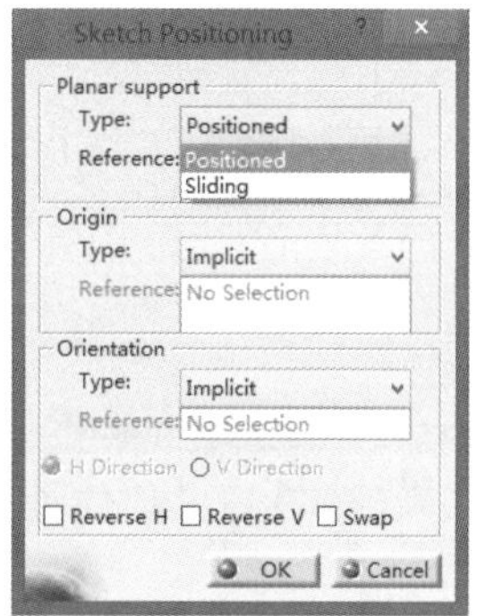

Sket...

图 2.8

图 2.9

右击已标注的尺寸，选择【编辑公式（Edit Formula）】命令，如图 2.11 所示。

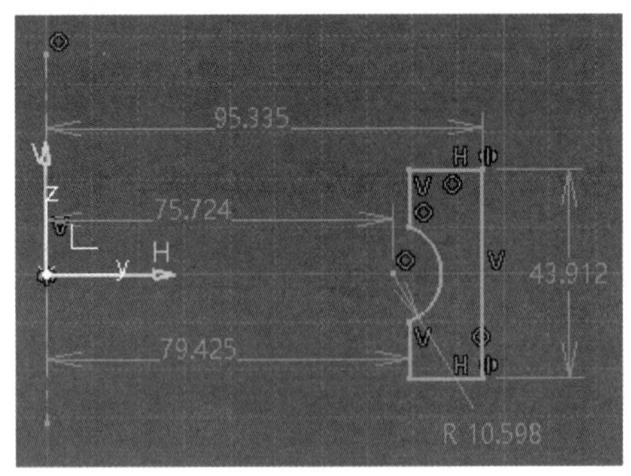

图 2.10

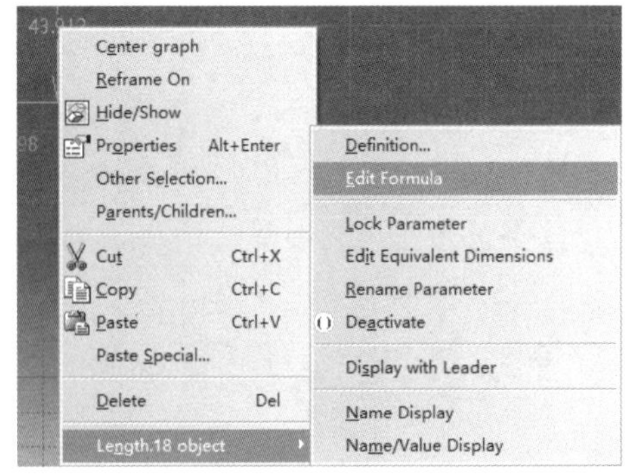

图 2.11

在弹出的如图 2.12 所示的【公式编辑器（Formula Editor）】对话框中，在公式输入资源选择区域的三列中，依次从左往右选择相关类型及参数，例如从【词典（Dictionary）】列中选择【参数（Parameters）】，则在中间一列会显示所有属于【参数（Parameters）】这一范畴下的所有成员，然后在中间列【参数成员（Members of Parameters）】区域选择【重命名参数（Renamed Parameters）】，则在右侧一列会显示所有的修改过名称的参数【重命名参数成员（Members of Renamed Parameters）】。这时，在右侧一列双击参数“B”即可把它添加到公式输入区域，单击【确定（OK）】按钮完成公式编辑，即把创建好的参数“B”赋给草图中对应的宽度尺寸。详细操作可参考 1.2 节所述内容及图 1.13。

提　示

还可以在【公式编辑器（Formula Editor）】对话框出现后，直接在图形窗口的结构树中找到相关参数，然后单击该参数即可把它添加到公式输入区域，相对更为简单方便，而不需要在公式输入资源选择区域的三列中依次选择查找参数。

按照以上方法依次对轴承外圈草图中其他的尺寸通过编辑公式达到参数驱动的效果，完成后轴承外圈草图如图 2.13 所示可以后到被公式约束的尺寸后面都会带有“f(x)”的标识符。

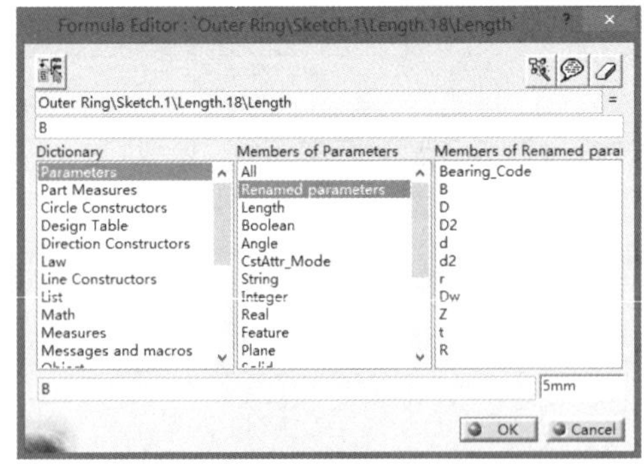

图 2.12

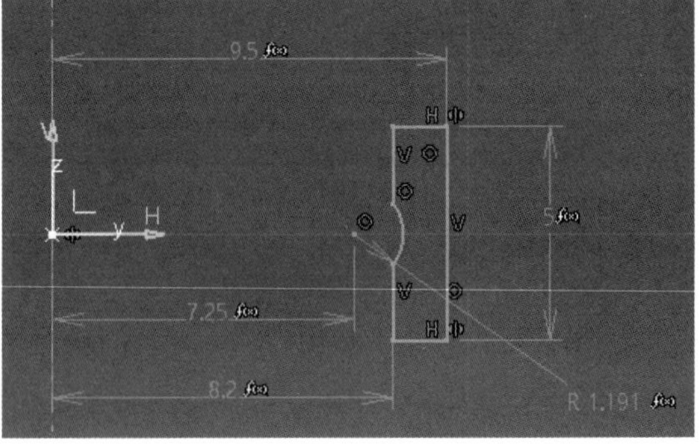

图 2.13

其中，草图尺寸及其驱动公式如下：

9.5 = $D/2$；

$7.25 = (D_2 + d_2)/4$；

$8.2 = D_2/2$；

R1.191 = $Dw/2$；

$5 = B$。

完成轴承外圈的草图绘制后，退出草图。观察结构树会发现结构树中多了一个新的节点【关系集（Relations）】，展开【关系集（Relations）】后如图 2.14 所示，这个集合里存放的就是前述步骤中为草图尺寸添加的约束公式。

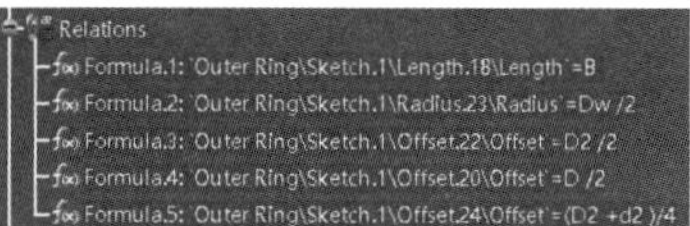

图 2.14

**提　示**

如果通过以上操作后结构树中不能显示【关系集（Relations）】及其内的相关内容，或显示方式与图 1.33 所示有所不同，请参考 1.1 节中关于初始环境设置的相关内容进行设置。

在零件设计工作台下，单击【旋转轴（Shaft）】按钮，再选择刚才创建的轴承外圈草图，创建出轴承外圈的三维模型，再单击【圆角（Fillet）】按钮对所有棱边作圆角处理，圆角大小用结构树中创建的参数“r”驱动，方法参考 1.2 节的相关内容。完成后轴承外圈三维模型如图 2.15 所示。

在结构树中右击“Inter Ring”（轴承内圈）几何体，选择【定义工作对象（Define In Work Object）】，即定义“Inner Ring”（轴承内圈）几何体为当前工作对象，和外圈一样选择用户自定义坐标系的【YZ 平面（YZ Plane）】作为草图支持平面，进入草绘环境，完成轴承内圈轮廓的绘制并标注尺寸完全约束草图，然后采用前述相同的方法对相应尺寸进行公示编辑，达到参数驱动的效果，完成后的轴承内圈草图如图 2.16 所示。

图 2.15

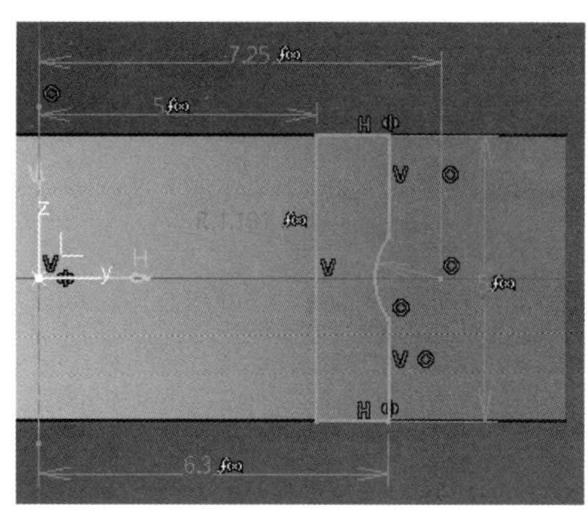

图 2.16

其中，草图尺寸及其驱动公式如下：

$7.25 = (D_2 + d_2)/4$；

$5 = d/2$，内圈半径；

$R1.191 = Dw/2$；

$6.3 = d_2/2$；

$5 = B$。

**提 示**

有时由于其他几何体已经存在的三维模型可能对当前绘制草图产生干扰，可以在【工具（Tools）】工具栏中选择【仅显示当前几何体（Only Current Body）】按钮，如图 2.17 所示。这样就可以只显示当前几何体内所包含的特征元素了，效果如图 2.18 所示。

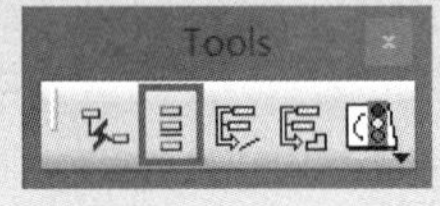

图 2.17

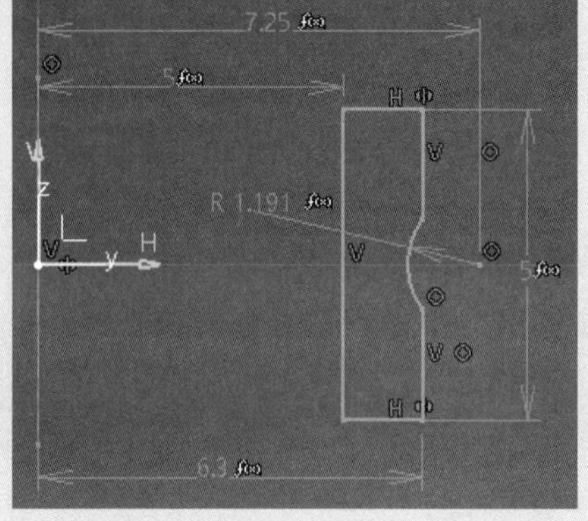

图 2.18

如果想以其他几何体或当前几何体下的其他既有特征作为绘图时视觉上的参考，还可以使用【可视化（Visualization）】工具栏中的【用草绘平面剖切零件（Cut Part by Sketch Plane）】按钮，如图 2.19 所示。对既有特征在草绘支持平面处剖切，以显示其内部结构便于参考，效果如图 2.20 所示。

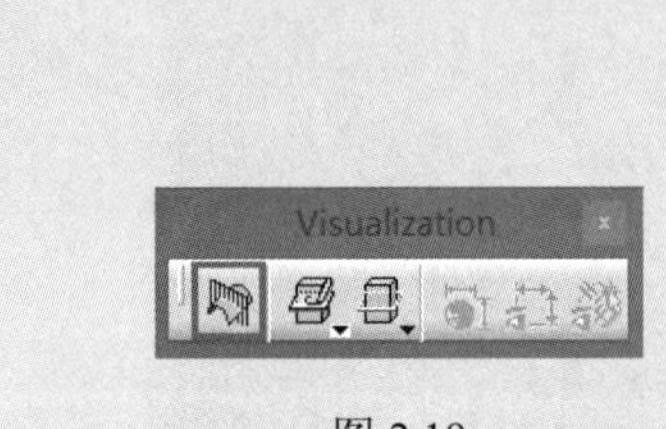

图 2.19

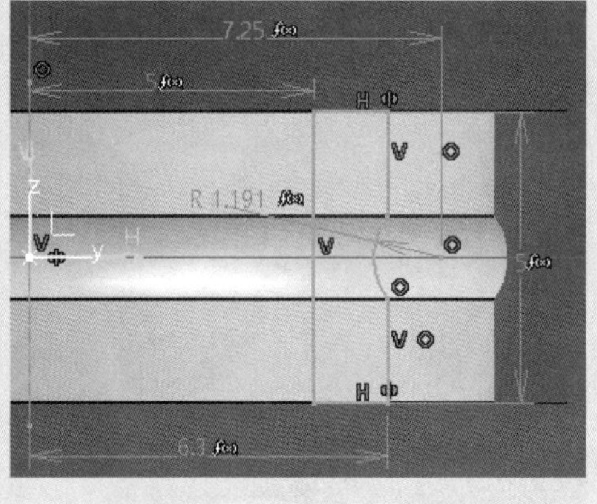

图 2.20

退出草图设计，在零件设计工作台下，选择【旋转轴（Shaft）】命令，再选择刚才创建的轴承内圈草图，创建出轴承内圈的三维模型，再用【圆角（Fillet）】命令对所有棱边作圆角处理，圆角大小用结构树中创建的参数“r”驱动，方法参考 1.2 节相关内容。完成后轴承内圈及外圈三维模型如图 2.21 所示。

在结构树中右击“Balls”（滚动球体）几何体，选择【定义工作对象（Define In Work Object）】，即定义“Balls”（滚动球体）几何体为当前工作对象，和内、外圈一样选择用户自定义坐标系的【YZ 平面（YZ Plane）】作为草图支持平面，进入草绘环境，完成如图 2.22 所示的滚动球体的草图截面。

图 2.21

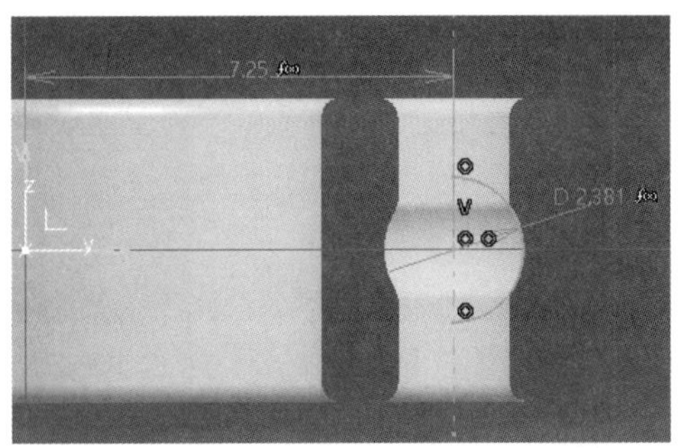

图 2.22

其中，草图尺寸及其驱动公式如下：

$7.25 = (D_2 + d_2)/4$；

$D2.381 = Dw$。

提　示

本例中滚动球体的直径与内外圈滚道直径设为相同，仅仅是为了作图方便，在实际的轴承设计制造过程中，滚动球体和内外圈滚道的直径理论上是不同的，且滚道直径大于球体直径，球体与滚道之间可认为是点接触，轴承转动过程中球体与滚道之间是滚动摩擦。详细信息可参考各大轴承制造商的样本手册或咨询相关技术人员。

退出草图设计，在零件设计工作台下，选择【旋转轴（Shaft）】命令，再选择刚才创建的滚动球体草图，创建出轴承滚动球体的三维模型。单击【变换（Transformation）】工具栏中的【圆形阵列（Circular Pattern）】按钮（如图 2.23 所示），弹出【圆形阵列定义（Circular Pattern Definition）】对话框，如图 2.24 所示。在【轴向参考（Axial Reference）】选项卡下的【参数（Parameters）】项单击下拉列表，选择【圆周均布（Complete Crown）】，使创建的阵列特征是沿某一中心圆周均匀分布的；在【实例数（Instances）】输入区域右击，选择【编辑公式（Edit Formula）】，用结构树中创建的参数“Z”驱动（方法参考 1.2 节相关内容）。这里需要注意的是【实例数（Instances）】包含了新阵列出的球体和第一个球体；在【参考元素（Reference Element）】区域选择用户自定义坐标系的 Z 轴作为参考，表示所作阵列特征沿 Z 轴圆周均布；在【被阵列对象（Object to Pattern）】区域选择刚才通过【旋转轴（Shaft）】命令创建的滚动球体特征。单击“OK”按钮，完成后轴承内、外圈及滚动球体的三维模型如图 2.25 所示。

提　示

对于第一个滚动球体的创建，其实在【创成式曲面设计（Generative Shape Design）】工作台下有更直接的命令【球（Sphere）】可以使用（在菜单栏依次选择【插入（Insert）】，【曲面（Surfaces）】，【球（Sphere）】即可），同样可以直接创建圆柱形，只是创建后的曲面需要实体化才能变成实体特征。

如果【被阵列对象（Object to Pattern）】不止一个特征，那么在【圆形阵列定义（Circular Pattern Definition）】对话框中可以先用“Ctrl”键多选需要被阵列的特征，然后再选择阵列命令，否则在该定义窗口只能选择一个被阵列特征。

图 2.23

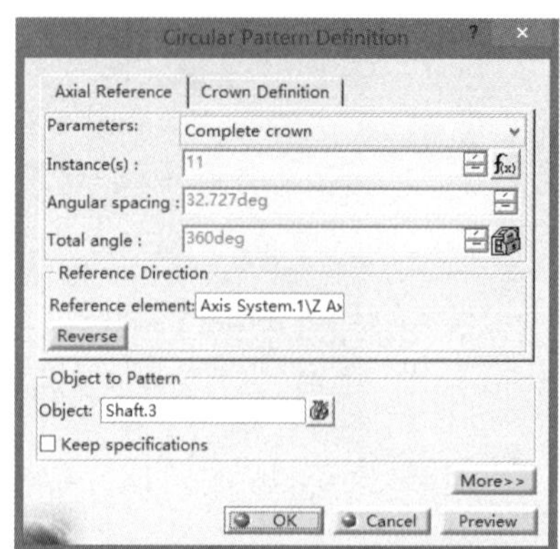

图 2.24

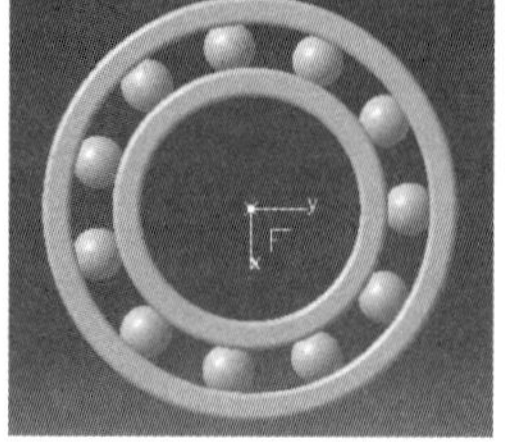

图 2.25

在结构树中右击【保持架（Retainer）】几何体，选择【定义工作对象（Define In Work Object）】，即定义【保持架（Retainer）】几何体为当前工作对象，选择用户自定义坐标系的【ZX 平面（ZX Plane）】作为草图支持平面，进入草绘环境，完成如图 2.26 所示的草图截面。

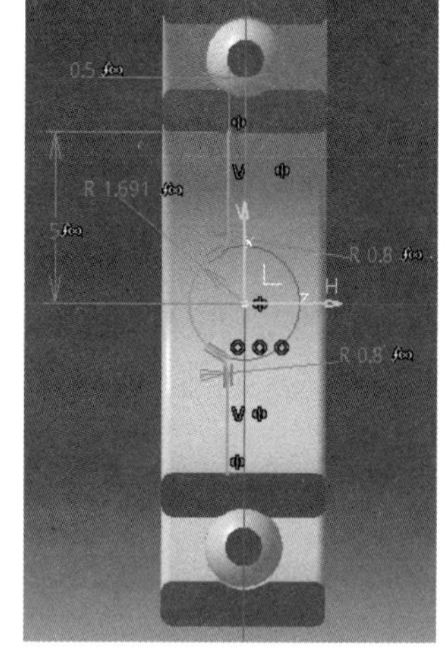

图 2.26

退出草图设计，在零件设计工作台下，选择刚才创建的保持架轮廓草图，再选择【凸台（Pad）】按钮，弹出如图 2.27 所示的【凸台定义（Pad Definition）】对话框，在【第一方向（First Limit）】上的长度设定等于轴承外圈半径，且用参数“D”驱动（方法参考 1.2 节相关内容）；选择【厚特征（Thick）】项，然后在右侧【第一方向厚度（Thickness1）】的输入区域右击并选择【编辑公式（Edit Formula）】，用参数“t”驱动，单击“OK”按钮完成【凸台（Pad）】特征的定义，创建出如图 2.28 所示的三维模型。

其中，草图尺寸及其驱动公式如下：

$0.5 = t$；

$5 = d/2$；

$R1.691 = Dw/2 + t$；

$R0.8 = \mathrm{R}$。

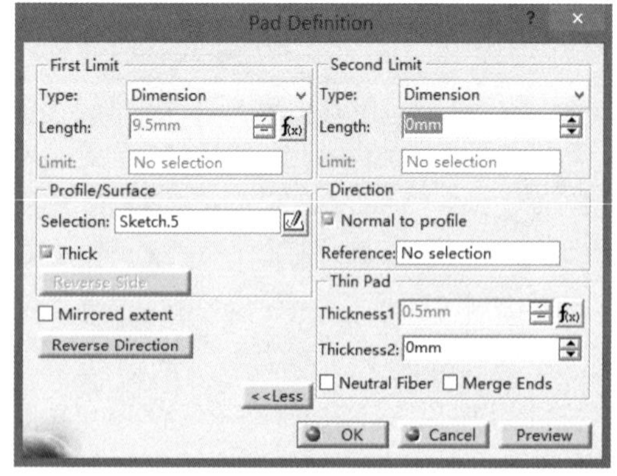

图 2.27

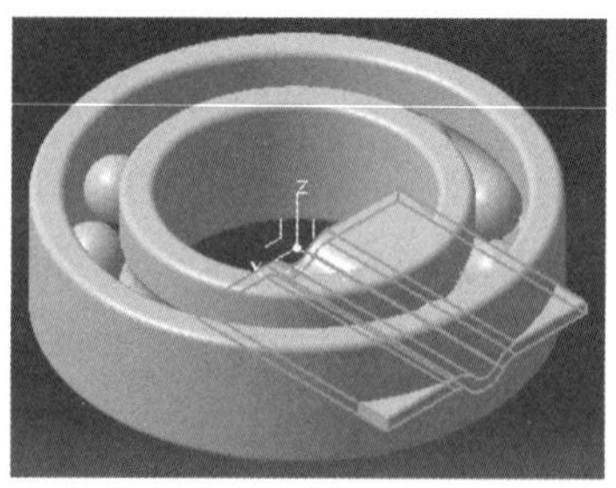

图 2.28

选择用户自定义坐标系的【XY 平面（XY Plane）】作为草图支持平面，进入草绘环境，完成如图 2.29 所示的草图截面。

其中，草图尺寸及其驱动公式如下：

32.727° = 360deg/Z;

R7.81 = (D_2/2)/1.05；

R6.615 = (d_2/2)*1.05；

退出草图设计，在零件设计工作台下，选择刚才创建的保持架侧面轮廓草图，再选择【凹槽（Pocket）】按钮，注意去除材料方向，保留侧面轮廓包围的材料，完成后其三维模型如图 2.30 所示。

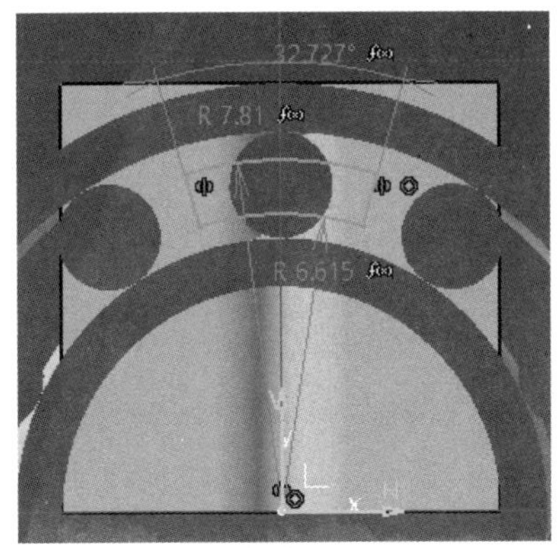

图 2.29

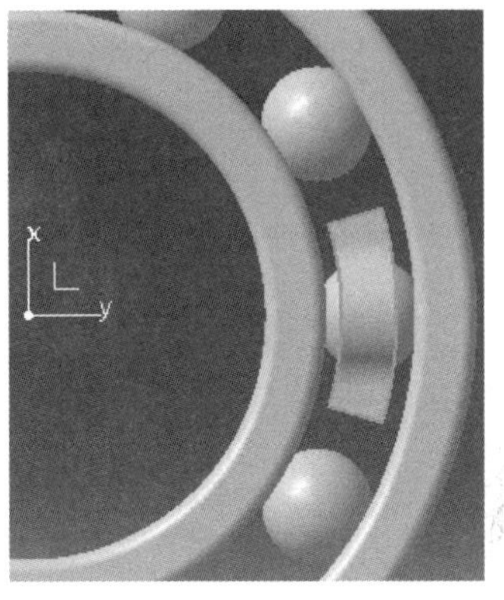

图 2.30

单击【变换（Transformation）】工具栏中的【圆形阵列（Circular Pattern）】按钮（见图 2.23 所示），弹出【圆形阵列定义（Circular Pattern Definition）】对话框，如图 2.31 所示。【参数（Parameters）】选择【圆周均布（Complete Crown）】；【实例数（Instances）】用结构树中创建的参数“Z”驱动；【参考元素（Reference Element）】选择用户自定义坐标系的 Z 轴作为参考；【被阵列对象（Object to Pattern）】采用默认的【当前实体（Current Solid）】。

单击【确定（OK）】按钮，完成保持架单元的圆形阵列的定义，得到如图 2.32 所示的保持架单侧特征三维模型。

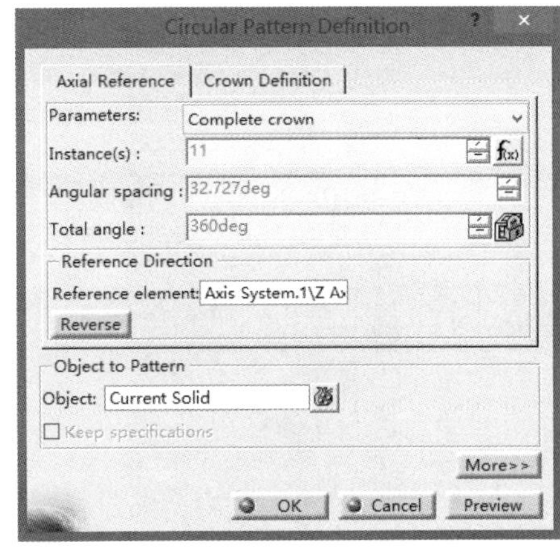

图 2.31

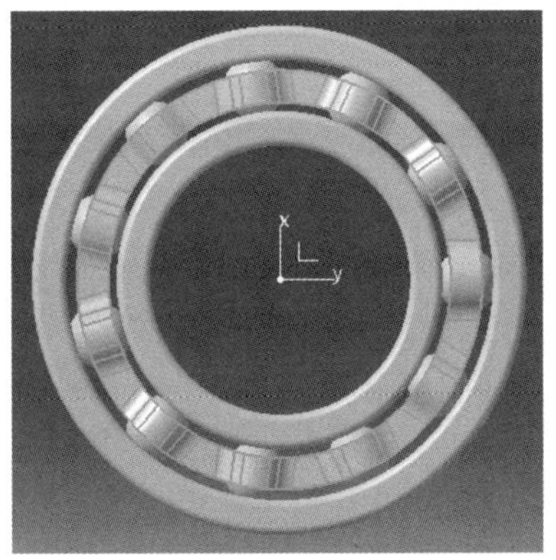

图 2.32

单击【变换（Transformation）】工具栏中的【镜像（Mirror）】按钮，选择用户自定义坐标系的【XY 平面（XY Plane）】，弹出如图 2.33 所示的【镜像定义（Mirror Definition）】对话框，【被镜像对象（Object to Mirror）】默认为【当前实体（Current Solid）】。

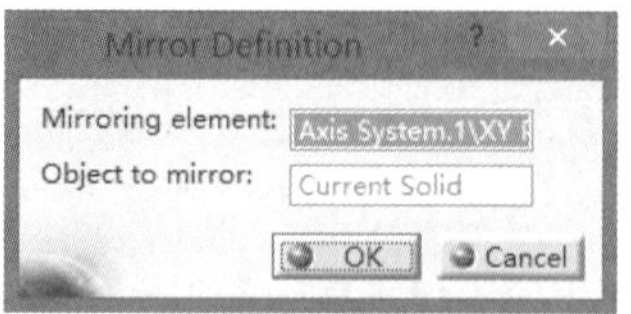

图 2.33

单击【确定（OK）】按钮，完成保持架单侧特征的镜像定义，得到如图 2.34 所示的最终深沟球轴承三维模型。

在结构树中依次选择“Inner Ring”（轴承内圈）、“Outer Ring”（轴承外圈）、“Balls”（滚动球体）、“Retainer”（保持架）共四个几何体，然后右击并在右键菜单中选择【被选对象（Selected Objects）】，在其扩展选项选择【布尔装配（Assemble）】（如图 2.35 所示）。

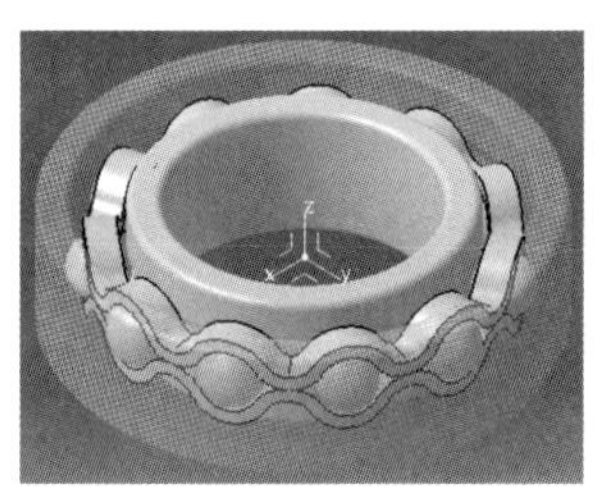

图 2.34

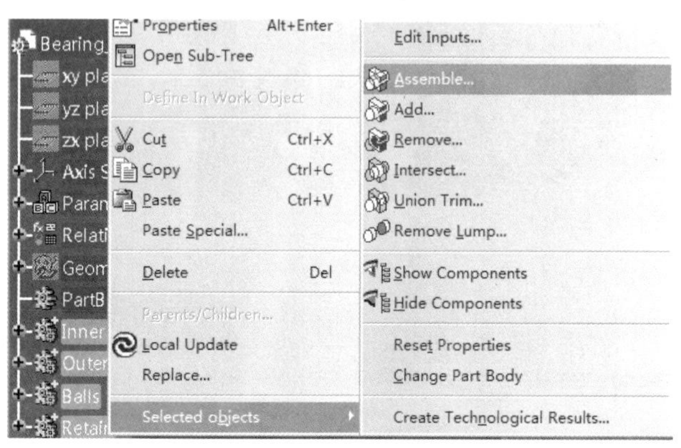

图 2.35

在弹出的如图 2.36 所示的【布尔装配（Assemble）】定义对话框中，可以定义【装配（Assemble）】哪些/哪个几何体【到（To）】哪个几何体下，并且位于什么特征【之后（After）】。

布尔操作后的结构树如图 2.37 所示，这种通过创建多个几何体然后进行布尔操作的方法，与把所有的建模特征都罗列在结构树中的“无套路”方法相比，布尔操作可以让结构树层次分明，提高可读性和可维护性。在实际工作过程中，建议多采用布尔操作，尽量避免不好的绘图习惯。

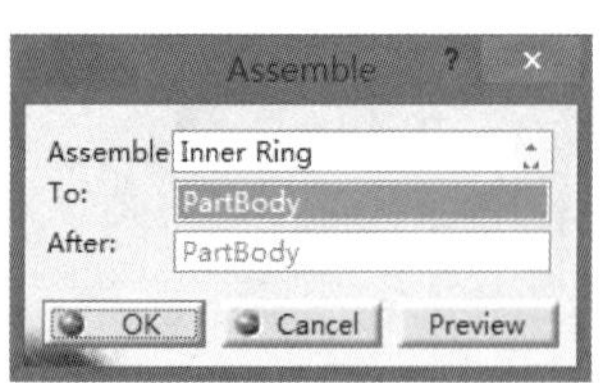

图 2.36

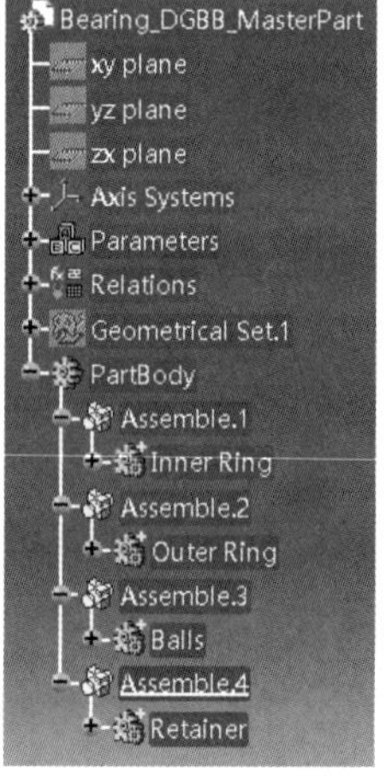

图 2.37

2.2　创建设计表

经过上节相关内容的操作，这个深沟球轴承的三维模型完全受结构树中【参数集（Parameters）】节点下的相应参数控制，即通过更改结构树中的参数值即可修改模型的大小等相关属性，而不需要重新进入草图或重定义特征的属性，我们称该模型为完全参数化的模型。那么我们来修改其中一个参数，看看模型随参数的变化而变化的效果。

在结构树中找到参数“D”，即控制轴承外圈外径的参数，双击该参数我们把它的属性值从“19mm”改成“22mm”，单击“OK”按钮确认修改，模型应该会自动刷新，得到如图 2.38 所示的三维模型。

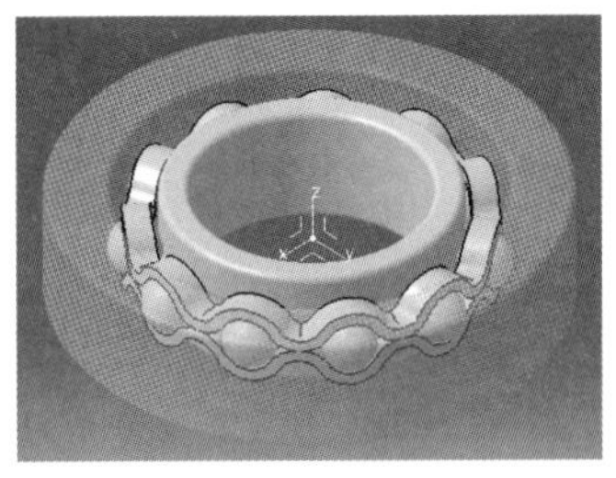

图 2.38

提　示

如果修改参数后模型没有自动更新，而是呈现红色待更新状态，可以手动单击【工具（Tools）】工具栏中的【刷新所有更改（Update All）】按钮做手动更新。

还可以在菜单栏中单击【工具（Tools）】菜单，选择【选项（Options）】命令，在弹出的【选项（Options）】窗口中，在左侧结构树中展开【基础架构（Infrastructure）】，在其下面选择【零件基础架构（Part Infrastructure）】，然后在右侧的【一般（General）】选项卡中找到【更新（Update）】项，单击选择【自动（Automatic）】，如图 2.39 所示。再单击“OK”按钮确认修改。亦可在【工具（Tools）】工具栏中开启或关闭【手动更新模式（Manual Update mode）】。

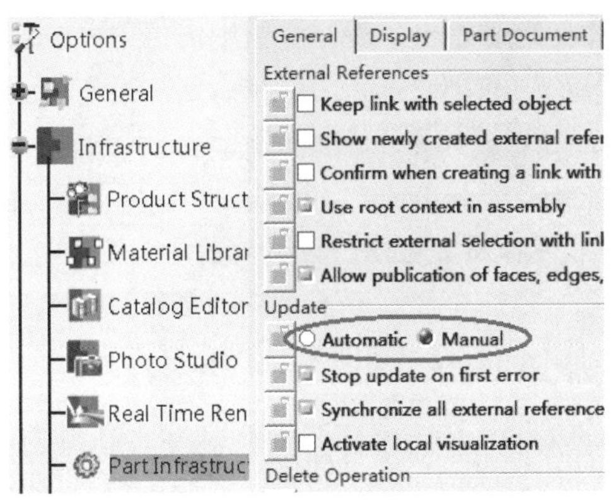

图 2.39

根据上述方法可以修改结构树中的其他相关参数，以生成一个新的轴承三维模型，不过这样每修改一个参数都要双击打开是不是很麻烦呢？如果一个模型由上百个甚至更多的参数控制，那么再这样作修改还合适吗？有没有更高效的方法能只选择一个参数（例如轴承型号），然后其他参数自动随着该参数的变化而变化？答案是肯定的，而且不止一种办法，这里我们先介绍其中一种，即设计参数表的应用。

单击如图 2.40 所示【知识（Knowledge）】工具栏中的【设计表（Design Table）】按钮，弹出如图 2.41 所示的【创建设计表（Creation of a Design Table）】对话框。

图 2.40

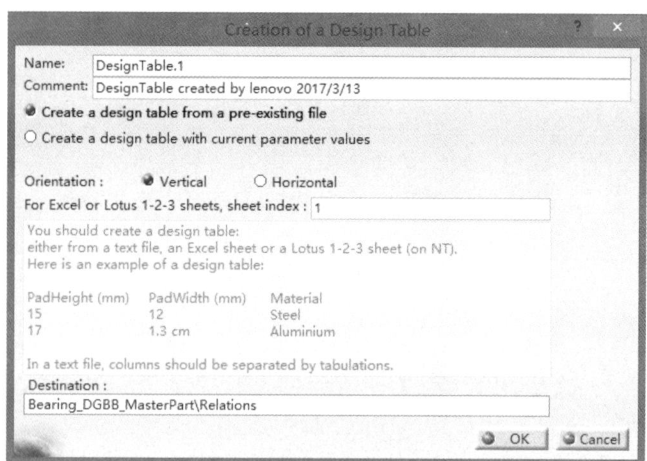

图 2.41

在【创建设计表（Creation of a Design Table）】对话框中，最上面一行是【名称（Name)】，在其右侧空白区域可以修改名称属性，这里我们修改设计表名称为“DesignTable_DGBB”；第二行是【注释（Comment)】，在其右侧可以添加对该设计表的相关描述等内容，这里我们修改注释内容为“深沟球轴承参数控制表（Design table for Deep Groove Ball Bearing)”；【基于现有表文件创建一个新设计表（Create a design table from a pre-existing file)】选项一般用于多个设计表共用一个设计表文件的情况，多个设计表分别位于同一个设计表文件（Excel 或 Lotus）的不同页面（Sheet），这时就需要在【对 Excel 或 Lotus 文件的多个页面的页面代号（For Excel or Lotus 1-2-3 sheets, sheet index:)】处填写当前设计表在设计表文件中所处的页面代号，例如如果当前页面在 Excel 文件的第三个页面（在未对页面顺序作修改的情况下一般为 Sheet3）则填“3”即可，这里不选择该项；【基于当前参数值创建一个新设计表（Create a design table with current parameter values)】选项是指根据当前结构树中的既有参数和参数值重新创建一个设计表，这里我们选择该项；【方向（Orientation)】有两个选项，即【纵向（Vertical)】和【横向（Horizontal)】，默认为【纵向（Vertical)】，其表示所有的参数名称位于表格的最上面一层（即第一行），所有的变种参数值依次列于下方各行，如图 1.60 中间灰色部分样例所示，【横向（Horizontal)】表示所有的参数名称位于表格的最左边一列（即第一列），所有的变种参数依次列于右侧各列，这里我们选择默认的【纵向（Vertical)】；对话框下方的【目标位置（Destination)】的意思是表明设计表创建好之后位于什么地方，其默认值为结构树中第一层【关系（Relations)】节点，也可以通过在结构树中的点选操作更改其属性，这里我们采用默认位置。

在【创建设计表（Creation of a Design Table)】对话框单击“OK”按钮确认修改，弹出如图 2.42 所示的【选择要插入的参数（Select Parameters to insert)】对话框。默认情况下【待插入的参数

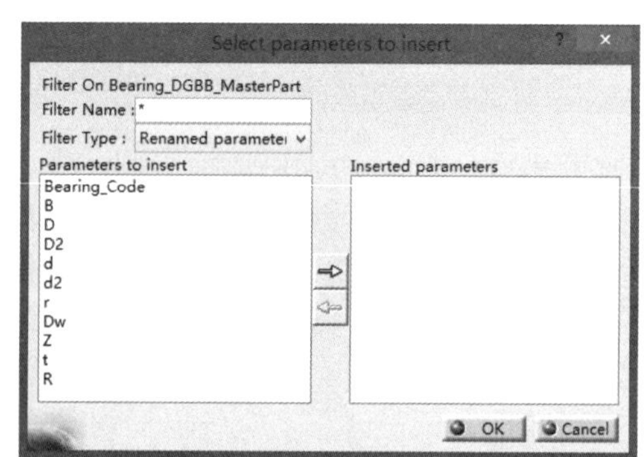

图 2.42

(Parameters to insert)】下面列出了当前文档中所有类型的参数，包括系统自动创建的相关参数和用户创建的参数，可以通过上面的【过滤类型（Filter Type)】选择【重命名的参数（Renamed Parameters)】或【用户参数（User Parameters)】只显示之前创建在结构树中的相关设计参数，【用户参数（User Parameters)】是指由用户创建的参数，而【重命名的参数（Renamed Parameters)】除包括用户修改过名称的文档自动创建的相关参数外，还包括用户创建并修改过名称的参数，读者可根据实际使用情况考虑选择合适的过滤类型。

在【待插入的参数（Parameters to insert)】列表区域，选择希望插入设计表的参数，然后单击中间的【添加选择的参数进入设计表（Add the selected parameter in the design table)】按钮➪，即可把参数放到右侧的【已插入的参数（Inserted parameters)】。如果有多个连续的参数需要做同样的操作，可以选择第一个参数，按住 Shift 键，再选择最后一个参数，可以选择多个连续参数，然后同上操作添加到右侧的【已插入的参数（Inserted parameters)】区域即可。单击【确定（OK)】按钮确认操作，弹出如图 2.43 所示的设计表【另存为（Save As)】对话框。在该对话框可以选择设计表在本机的存放位置（最好选择和三维模型在同一个路径下），还可以对设计表修改名称，这里我们把设计表名称改为“DesignTable_DGBB”，然后单击【保存（S)】按钮保存设计表文件到本地磁盘，这时如果打开目标文件夹可以发现设计表文件已经以重新修改的名字被存放在那里。

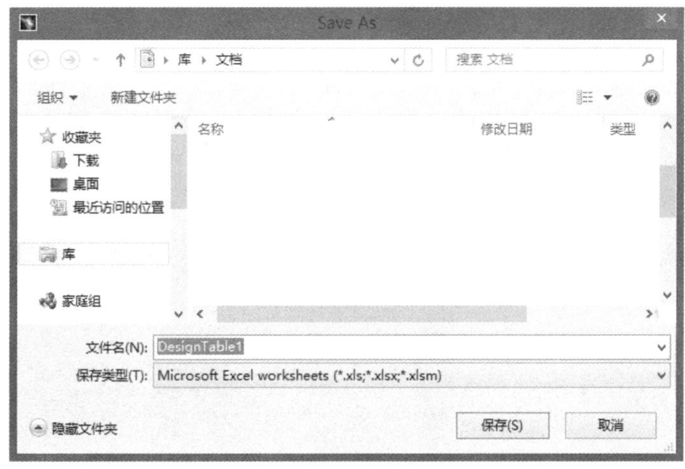

图 2.43

在设计表被保存到本地后，弹出了如图 2.44 和图 2.45 所示的【设计表结构及关联(Design table Configurations & Associations)】对话框。

在对话框的最上面是【设计表属性（Design Table Properties)】，包括左侧的【名称（Name)】和【注释（Comment)】以及右侧的【激活（Activity)】选项。【名称（Name)】和【注释（Comment)】与图 2.41 所示是一样的，【激活（Activity)】选项若是被选择，则说明当前的设计表是有效的，其在结构树中的图标为 DesignTable_DGBB，若是未被选择，则说明当前的设计表是失效的，其在结构树中的图标为 DesignTable_DGBB。

在对话框的中间部分包含两个选项卡，一个为【设计表结构（Configurations)】选项卡，另一个为【设计表关联（Associations)】选项卡。

在【设计表结构（Configurations)】选项卡的下面大部分区域列出了设计表中已经存在的数

据，包括相关设计参数以及变种类型（这里目前只有一个变种，即前面所创建的轴承，其他变种型号暂未添加），在其上面设有【过滤（Filter）】的功能，在对应空白区域或单击右侧的【编辑（Edit）】按钮可编写相关规则来过滤显示下方的变种（一般用不上该功能，除非变种类型实在太多，需要过滤显示）。

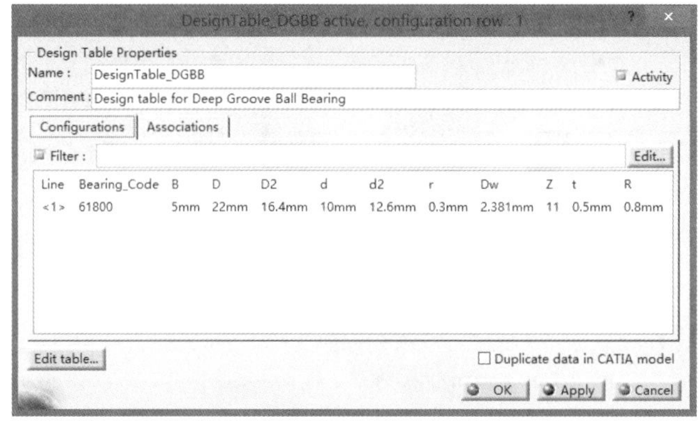

图 2.44

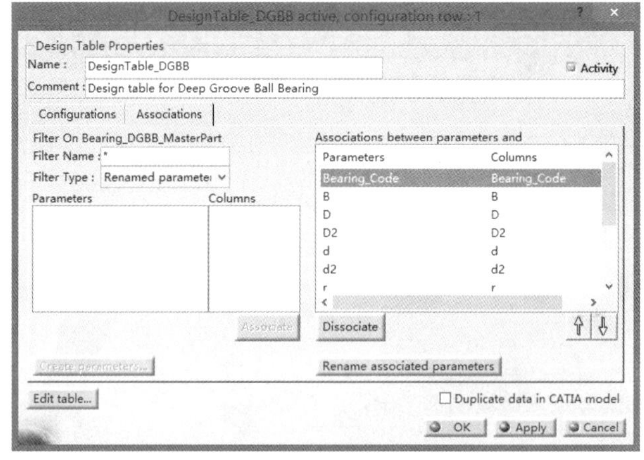

图 2.45

【设计表关联（Associations）】选项卡分为左右两块区域，左侧的下面区域又分为【参数（Parameters）】和【列（Columns）】两部分，和图 2.42 所示对话框基本一致。【参数（Parameters）】列出了当前文档所有尚未关联的参数，包括系统参数和用户参数，可以通过其上方的过滤设置进行过滤显示；【列（Columns）】列出了当前设计表中所有尚未关联的参数。如果单独在设计表中创建了参数“X”，而 CATIA 中并没有该参数或没有与该参数相对应的参数时，这时可选中【列（Columns）】区域列出的参数“X”，单击左下方的【创建参数（Create Parameters）】按钮 Create parameters...，就会在【参数（Parameters）】区域创建出参数“X”，且参数类型与设计表中的参数一致，同时结构树中也会显示出新创建的参数。如果【参数（Parameters）】和【列（Columns）】区域有尚未关联且需要关联的参数，可以选择两个区域的一对同类型参数，然后单击【列（Columns）】下面的【关联（Associate）】按钮 Associate，即可把模型中的参数与设计表的参数相互关联。【设计表关联（Associations）】选项卡右侧区域是【参数和列之间的关联（Associations between parameters and columns)】，显示了当前已经关联的一对对参数。单击下面的【取消关联（Dissociate）】按钮 Dissociate ，即可解除一对参数的关联，这一对参数就会被置于左侧的【参数（Parameters）】和【列（Columns）】区域。单击下面的上下箭头 ⇧|⇩ 按钮可以调整已关联参数的先后顺序，这体现在【设计表结构（Configurations）】选项卡中就是参数之间前后位置的变化。再下面的【重命名已关联参数（Rename associated parameters）】按钮 Rename associated parameters 的功能是当结构树中的参数和设计表中的参数不一致时，可以把结构树中的参数名称改成与设计表中的参数名称一致，可一次只修改一对参数，也可以一次修改所有参数。

提　示

对于带单位的参数，如果是手动在设计表中创建的，务必记得在参数名称后的小括号“()”内写上单位，且需注意大小写，小括号也必须为英文状态下的半角符号，例如图 2.46 中所示的长度单位为“(mm)”，如果写成中文括号符号“（mm）”或大写字母“(MM)”都将无法被正确识别。

在窗口的最下面包括左侧的【编辑表格（Edit table)】按钮和右侧的【在 CATIA 模型中复制数据（Duplicate data in CATIA model)】选项。其中【在 CATIA 模型中复制数据（Duplicate data in CATIA model)】选项用户一般不需要选择，它是为了在 NT 系统和 Unix 系统切换过程中允许复制模型上的设计表内容。单击【编辑表格（Edit table)】按钮，设计表会被自动打开，如图 2.46 所示。由于在图 2.41 所示的【创建设计表（Creation of a Design Table)】对话框中选择的方向为【纵向（Vertical)】，所以当前所有的变种会沿设计表纵向排列，最上面一层为参数名称。

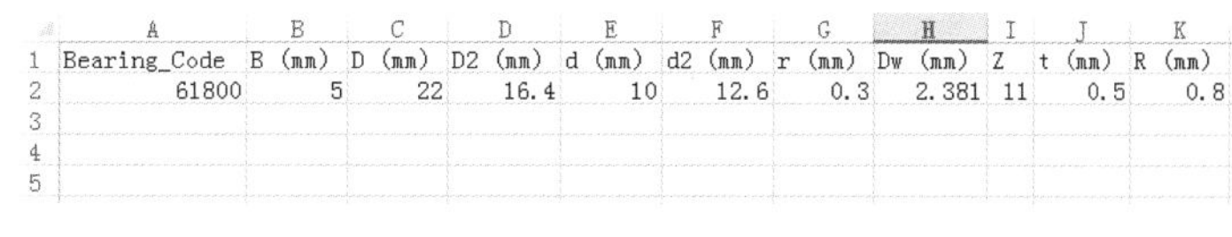

	A	B	C	D	E	F	G	H	I	J	K
1	Bearing_Code	B (mm)	D (mm)	D2 (mm)	d (mm)	d2 (mm)	r (mm)	Dw (mm)	Z	t (mm)	R (mm)
2	61800	5	22	16.4	10	12.6	0.3	2.381	11	0.5	0.8
3											
4											
5											

图 2.46

在编辑状态的设计表中，根据轴承样本手册中的相关参数，增加变种类型，如图 2.47 所示，数据录入完成后保存并关闭设计表。

回到 CATIA 界面稍等几秒钟（与电脑性能相关），即会弹出如图 2.48 所示的【知识报告（Knowledge Report)】窗口，该报告会告诉你设计表已经被成功修改，并且设计表已经与 CATIA 模型文档同步了。单击【关闭（Close)】按钮关闭该报告窗口，回到【设计表结构（Configurations)】选项卡，会显示设计表内增加了的变种，如图 2.49 所示。

Bearing	B (mm)	D (mm)	D2 (mm)	d (mm)	d2 (mm)	r (mm)	Dw (mm)	Z	t (mm)	R (mm)
61800	5	22	16.4	10	12.6	0.3	2.381	11	0.5	0.8
61900	6	22	18.1	10	13	0.3	3.175	9	0.5	0.8
6000	8	26	21.3	10	14.9	0.3	4.762	7	0.5	0.8
6200	9	30	23.8	10	17.4	0.6	4.762	8	0.5	0.8
6300	11	35	27.6	10	19.4	0.6	6.35	7	0.5	0.8
61801	5	21	18.4	12	14.6	0.3	2.381	12	0.5	0.8
61901	6	24	20.6	12	15.5	0.3	3.175	10	0.5	0.8
6001	8	28	23.8	12	17.4	0.3	4.762	8	0.5	0.8
6002	9	32	26.6	15	20.4	0.3	4.762	9	0.5	0.8
6003	10	35	29.1	17	22.9	0.3	4.762	10	0.5	0.8
6004	12	42	35.1	20	26.9	0.6	6.35	9	0.5	0.8
6005	12	47	40.1	25	31.9	0.6	6.35	10	0.5	0.8

图 2.47

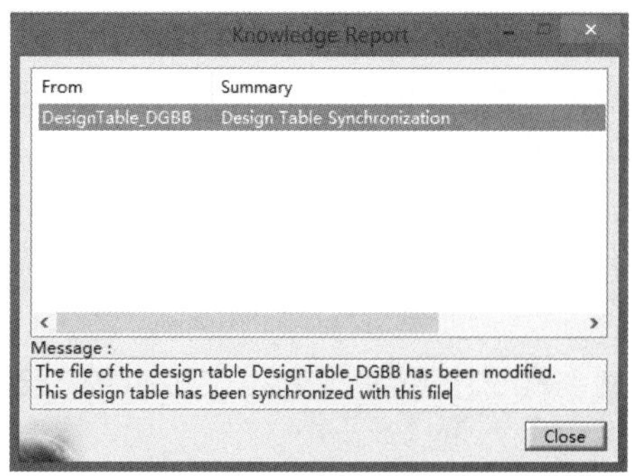

图 2.48

选择任意一行的变种后，单击下方的【应用（Apply）】按钮，模型就会更新该行变种所对应的相关参数，如果单击【确定（OK）】按钮，则会关闭以上的【设计表结构及关联（Design table Configurations & Associations）】对话框，然后更新模型为所选变种。一般为确保变种模型自动生成的稳定性，在前期建模时需要考虑的周全一些，以避免变种切换时可能发生的错误。例如，在图 2.49 中选择第 5 行【轴承代号（Bearing_Code）】为“6300”的变种，单击【应用（Apply）】按钮预览三维模型，会发现如图 2.50 所示的问题，即保持架中间产生了一个“V”型切口。仔细分析会发现这是由于在上一节绘制如图 2.26 所示的保持架轮廓草图时，长度定义得不够造成的。修改草图中控制长度参数的驱动公式“$x=d/2$”，把它变成“$x=D/2$”，式中 x 即为原来的长度“5”（保持架轮廓草图中上端点到草图横坐标的距离），完成修改后会发现模型已被修复。确保所有变种模型均可无误地生成后，单击【确定（OK）】按钮，关闭【设计表结构及关联（Design table Configurations & Associations）】窗口。

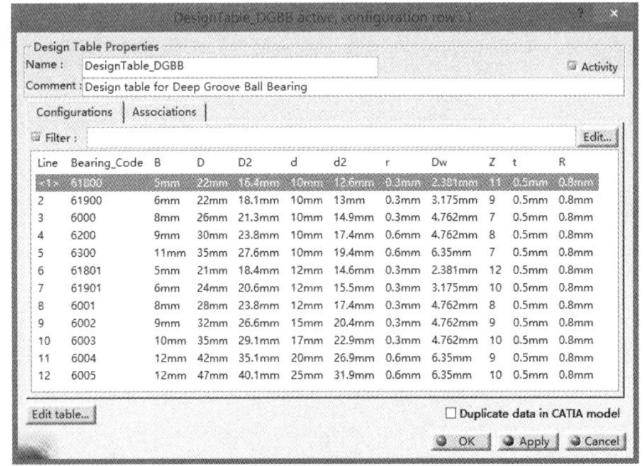

Line	Bearing_Code	B	D	D2	d	d2	r	Dw	Z	t	R
<1>	61800	5mm	22mm	16.4mm	10mm	12.6mm	0.3mm	2.381mm	11	0.5mm	0.8mm
2	61900	6mm	22mm	18.1mm	10mm	13mm	0.3mm	3.175mm	9	0.5mm	0.8mm
3	6000	8mm	26mm	21.3mm	10mm	14.9mm	0.3mm	4.762mm	7	0.5mm	0.8mm
4	6200	9mm	30mm	23.8mm	10mm	17.4mm	0.6mm	4.762mm	8	0.5mm	0.8mm
5	6300	11mm	35mm	27.6mm	10mm	19.4mm	0.6mm	6.35mm	7	0.5mm	0.8mm
6	61801	5mm	21mm	18.4mm	12mm	14.6mm	0.3mm	2.381mm	12	0.5mm	0.8mm
7	61901	6mm	24mm	20.6mm	12mm	15.5mm	0.3mm	3.175mm	10	0.5mm	0.8mm
8	6001	8mm	28mm	23.8mm	12mm	17.4mm	0.3mm	4.762mm	8	0.5mm	0.8mm
9	6002	9mm	32mm	26.6mm	15mm	20.4mm	0.3mm	4.762mm	9	0.5mm	0.8mm
10	6003	10mm	35mm	29.1mm	17mm	22.9mm	0.3mm	4.762mm	10	0.5mm	0.8mm
11	6004	12mm	42mm	35.1mm	20mm	26.9mm	0.6mm	6.35mm	9	0.5mm	0.8mm
12	6005	12mm	47mm	40.1mm	25mm	31.9mm	0.6mm	6.35mm	10	0.5mm	0.8mm

图 2.49

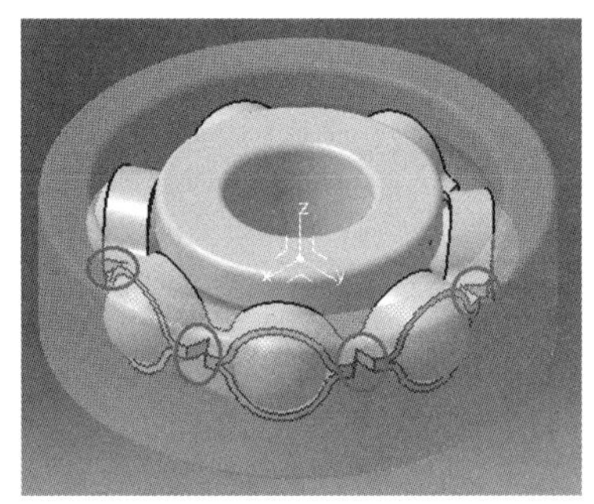

图 2.50

提　示

在变种参数添加到【设计表（Design Table）】并与模型同步后，建议逐一选择各变种然后单击【应用（Apply）】按钮预览三维模型，详细检查模型是否存在问题，这样可确保所创建各变种模型是可靠的，以便后续使用。

至此，参数化的零件、设计表以及设计表与零件参数的关联驱动已经完成，通过修改变种型号可以立刻得到其三维模型，且不生成任何新零件，仅仅是这个“原始模型”自身在变化。在很多情况下，我们还希望一个变种对应一个特定的零件号，在使用的时候可以根据零件号搜索调用该特定变种，而不是在任何情况下都去调用那个“原始模型”。例如，在一台设备上，可能需要用到像 M8、M12 等不同尺寸规格的螺栓螺母，这时候很显然只有一个“原始模型”是无法满足要求的，因为这个“原始模型”不能同时变成多个尺寸规格的产品，这时就需要一个零件库，库中包含了不同规格的同类零件，如螺母库、螺栓库、销钉库等。

2.3　创建库文档

在 CATIA 窗口，如同新建一个零件文档一样，选择【文件（File）】>【新建（New）】命令，在弹出的如图 2.51 所示的【新建（New）】对话框中选择【库文档（CatalogDocument）】，单击【确认（OK）】按钮即打开新建的库文档，其窗口布局如图 2.52 所示。选择【保存（Save）】命令，在弹出的【另存为（Save As）】对话框中修改当前库文档的名称为“Catalog_Bearing”，并确认保存。

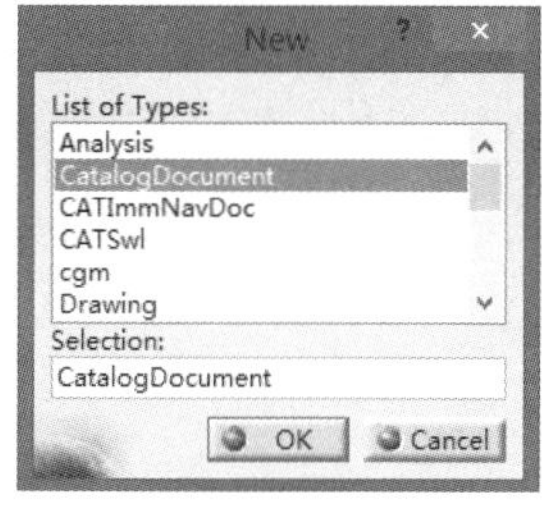

图 2.51

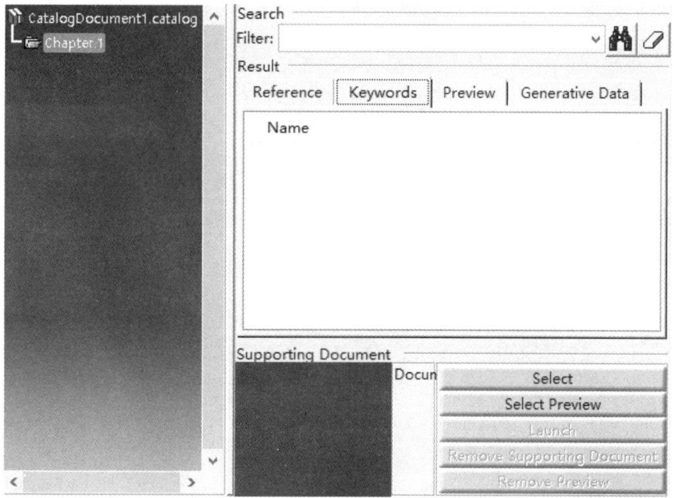

图 2.52

通过图 2.52 可以看到库文档窗口主要由两大部分组成，即左侧的结构树窗口和右侧的对象显示与操作窗口。左侧结构树的操作与三维或二维文档中结构树的操作类似。结构树最上面的一层显示为文档名称，下面默认有个名为“Chapter.1”的【章节（Chapter）】，该章节称为【根章节（Root Chapter）】，它是无法删除的，但是可以重命名。在【根章节（Root Chapter）】下还可以通过如图 2.53 所示的【章节（Chapter）】工具栏添加更多的内容。

图 2.53

**提　示**

只有当【根章节（Root Chapter）】及其下属章节处于编辑状态（或称为激活状态）时，【章节（Chapter）】工具栏上的命令才会处于激活状态，如果双击结构树最上层的文档名称，表示整个文档处于编辑状态，这时【章节（Chapter）】工具栏中的命令会处于灰色显示的失效状态。

单击【添加章节（Add Chapter）】按钮添加新的【章节（Chapter）】，章节之间可以相互平行，也可以把一个章节置于另一章节的下层。如果 B 章节处于编辑状态，那么新创建的 C 章节就会置于其下层；如果 B 章节的上层 A 章节处于编辑状态，那么新创建的 C 章节就会和 B 章节平级处于 A 章节下。这些新建的章节都必须处于【根章节（Root Chapter）】的下一层，【根章节（Root Chapter）】有且只有一个。在单击（【添加章节（Add Chapter）】）按钮后，会弹出如图 2.54 所示的【章节定义（Chapter Definition）】对话框，在该对话框的【名称（Name）】区域可以修改新建章节的名称，选择下方的【复制关键字（Copy Keywords）】选项可将当前处于编辑状态的章节的关键字复制给新添加的章节。关于【关键字（Keywords）】可参考本节后面相关内容。

图 2.54

当然如果创建章节的时候没有修改名称，在创建好之后还是可以修改的，在结构树中右击目标章节，在目标对象“xxx.Object”的下拉菜单中选择【定义（Definition）】命令即可弹出【章节定义（Chapter Definition）】对话框，可用于修改章节名称。与添加新章节时不同的是只能修改名称，没有【复制关键字（Copy Keywords）】选项，如图 2.55 所示。

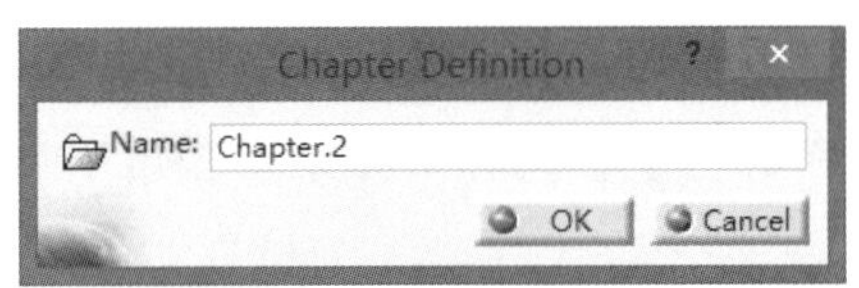

图 2.55

结构树中的【章节（Chapter）】是可以被复制、粘贴的，首先选择将要被复制的 A 章节，然后右击选择【复制（Copy）】命令，再选择将要放置被复制内容的 B 章节，然后右击选择【粘贴（Paste）】命令，即可把 A 章节及其所属子集都粘贴到 B 章节下，且名称仍然保持和复制前完全一致。注意，复制 A 章节后，不能直接粘贴到 A 章节所在的父项 C 章节下，因为这样就会同时在 C 章节下有两个同名的子集，这是系统所不允许的。

单击【添加与另一个库的链接（Add link to another catalog）】按钮添加所选章节与另一个库的链接关系。使用时先在结构树中选择需要添加链接关系的【章节（Chapter）】或后面将要提到的【族（Family）】，然后单击该命令后通过窗口切换进入另一个库文件中选择结构树中的相关【章节（Chapter）】或【族（Family）】，即可在两个库文件中的相关【章节（Chapter）】或【族（Family）】之间建立链接关系。一旦建立了链接关系，原本结构树中的图标也会发生相应的改变，即在图标中间会增加一个红色的折弯线箭头。通常只有在比较复杂的情况下，可能需要两个或多个库之间存在同步关系的时候才会使用该命令，一般较少使用。

单击（【添加族（Add Family）】）按钮添加【族（Family）】，弹出如图 2.56 所示的【族定义（Family Definition）】对话框。在【名称（Name）】处可以修改所创建族的名称，默认名称为【部件族（ComponentFamily.x）】。

需要注意和图 2.54 创建【章节（Chapter）】时的区别，这里多了一个【类型（Type）】项供用户选择，展开选项区域的下拉列表（如图 2.57 所示），软件预设了多个类型，如果用户所要创建的族属于某一预设类型的范畴，可以直接选择该类型即可。对话框下方的【复制关键字（Copy Keywords）】选项和前述【章节定义（Chapter Definition）】对话框中的完全一样。

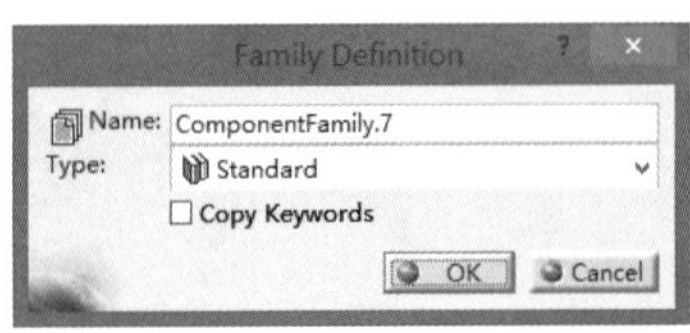

图 2.56

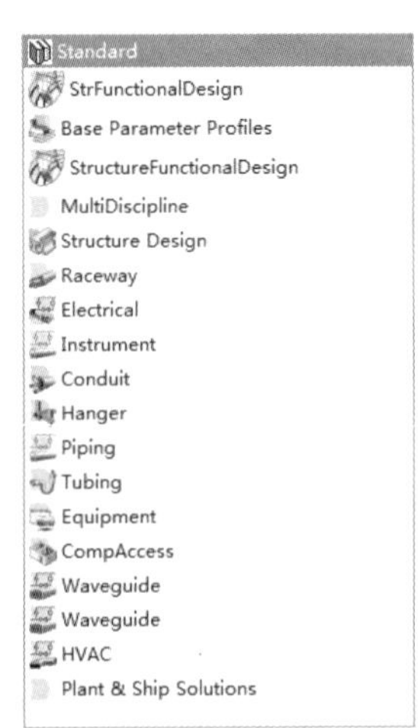

图 2.57

【部件族（ComponentFamily）】可以置于不同级别的【章节（Chapter）】下面，且必须置于某一个【章节（Chapter）】下面。创建【部件族（ComponentFamily）】之前，首先需在结构树中选择将要放置该【部件族（ComponentFamily）】的【章节（Chapter）】，然后再创建。右击结构树中某一【部件族（ComponentFamily）】，可以选择执行【复制（Copy）】命令，再选择将要放置被复制内容的某章节，然后右击并选择【粘贴（Paste）】命令即可；复制的【部件族（ComponentFamily）】不能在原【章节（Chapter）】下面粘贴，因有同名问题。右击目标【章节（Chapter）】或【部件族（ComponentFamily）】，可以选择执行【删除（Delete）】命令删除该项及其下面所包含的子项内容。

单击【添加零件族（Add Part Family）】按钮添加【零件族（Part Family）】，弹出如图 2.58 所示的【零件族定义（Part Family Definition）】对话框。在【名称（Name）】处可以修改所创建零件族的名称，默认名称为【零件族（PartFamily.x）】，为便于后面使用，这里修改名称为“PartFamily_DGBB”；和前述定义【部件族（ComponentFamily）】时一样有【类型（Type）】项可供选择，类型展开列表见图 2.57 所示，与定义【章节（Chapter）】和【部件族（ComponentFamily）】窗口不同的是，不再有【复制关键字（Copy Keywords）】选项，取而代之的是【参考文档（Reference）】和【预览图标（Browser Preview）】两个选项卡。

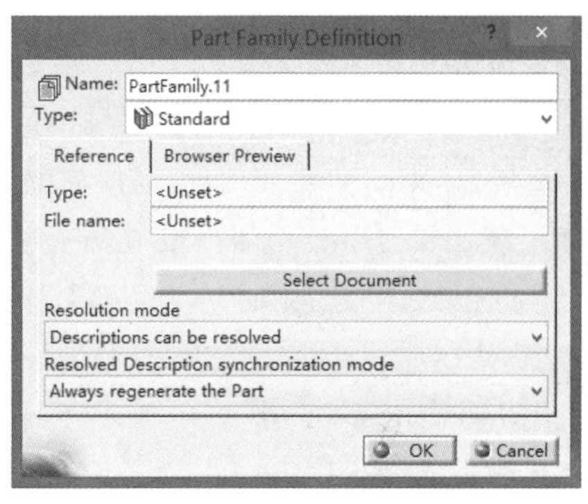

图 2.58

在【参考文档（Reference）】选项卡中，单击中间的【选择文档（Select Document）】按钮，会弹出如图 2.59 所示的【文件选择（File Selection）】对话框，在文件目录中找到在第 2.2 节中已创建好的带【设计表（DesignTable）】的三维模型。

图 2.59

选择好模型后单击【打开（Open）】按钮关闭上图所示的【文件选择（File Selection）】对话框，并回到【零件族定义（Part Family Definition）】对话框，这时会发现【选择文档（Select Document）】命令上面区域的【类型（Type）】和【文件名称（File name）】已经自动更新了，【文件名称（File name）】为文件在系统中的全路径名称，如图 2.60 所示。

在【选择文档（Select Document）】按钮下面区域有如图 2.61 所示的两个带下拉列表的选项。

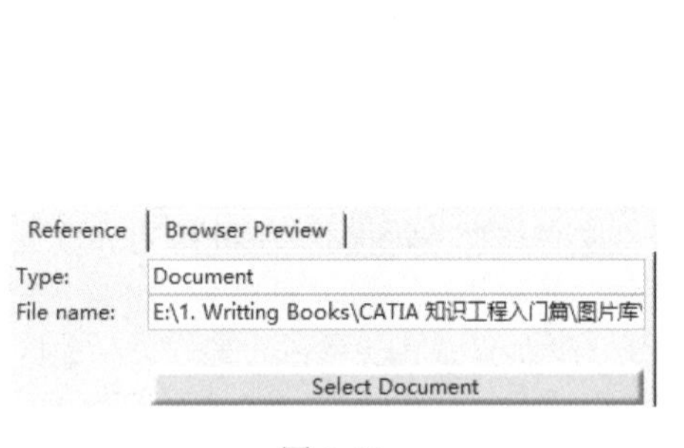

图 2.60

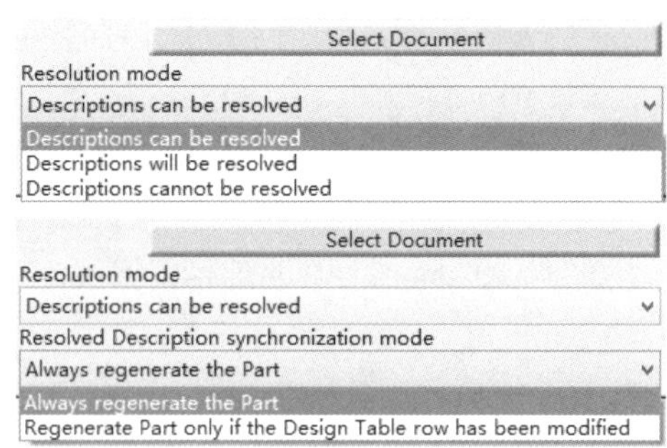

图 2.61

上面一个是【解析模式(Resolution mode)】，它包含三个选项:【变种可以被解析出(Descriptions can be resolved)】，即通过用户界面或者 API（应用程序界面）手动解析出变种零件；【变种会被解析出（Descriptions will be resolved)】，即系统总是自动解析出变种零件；【变种不可以被解析出（Descriptions cannot be resolved)】，即系统决不会解析出变种零件。下面一个是【解析变种的同步模式（Resolved Description synchronization mode)】，它包含两个选项：【总是重生成变种零件（Always regenerate the Part)】和【只有当设计表的行被修改后才重生成变种零件（Regenerate Part only if the Design Table row has been modified)】。这里都选择默认的第一项即可。

在【预览图标（Browser Preview)】选项卡中，由于刚才已经选择了【参考文档（Reference)】，所以这里会显示所选文档的缩略图作为该零件族的预览图标，如图 2.62 所示。当然也可以选择【默认（Default)】的空白图标，或单击【选择一个外部的预览文件（Select an external preview file)】按钮选择一个图片格式的文件图形作为预览图标均可。

单击【零件族定义（Part Family Definition)】对话框中的【确定（OK)】按钮，会发现本想创建一个深沟球轴承零件族，却弹出一个如图 2.63 所示的错误提示对话框。提示内容为【设计表中未发现“零件号”列（No Design Table with “PartNumber” column found)】。

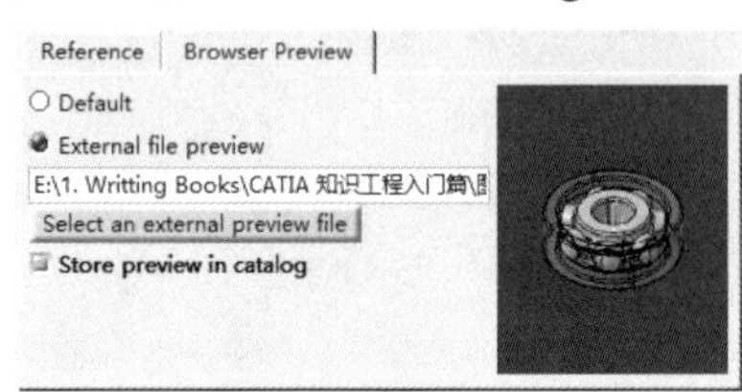

图 2.62

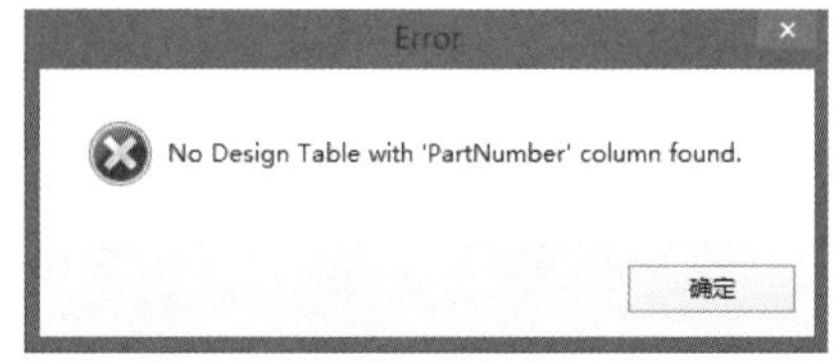

图 2.63

根据提示内容，找到设计表，在原来的“Bearing_Code”列前面插入新的一列，命名为“PartNumber”，并复制“Bearing_Code”下面的内容到“PartNumber”列中，如图 2.64 所示。或直接把原来的“Bearing_Code”改名为“PartNumber”也可以。

保存修改后关闭设计表，返回 CATIA 窗口，再次单击【零件族定义（Part Family Definition)】对话框中的【确定（OK)】按钮，完成深沟球轴承零件族的创建，如图 2.65 所示。

A	B
PartNumber	Bearing_Code
61800	61800
61900	61900
6000	6000
6200	6200
6300	6300
61801	61801
61901	61901
6001	6001
6002	6002
6003	6003
6004	6004
6005	6005

图 2.64

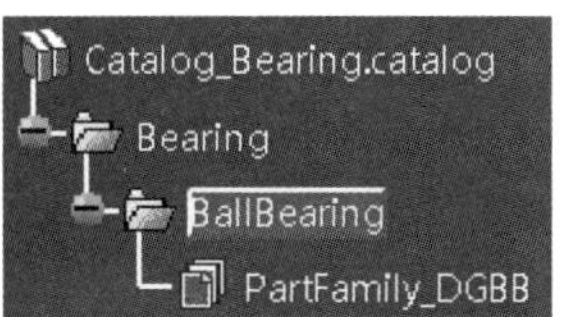

图 2.65

提　示

设计表中必须要有名称为“PartNumber”的列才能把零件族添加到库文件中，每个变种零件与设计表中的某一行都是通过“PartNumber”这一【关键字（Keyword）】进行关联的；“PartNumber”这一名称中不能包含其他字符或空格，例如“Part Number”也是不行的。

如果要添加零件族所涉及的设计表处于被打开编辑状态，则无法添加零件族。

在 Unix 系统中，不支持 Excel 格式的设计表，因此需要将设计表转成“.txt”格式的文件，并把【参考文档（Reference）】关联的设计表修改成转换后的“.txt”格式的文件。

2.4　生成变种零件

在结构树中双击上一步创建好的名为“PartFamily_DGBB”的深沟球轴承零件族，会发现右侧对象显示区域发生了变化，如图 2.66 所示，在【关键字（Keywords）】选项卡中，原本在设计表中的变种零件信息被镜像显示在当前的库文档中，原来的参数在库文档中就变成了一个个关键字，如“PartNumber”、“B”、“d2”等等。

Reference | Keywords | Preview | Generative Data

	Name	PartNumber	Bearing_Code	B	D	D2	d	d2	r	Dw	Z	t	R
1	61800	61800	61800	5mm	22mm	16.4mm	10mm	12.6mm	0.3mm	2.381mm	11	0.5mm	0.8mm
2	61900	61900	61900	6mm	22mm	18.1mm	10mm	13mm	0.3mm	3.175mm	9	0.5mm	0.8mm
3	6000	6000	6000	8mm	26mm	21.3mm	10mm	14.9mm	0.3mm	4.762mm	7	0.5mm	0.8mm
4	6200	6200	6200	9mm	30mm	23.8mm	10mm	17.4mm	0.6mm	4.762mm	8	0.5mm	0.8mm
5	6300	6300	6300	11mm	35mm	27.6mm	10mm	19.4mm	0.6mm	6.35mm	7	0.5mm	0.8mm
6	61801	61801	61801	5mm	21mm	18.4mm	12mm	14.6mm	0.3mm	2.381mm	12	0.5mm	0.8mm
7	61901	61901	61901	6mm	24mm	20.6mm	12mm	15.5mm	0.3mm	3.175mm	10	0.5mm	0.8mm
8	6001	6001	6001	8mm	28mm	23.8mm	12mm	17.4mm	0.3mm	4.762mm	8	0.5mm	0.8mm
9	6002	6002	6002	9mm	32mm	26.6mm	15mm	20.4mm	0.3mm	4.762mm	9	0.5mm	0.8mm
10	6003	6003	6003	10mm	35mm	29.1mm	17mm	22.9mm	0.3mm	4.762mm	10	0.5mm	0.8mm
11	6004	6004	6004	12mm	42mm	35.1mm	20mm	26.9mm	0.6mm	6.35mm	9	0.5mm	0.8mm
12	6005	6005	6005	12mm	47mm	40.1mm	25mm	31.9mm	0.6mm	6.35mm	10	0.5mm	0.8mm

图 2.66

提　示

在图 2.66 中最左侧的关键字“Name”是在刚开始创建库文档时系统自动创建的，它的值就是复制了设计表中参数“PartNumber”的值。

选择【预览（Preview）】选项卡，如图 2.67 所示，这时不同的变种零件有了自己对应的名称或料号，且有某个视角的三维作为预览图，仔细观察会发现不同变种零件的预览图都是一样的，即 2.1 和 2.2 节中所创建的原始三维模型的某个视角图。

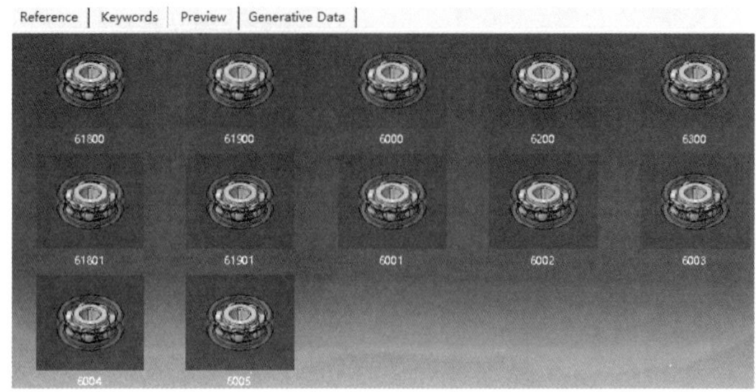

图 2.67

选择【创成式数据（Generative Data）】选项卡，如图 2.68 所示，在上面的【创成式定义（Generative Definitions）】区域显示了 2.2 节中创建的设计表，在其下方的【过滤的部件（Filtered Components）】区域显示了设计表中的相关信息，和在【关键字（Keywords）】选项卡下显示的内容完全相同。

Reference | Keywords | Preview | Generative Data

Generative Definitions

	Name	Date(D-M-Y)	Definition	Status
1	DesignTable_DGBB			

Filtered Components

	Name	PartNumber	Bearing_Code	B	D	D2	d	d2	r	Dw	Z	t	R
1	61800	61800	61800	5mm	22mm	16.4mm	10mm	12.6mm	0.3mm	2.381mm	11	0.5mm	0.8mm
2	61900	61900	61900	6mm	22mm	18.1mm	10mm	13mm	0.3mm	3.175mm	9	0.5mm	0.8mm
3	6000	6000	6000	8mm	26mm	21.3mm	10mm	14.9mm	0.3mm	4.762mm	7	0.5mm	0.8mm
4	6200	6200	6200	9mm	30mm	23.8mm	10mm	17.4mm	0.6mm	4.762mm	8	0.5mm	0.8mm
5	6300	6300	6300	11mm	35mm	27.6mm	10mm	19.4mm	0.6mm	6.35mm	7	0.5mm	0.8mm
6	61801	61801	61801	5mm	21mm	18.4mm	12mm	14.6mm	0.3mm	2.381mm	12	0.5mm	0.8mm
7	61901	61901	61901	6mm	24mm	20.6mm	12mm	15.5mm	0.3mm	3.175mm	10	0.5mm	0.8mm
8	6001	6001	6001	8mm	28mm	23.8mm	12mm	17.4mm	0.3mm	4.762mm	8	0.5mm	0.8mm
9	6002	6002	6002	9mm	32mm	26.6mm	15mm	20.4mm	0.3mm	4.762mm	9	0.5mm	0.8mm
10	6003	6003	6003	10mm	35mm	29.1mm	17mm	22.9mm	0.3mm	4.762mm	10	0.5mm	0.8mm
11	6004	6004	6004	12mm	42mm	35.1mm	20mm	26.9mm	0.6mm	6.35mm	9	0.5mm	0.8mm
12	6005	6005	6005	12mm	47mm	40.1mm	25mm	31.9mm	0.6mm	6.35mm	10	0.5mm	0.8mm

图 2.68

选择【参考（Reference）】选项卡，如图 2.69 所示，显示了变种零件的【类型（Type）】及其【全路径名称（Object Name）】。

Reference | Keywords | Preview | Generative Data

	Name	Type	Object Name
1	61800	Part family configuration	E:\1. Writting Books\CATIA 知识工程入门篇\Examples\1.2\Bearing_DGBB_Maste
2	61900	Part family configuration	E:\1. Writting Books\CATIA 知识工程入门篇\Examples\1.2\Bearing_DGBB_Maste
3	6000	Part family configuration	E:\1. Writting Books\CATIA 知识工程入门篇\Examples\1.2\Bearing_DGBB_Maste
4	6200	Part family configuration	E:\1. Writting Books\CATIA 知识工程入门篇\Examples\1.2\Bearing_DGBB_Maste
5	6300	Part family configuration	E:\1. Writting Books\CATIA 知识工程入门篇\Examples\1.2\Bearing_DGBB_Maste
6	61801	Part family configuration	E:\1. Writting Books\CATIA 知识工程入门篇\Examples\1.2\Bearing_DGBB_Maste
7	61901	Part family configuration	E:\1. Writting Books\CATIA 知识工程入门篇\Examples\1.2\Bearing_DGBB_Maste
8	6001	Part family configuration	E:\1. Writting Books\CATIA 知识工程入门篇\Examples\1.2\Bearing_DGBB_Maste
9	6002	Part family configuration	E:\1. Writting Books\CATIA 知识工程入门篇\Examples\1.2\Bearing_DGBB_Maste
10	6003	Part family configuration	E:\1. Writting Books\CATIA 知识工程入门篇\Examples\1.2\Bearing_DGBB_Maste
11	6004	Part family configuration	E:\1. Writting Books\CATIA 知识工程入门篇\Examples\1.2\Bearing_DGBB_Maste
12	6005	Part family configuration	E:\1. Writting Books\CATIA 知识工程入门篇\Examples\1.2\Bearing_DGBB_Maste

图 2.69

如图 2.70 所示，在结构树中选择名为“PartFamily_DGBB”的零件族，右击后选择目标对象下拉菜单中的【解析（Resolve）】命令，这时软件会进入解析变种零件的状态，视电脑性能不同需要的解析时间也不同。

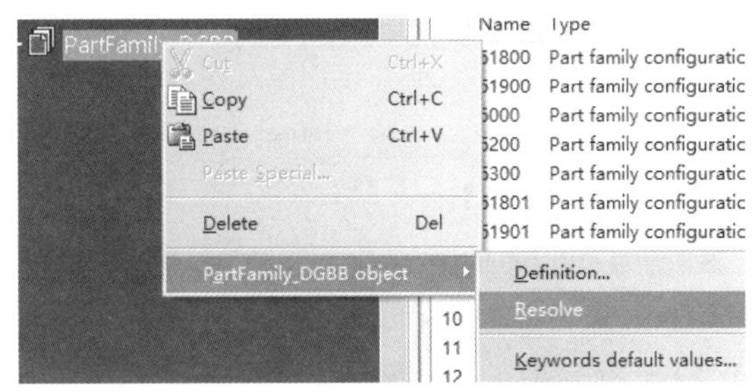

图 2.70

完成【解析（Resolve）】后观察【参考（Reference）】选项卡中的内容变化，如图 2.71 所示。与图 2.69 相比，【类型（Type）】由“Part family configuration”变成了“Resolved part family configuration (updated)”；【全路径名称（Object Name）】由原始零件和库文件所在的路径变成了系统中用户软件的临时缓存文件夹，变种零件自身的名称仍保持不变。

Reference | Keywords | Preview | Generative Data

	Name	Type	Object Name
1	61800	Resolved part family configuration (updated)	C:\Users\lenovo\AppData\Local\DassaultSystemes\(
2	61900	Resolved part family configuration (updated)	C:\Users\lenovo\AppData\Local\DassaultSystemes\(
3	6000	Resolved part family configuration (updated)	C:\Users\lenovo\AppData\Local\DassaultSystemes\(
4	6200	Resolved part family configuration (updated)	C:\Users\lenovo\AppData\Local\DassaultSystemes\(
5	6300	Resolved part family configuration (updated)	C:\Users\lenovo\AppData\Local\DassaultSystemes\(
6	61801	Resolved part family configuration (updated)	C:\Users\lenovo\AppData\Local\DassaultSystemes\(
7	61901	Resolved part family configuration (updated)	C:\Users\lenovo\AppData\Local\DassaultSystemes\(
8	6001	Resolved part family configuration (updated)	C:\Users\lenovo\AppData\Local\DassaultSystemes\(
9	6002	Resolved part family configuration (updated)	C:\Users\lenovo\AppData\Local\DassaultSystemes\(
10	6003	Resolved part family configuration (updated)	C:\Users\lenovo\AppData\Local\DassaultSystemes\(
11	6004	Resolved part family configuration (updated)	C:\Users\lenovo\AppData\Local\DassaultSystemes\(
12	6005	Resolved part family configuration (updated)	C:\Users\lenovo\AppData\Local\DassaultSystemes\(

图 2.71

选择【预览（Preview）】选项卡，如图 2.72 所示。与图 1.86 时的状态相比，所有变种零件其实都各不相同，预览图即是该变种零件实际的三维视图，不再是原始零件的三维视图。

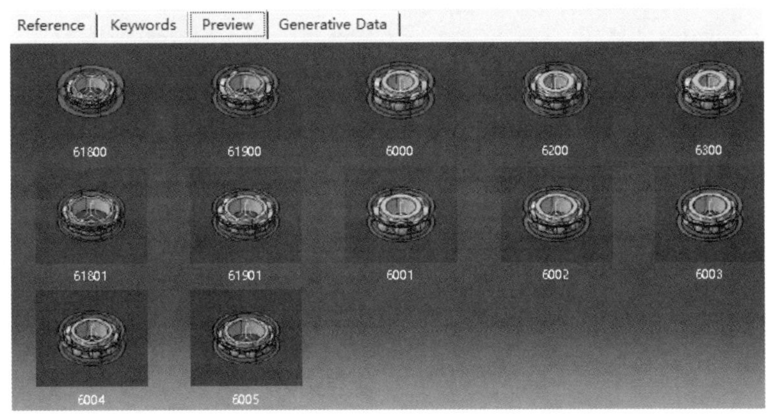

图 2.72

【关键字（Keywords）】选项卡和【创成式数据（Generative Data）】选项卡中的内容在【解析（Resolve）】之后无变化，单击【保存】按钮后关闭【库文档（Catalog Document）】。

2.5　零件库的使用和维护

新建一个【产品文档（Product Document）】，然后依次选择执行【工具（Tools）】、【库浏览器（Catalog Browser）】命令，或直接在【库浏览器（Catalog Browser）】工具栏上单击【库浏览器（Catalog Browser）】按钮，即弹出如图 2.73 所示的【库浏览器（Catalog Browser）】对话框。如果当前左侧显示的不是你所想要的库文件内容，可以单击窗口右上角的【浏览另一个库（Browse another Catalog）】按钮，找到之前所保存的库文件并选择打开。

依次双击左侧窗口中的文件夹，一直到看见变种零件为止，如图 2.74 所示。其实这些文件夹正是前面所创建的一个个【章节（Chapter）】和【零件族（Part Family）】。

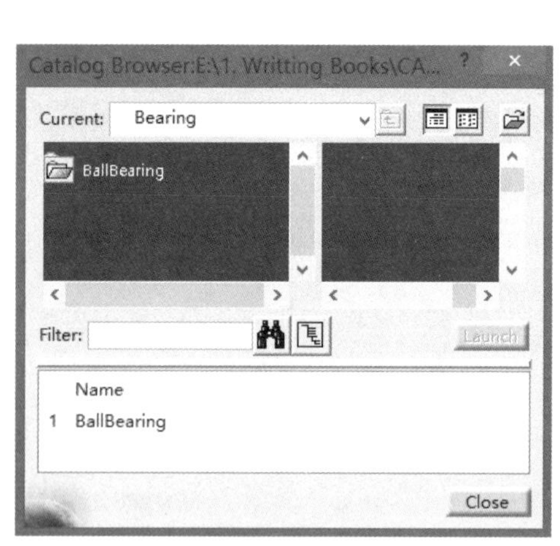

图 2.73

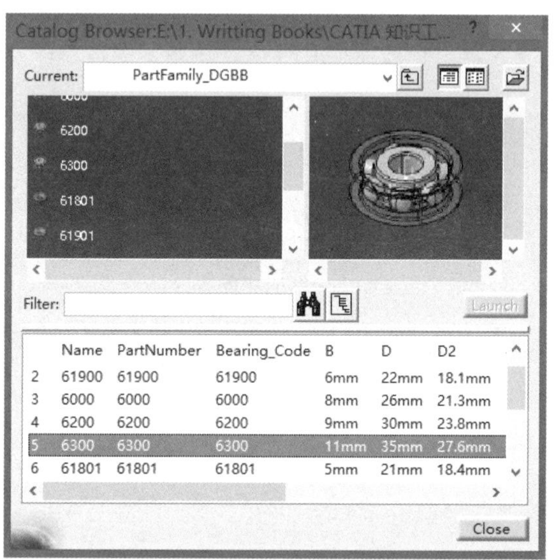

图 2.74

在【库浏览器（Catalog Browser）】对话框左上侧选择任意一个变种零件，右上侧预览区域即显示该模型的三维预览视图，下方的变种列表也会突出显示（蓝色底）选中的变种零件；也可以直接在下方的详细信息列表里直接选择任意变种零件，预览窗口也会显示相应的模型的三维预览视图。

在左上侧窗口列表或下方的详细信息列表中双击任意一个变种零件，则该零件就会被插入产品文档中，并弹出一个【库零件预览（Catalog）】对话框，单击【确定（OK）】按钮完成变种零件的引用插入，如图 2.75 所示。插入零件后【库浏览器（Catalog Browser）】对话框会再次自动弹出，便于用于连续使用，如果还要继续插入库中的文件可以重复以上步骤，如果不需要则单击【关闭（Close）】按钮关闭【库浏览器（Catalog Browser）】对话框即可。

在实际工作中，可能随着工作需求的变化，在现有的设计库无法满足使用需求的情况下，就需要在设计库中增加新的设计变种；或有些变种已经废止不再使用，为了防止设计人员误用需要把该变种从库中移除，这些都是设计库的维护工作。

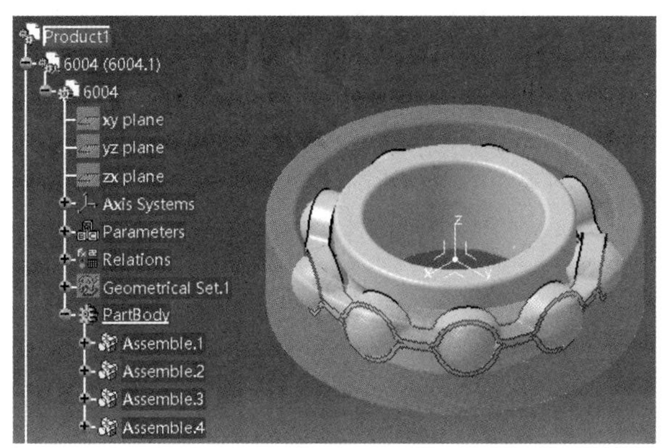

图 2.75

打开之前创建好的名为“Bearing_DGBB_MasterPart”的原始零件，在结构树下展开【关系（Relations）】节点，并在其下方找到用于驱动生成变种零件的【设计表（Design Table）】。双击该设计表，弹出如图 2.44 所示的【设计表结构及关联（Design table Configurations & Associations）】对话框。在对话框中单击选择【编辑表格（Edit Table）】按钮 Edit table...，则设计表会被打开并处于被编辑状态，这时可以在设计表中增加或删除零件变种，或对各参数信息进行维护，完成后保存并关闭设计表，回到 CATIA 界面。稍等几秒钟（与电脑性能相关），即会弹出图 2.48 所示的【知识报告（Knowledge Report）】对话框，该报告会告诉你设计表已经被成功修改，并且设计表已经与 CATIA 模型文档同步了。单击【关闭（Close）】按钮关闭该报告对话框，回到【设计表结构（Configurations）】选项卡，会显示设计表内增加了的变种，见图 2.49 所示。单击【设计表结构及关联（Design table Configurations & Associations）】对话框中的【确定（OK）】按钮关闭该对话框，保存并关闭该原始零件文档。以上操作可参考 2.2 节中相关内容。

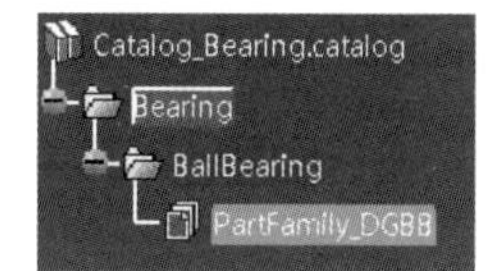

图 2.76

打开 2.3 节所创建的库文档，展开左侧的结构树直至显示出目标【零件族（Part Family）】，如图 2.76 所示。

选择名为“PartFamily_DGBB”的零件族，在【编辑（Edit）】菜单下选择【链接（Links）】命令 Links...，打开如图 2.77 所示的【零件族链接（Links of element PartFamily_DGBB）】对话框，注意名为【状态（Status）】的一列，当前各变种零件及设计表的状态均为【文档未加载（Document not loaded）】。

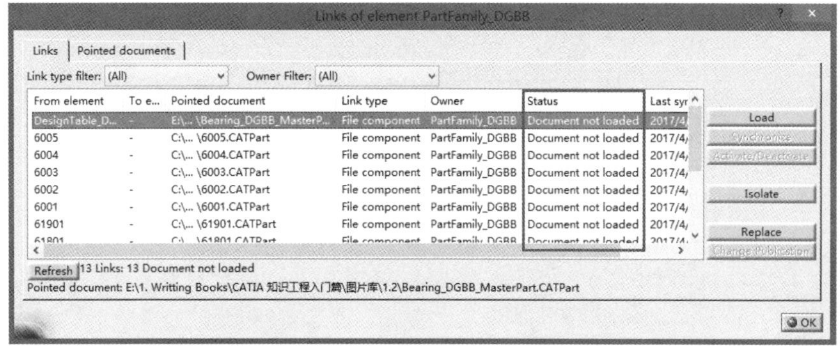

图 2.77

选择列表中的内容后单击对话框右侧的【加载（Load）】按钮，则状态将变为如图 2.78 所示的【未同步（Not synchronized）】，且右侧的【加载（Load）】按钮变成灰色为禁用状态，同时【同步（Synchronize）】按钮被激活。单击【同步（Synchronize）】按钮，软件开始同步设计表中的内容，即把设计表中的相关信息同步给各变种零件，这个同步过程需要等待一点时间，所需时间与电脑性能相关。同步后的状态如图 2.79 所示，右侧的【加载（Load）】和【同步（Synchronize）】按钮均变成灰色为禁用状态。

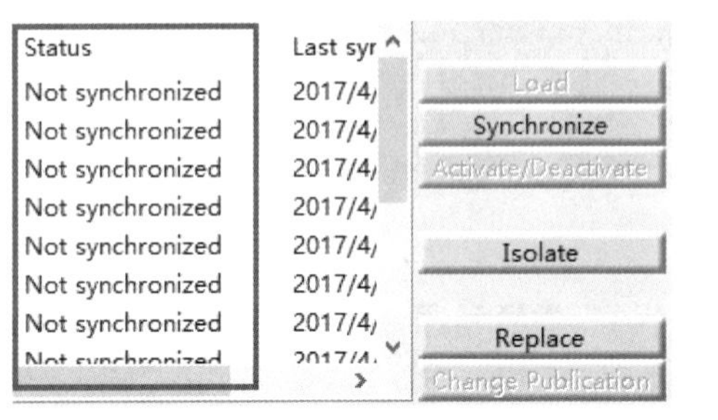

图 2.78

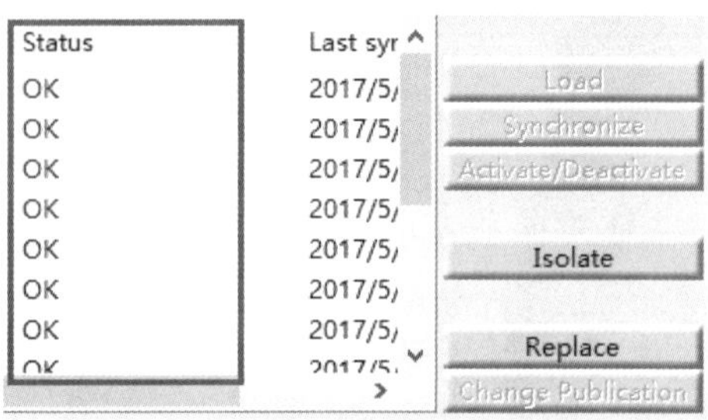

图 2.79

单击【确定（OK）】按钮关闭该窗口，保存并关闭该库文档，该库文档及变种信息的更新维护即完成了。

**提　示**

本节所讲的零件库的创建和维护均是指在计算机本地的操作，当使用如 ENOVIA PLM 系统存储设计文档时，相关操作与此相比会有所变化，考虑到广大读者多为个人学习使用，较少涉及 PLM 系统，这里不再深入讲解零件库在 ENOVIA PLM 系统中的使用和维护，用户可以在未来所服务的单位学到定制化的 ENOVIA 操作习惯。

第 3 章 实例演练——GY 型凸缘联轴器

本章将以 GB/T 5843—2003 中规定的 GY 型联轴器为例，详细介绍这一产品相关零件库的定制化过程，进一步深入掌握前面所介绍的内容。

本章知识要点

- 巩固设计参数及公式的创建
- 巩固设计参数表的创建方法
- 巩固零件库文件的创建方法
- 巩固零件库的维护

3.1 创建联轴器相关参数及参数化模型

如图 3.1 所示为常见的 GY 型刚性凸缘联轴器，该型联轴器包含两个半联轴器，和若干组螺栓螺母联接构成，详细描述请参见 GB/T 5843—2003。

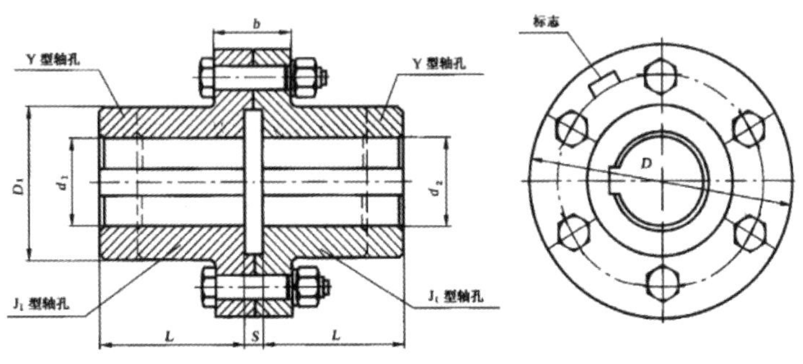

图 3.1

其中，

D —— 联轴器联接法兰外缘直径；

D_1 —— 联轴器轴套外缘直径；

d_1 —— 左半联轴器联接轴直径；

d_2 —— 右半联轴器联接轴直径；

b—— 联轴器联接法兰总厚度；

L—— 半联轴器长度；

S—— 联轴器联接后沉孔轴向距离；

P—— 联轴器联接法兰螺栓孔节圆直径；

M—— 联轴器联接法兰螺栓孔直径；

N—— 联轴器联接法兰螺栓孔数量；

b_1—— 左半联轴器键槽宽度；

b_2—— 右半联轴器键槽宽度；

h_1—— 左半联轴器键槽顶部距其对向圆弧的最大距离；

h_2—— 右半联轴器键槽顶部距其对向圆弧的最大距离。

键槽相关尺寸规范可参考 GB/T 1095—2003。

启动 CATIA，新建一个【零件（Part）】文档，并命名为“GY_L_Master”，根据第 1 章所讲知识，创建以上所列相关尺寸参数及联轴器代号等信息参数。联轴器联接法兰螺栓孔数量 N 为【整数（Integer）】类型、联轴器代号为【字符串（String）】类型，其他参数均为【长度（Length）】类型。如图 3.2 所示，为结构树中已创建好的参数。

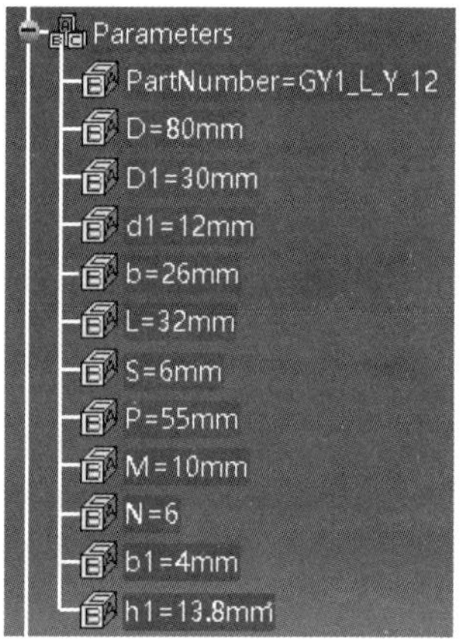

图 3.2

关于参数“PartNumber”，类型为【字符串（String）】类型，表示的是联轴器的具体型号，其值中各代号的含义分别是：“GY1”表示的是系列代号（数字代表不同的公称转矩），“L”表示左侧半联轴器（R 表示右侧半联轴器），“Y”表示长系列（J 表示短系列），末尾数字“12”表示该半联轴器轴孔直径。

单击菜单栏中的【插入（Insert）】，选择下拉菜单中的【几何体（Body）】，在结构树中插入一个新的几何体，命名为“GY Coupling”。单击【参考元素（Reference Elements）】工具栏上的【点（Point）】命令，创建一个坐标值为（0，0，0）的坐标点，命名为“Origin”。单击【工具（Tools）】工具栏中的【坐标系（Axis System）】按钮，或在菜单栏中选择【插入（Insert）】>【坐标系（Axis System）】，在弹出的【定义坐标系（Axis System Definition）】对话框中，在【坐标系类型（Axis System type）】区域选择【标准（Standard）】（即标准笛卡尔三轴坐标系）；在【原点（Origin）】右侧的输入区域单击一下鼠标，然后从结构树或者文档窗口选择刚才创建的坐标点“Origin”；选择【当前（Current）】项前面的复选框表示将新创建的坐标系设置为工作坐标系，否则仍以系统默认的三个平面（XY Plane、YZ Plane、ZX Plane）组成的系统坐标系作为工作坐标系；选择【置于坐标系集结点下（Under the Axis Systems node）】项前面的复选框表示将新创建的坐标系放在结构树中一个名为【坐标系集（Axis Systems）】的节点下面，完成用户坐标系的创建。有了新的用户坐标系并且设置为当前活动坐标系，可以把文档创建之初自动创建的全局坐标系（即由 XY 平面、YZ 平面和 ZX 平面组成的绝对坐标系）隐藏，以便后续操作，完成后主窗口界面如图 3.3 所示。

在结构树中右击几何体“GY Coupling”，选择【定义工作对象（Define In Work Object）】，即定义“GY Coupling”几何体为当前工作对象，接下来的建模操作结果都将置于该几何体之中。在菜单栏上单击【插入（Insert)】，然后依次选择【草绘器（Sketcher)】、【定位草图（Positioned Sketch)】，也可以在【草绘器（Sketcher)】工具栏上直接单击【定位草图（Positioned Sketch)】按钮，在弹出的【草图定位（Sketch Positioning)】对话框（如图 3.4 所示）中，选择用户坐标系的“YZ Plane”作为草图支持平面，然后单击【确定（OK)】按钮进入草绘工作台。

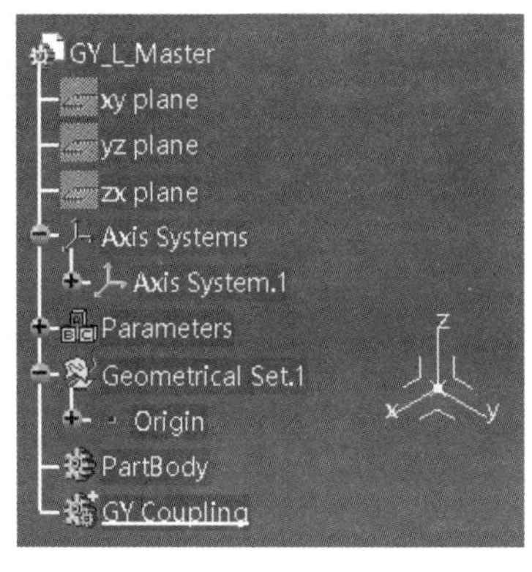

图 3.3

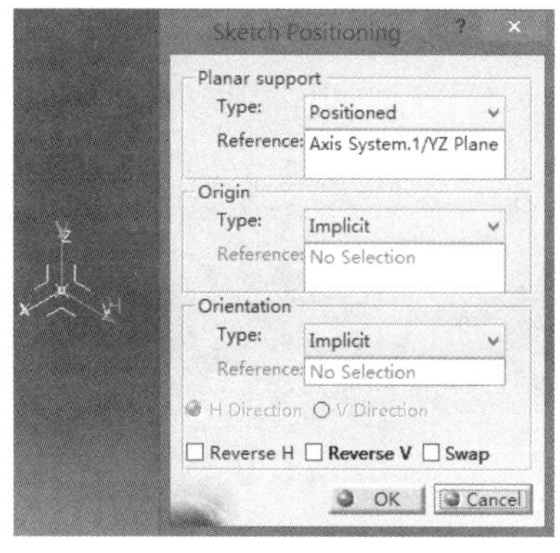

图 3.4

利用【轴线（Axis)】按钮和【轮廓线（Profile)】按钮，绘制出如图 3.5 所示的中心线和轮廓形状，并完成全约束。

右击所标注的尺寸，选择【编辑公式（Edit Formula)】命令，完成各约束尺寸与结构树中设计参数的关联驱动，详细操作可参考 1.2 节所述内容，完成后如图 3.6 所示。

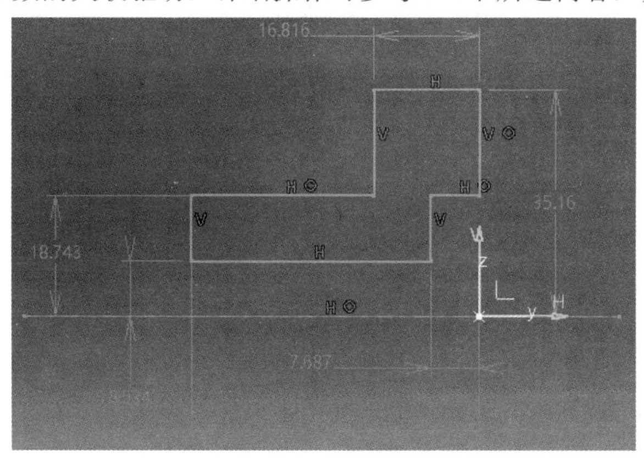

图 3.5

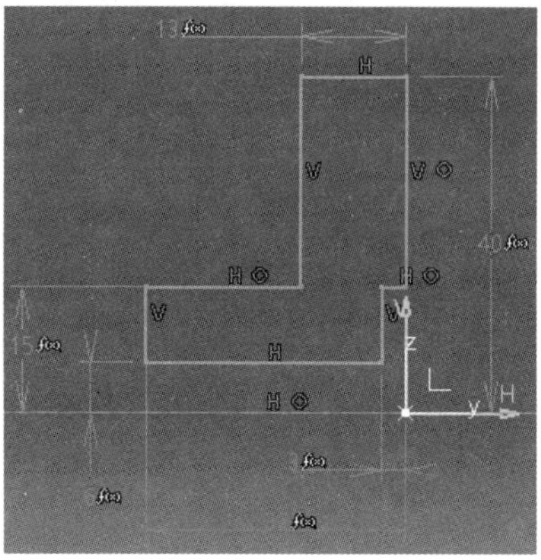

图 3.6

其中，草图尺寸及其驱动公式如下：

13 = $b/2$；

40 = $D/2$；

3 = $S/2$；

32 = L；

6 = $d_1/2$；

15 = $D_1/2$ 。

完成半联轴器断面轮廓的草图绘制后，退出草图。观察结构树中出现的新节点【关系集（Relations)】，展开【关系集（Relations)】后如图 3.7 所示，这个集合里存放的就是前述步骤中为草图尺寸添加的约束公式。

在零件设计工作台下，选择【旋转轴（Shaft)】命令，再选择刚才创建的半联轴器草图，创建出联轴器的三维轮廓，如图 3.8 所示。

图 3.7

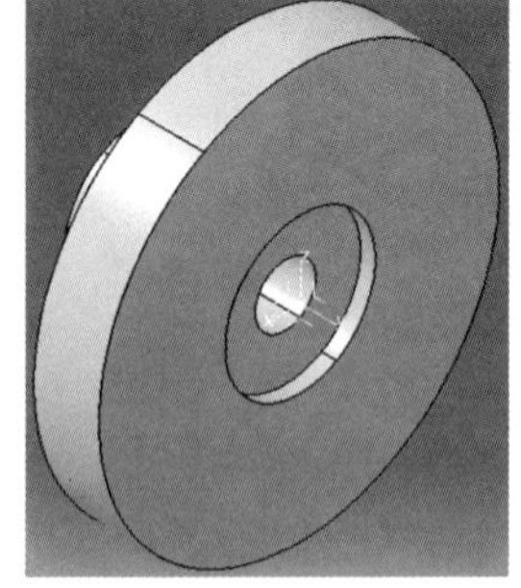

图 3.8

再次选择【定位草图（Positioned Sketch)】命令，在弹出的【草图定位（Sketch Positioning)】对话框中，选择用户坐标系的“ZX Plane”作为草图支持平面，先选择【切换（Swap)】选项，再选择【横轴反向（Reverse H)】选项，操作结果如图 3.9 所示，然后单击【确定（OK)】按钮进入草绘工作台。

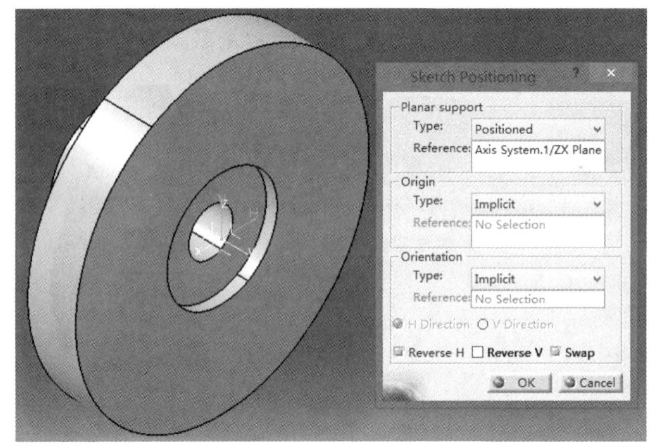

图 3.9

**提　示**

分别选择【切换（Swap）】和【横轴反向（Reverse H）】复选框的原因是：草图通常会以横轴（H 轴）向右、纵轴（V 轴）向上的方式摆正，并分别定义右上为正方向。有时在选择草图支持平面后，默认的横、纵轴布局不便于草图绘制，因此在进入草图编辑环境之前预先对草图坐标进行设置，可以避免该问题。

在当前草图中，先绘制一个横平竖直的矩形，约束矩形左右两条边关于 V 轴对称，再约束矩形下面的边与 H 轴共线，同时标出矩形的宽度和高度，并用结构树中的参数 b_1、h_1、d_1 对其进行驱动约束，如图 3.10 所示。

其中，草图尺寸及其驱动公式如下：

$4 = b_1$；

$7.8 = h_1 - d_1/2$。

完成键槽断面轮廓的草图绘制后退出草图，选择【凹槽（Pocket）】命令，再选择刚才创建的草图，创建出联轴器中心孔的键槽特征。

单击【参考元素（Reference Elements）】工具栏中的【点（Point）】按钮，创建一个坐标值为（0，0，27.5）的坐标点，命名为“CenterPoint_BoltHole”。

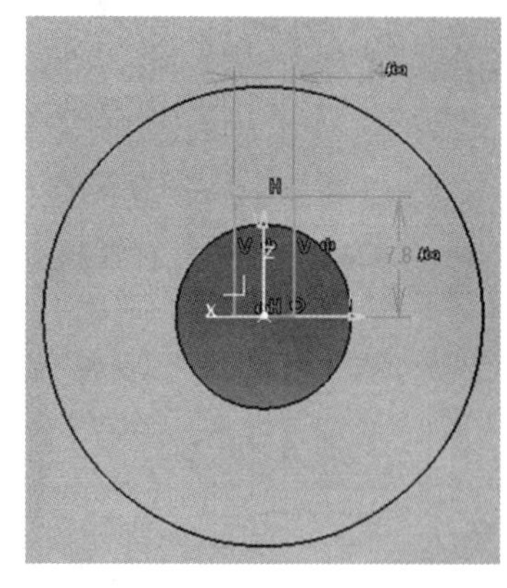

图 3.10

其中，该点的 Z 坐标值受参数 P 控制驱动，驱动公式如下：

$27.5 = P/2$。

在【基于草图的特征（Sketch-Based Features）】工具栏中单击【孔（Hole）】按钮，选择刚创建的点“CenterPoint_BoltHole”，再选择用户坐标系的“ZX Plane”，【孔定义（Hole Definition）】窗口即弹出，如图 3.11 所示。

在【延伸（Extension）】选项卡中，选择【至下个面（Up To Next)】，表示创建一个至下一个面的通孔，【直径（Diameter）】由参数 M 进行公式驱动。

其中，驱动公式如下：

$10 = M$。

其他选项卡如【类型（Type）】、【螺纹定义（Thread Definition）】，此练习中保持系统默认值。当然，如果要创建的孔是沉头孔，可在【类型（Type）】选项卡中进行设置，如果要创建的孔是螺纹孔可在【螺纹定义（Thread Definition）】选项卡中进行设置。

完成后单击【确定（OK）】按钮关闭【孔定义（Hole Definition）】对话框。模型如图 3.12 所示。

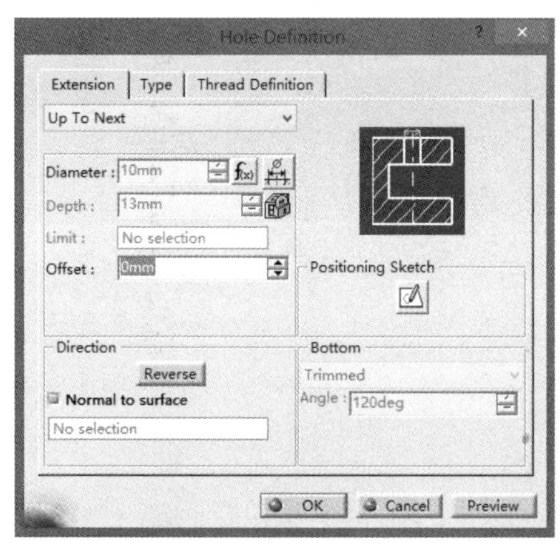

图 3.11

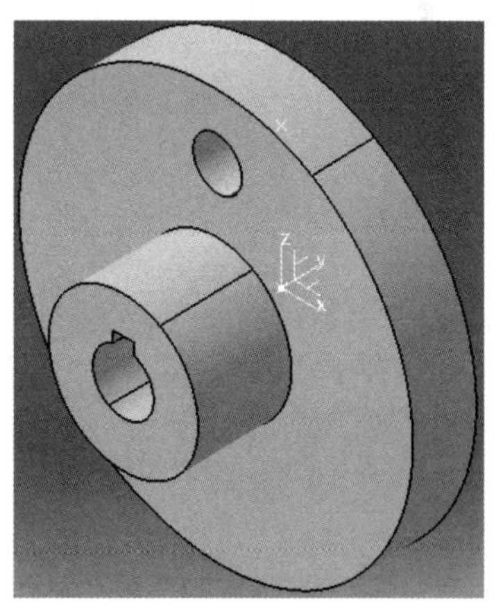

图 3.12

单击【变换特征（Transformation Features）】工具栏中的【环形阵列（Circular Pattern）】按钮，弹出如图 3.13 所示的【环形阵列定义（Circular Pattern Definition）】对话框。在【轴向参

考（Axial Reference）】选项卡中，在【参数（Parameters）】的下拉列表中选择【圆周均布（Complete crown）】；【实例数（Instances）】由参数 N 驱动；参考方向的【参考元素（Reference element）】可以从模型中选择用户自定义坐标系的 Y 轴；【被阵列对象（Object to Pattern）】可在结构树或模型上选择上一步创建的通孔特征，完成后单击【确定（OK）】按钮关闭【环形阵列定义（Circular Pattern Definition）】对话框。

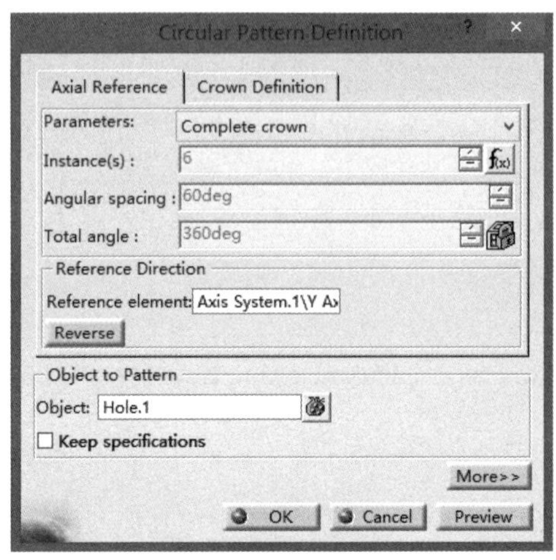

图 3.13

再对模型中的锐边进行倒圆角或平角的操作，使模型更加合理，这里为简化操作，定义所有的倒圆角和平角（即 R1 和 C1）的尺寸均为 1mm，完成后模型如图 3.14 所示。

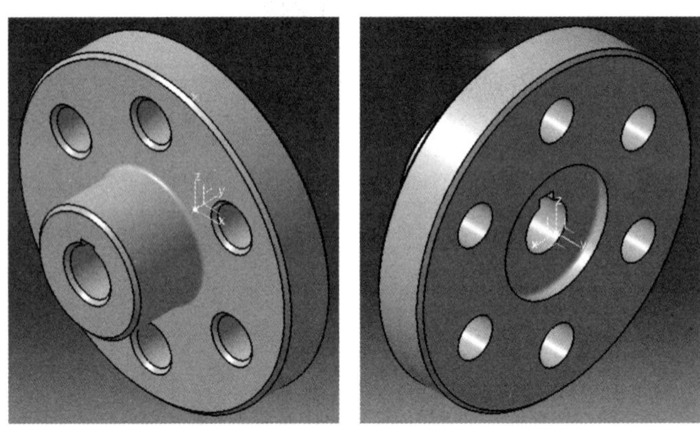

图 3.14

3.2 创建联轴器设计表

单击【知识（Knowledge）】工具栏中的【设计表（Design Table）】按钮，弹出如图 3.15 所示的【创建设计表（Creation of a Design Table）】对话框，并在【名称（Name）】区域修改名称为“DesignTable_GYL Coupling”，选择【基于当前参数值创建一个新设计表（Create a design table with current parameter values）】选项。

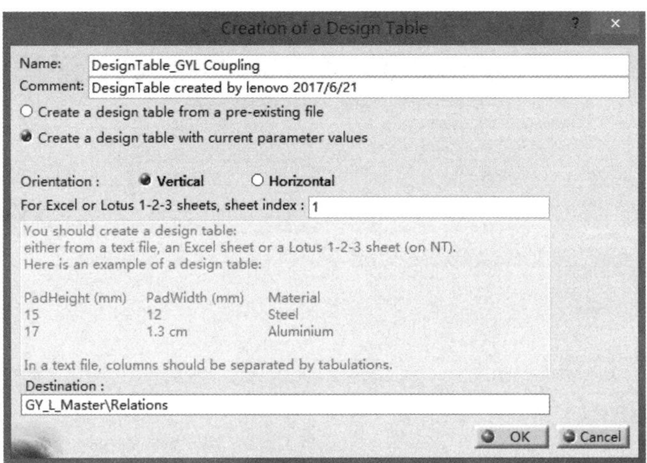

图 3.15

单击【确定(OK)】按钮关闭当前对话框，弹出新的如图 3.16 所示的【选择要插入的参数(Select parameters to insert)】对话框。

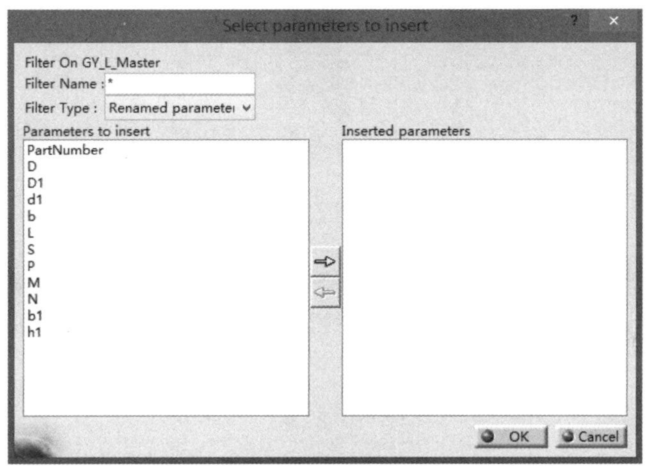

图 3.16

在该窗口中【过滤类型(Filter Type)】的下拉列表中选择【重命名的参数(Renamed parameters)】，选中左侧【要插入的参数（Parameters to insert)】区域中的参数，并通过中间的【添加选择的参数进入设计表（Add the selected parameter in the design table)】按钮，即可把参数放到右侧的【已插入的参数（Inserted parameters)】。如果有多个连续的参数需要做同样的操作，可以选择第一个参数，按住 Shift 键，再选择最后一个参数，即可选择多个连续参数，然后同上操作添加到右侧的【已插入的参数（Inserted parameters)】区域即可。单击“OK”按钮确认操作，弹出设计表的【另存为（Save As)】对话框，选择一个合适的存储路径保存设计表，在设计表被保存到本地后，弹出了如图 3.17 所示的【设计表结构及关联（Design Table Configurations & Associations)】对话框。

单击【编辑表格（Edit table)】按钮，设计表会被自动打开，这时设计表中既可以添加新的零件信息，也可以修改或删除已经存在的零件信息，根据标准资料添加新的零件信息如

图 3.18 所示。

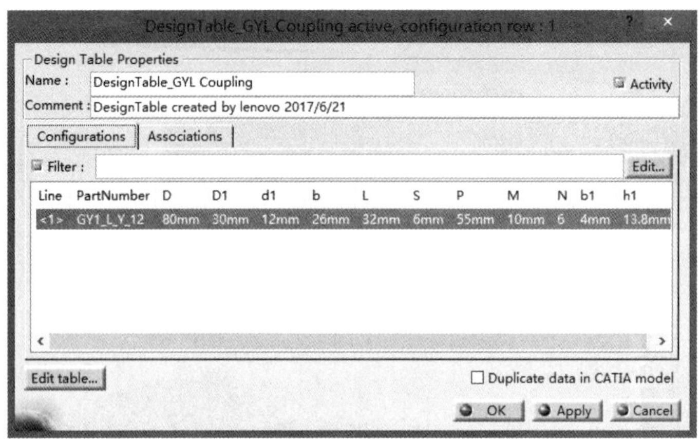

图 3.17

	A	B	C	D	E	F	G	H	I	J	K	L
1	PartNumber	D (mm)	D1 (mm)	d1 (mm)	b (mm)	L (mm)	S (mm)	P (mm)	M (mm)	N	b1 (mm)	h1 (mm)
2	GY1_L_Y_12	80	30	12	26	32	6	55	10	6	4	13.8
3	GY1_L_Y_14	80	30	14	26	32	6	55	10	6	5	16.3
4	GY1_L_Y_16	80	30	16	26	42	6	55	10	6	5	18.3
5	GY1_L_Y_18	80	30	18	26	42	6	55	10	6	6	20.8
6	GY1_L_Y_19	80	30	19	26	42	6	55	10	6	6	21.8
7	GY1_L_J_12	80	30	12	26	27	6	55	10	6	4	13.8
8	GY1_L_J_14	80	30	14	26	27	6	55	10	6	5	16.3
9	GY1_L_J_16	80	30	16	26	30	6	55	10	6	5	18.3
10	GY1_L_J_18	80	30	18	26	30	6	55	10	6	6	20.8
11	GY1_L_J_19	80	30	19	26	30	6	55	10	6	6	21.8
12	GY2_L_Y_16	90	40	16	28	42	6	65	10	6	5	18.3
13	GY2_L_Y_18	90	40	18	28	42	6	65	10	6	6	20.8
14	GY2_L_Y_19	90	40	19	28	42	6	65	10	6	6	21.8
15	GY2_L_Y_20	90	40	20	28	52	6	65	12	6	6	22.8
16	GY2_L_Y_22	90	40	22	28	52	6	65	12	6	6	24.8
17	GY2_L_Y_24	90	40	24	28	52	6	65	12	6	8	27.3
18	GY2_L_Y_25	90	40	25	28	62	6	65	12	6	8	28.3
19	GY2_L_J_16	90	40	16	28	30	6	65	10	6	5	18.3
20	GY2_L_J_18	90	40	18	28	30	6	65	10	6	6	20.8
21	GY2_L_J_19	90	40	19	28	30	6	65	10	6	6	21.8
22	GY2_L_J_20	90	40	20	28	38	6	65	12	6	6	22.8
23	GY2_L_J_22	90	40	22	28	38	6	65	12	6	6	24.8
24	GY2_L_J_24	90	40	24	28	38	6	65	12	6	8	27.3
25	GY2_L_J_25	90	40	25	28	44	6	65	12	6	8	28.3
26	GY3_L_Y_20	100	45	20	30	52	6	75	12	6	6	22.8
27	GY3_L_Y_22	100	45	22	30	52	6	75	12	6	6	24.8
28	GY3_L_Y_24	100	45	24	30	52	6	75	12	6	8	27.3
29	GY3_L_Y_25	100	45	25	30	62	6	75	12	6	8	28.3
30	GY3_L_Y_28	100	45	28	30	62	6	75	12	6	8	31.3
31	GY3_L_J_20	100	45	20	30	38	6	75	12	6	6	22.8
32	GY3_L_J_22	100	45	22	30	38	6	75	12	6	6	24.8
33	GY3_L_J_24	100	45	24	30	38	6	75	12	6	8	27.3
34	GY3_L_J_25	100	45	25	30	44	6	75	12	6	8	28.3
35	GY3_L_J_28	100	45	28	30	44	6	75	12	6	8	31.3

图 3.18

设计表中信息更新完成后，保存设计表文件并关闭它。数秒后会弹出如图 3.19 所示的【知识报告（Knowledge Report）】对话框，该报告会告诉你设计表已经被成功修改，并且设计表已经与 CATIA 模型文档同步了。单击【关闭（Close）】按钮关闭该报告窗口，回到【设计表结构及关联（Design Table Configurations & Associations）】对话框中的【结构（Configurations）】选项卡，会显示设计表内增加了的变种，如图 3.20 所示。

在【结构（Configurations）】选项卡的列表中，选择任意一行（即一个新的零件变种），绘图窗口中的零件模型会变成红色，同时【全部更新（Update All）】按钮会被高亮显示以表示当前模型待更新；单击对话框中的【应用（Apply）】按钮可以让零件模型由原来的形状尺寸变换成所选择的零件的形状尺寸；也可以单击对话框中的【确认（OK）】按钮或工具栏中的【全部更新（Update All）】按钮，直接把零件模型切换成所选的变种模型。至此，零件的参数化、设计表以及设计表与零件参数的关联驱动已经完成。

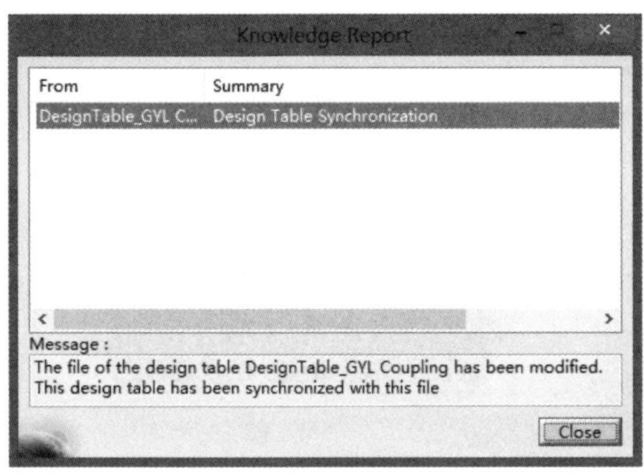

图 3.19

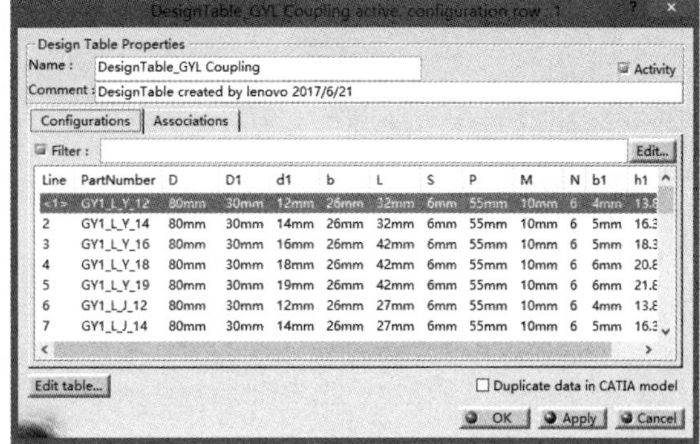

图 3.20

3.3　创建联轴器库

在 CATIA 窗口，依次选择【文件（File)】、【新建（New)】命令，在弹出的【新建（New)】对话框中选择【库文档（CatalogDocument)】，单击【确认（OK)】按钮即打开新建的库文档。选择【保存（Save)】按钮，在弹出的【另存为（Save As)】对话框中修改当前库文档的名称为“Catalog_GY-Coupling”，并确认保存。如图 3.21 所示即为联轴器的库文档窗口布局。

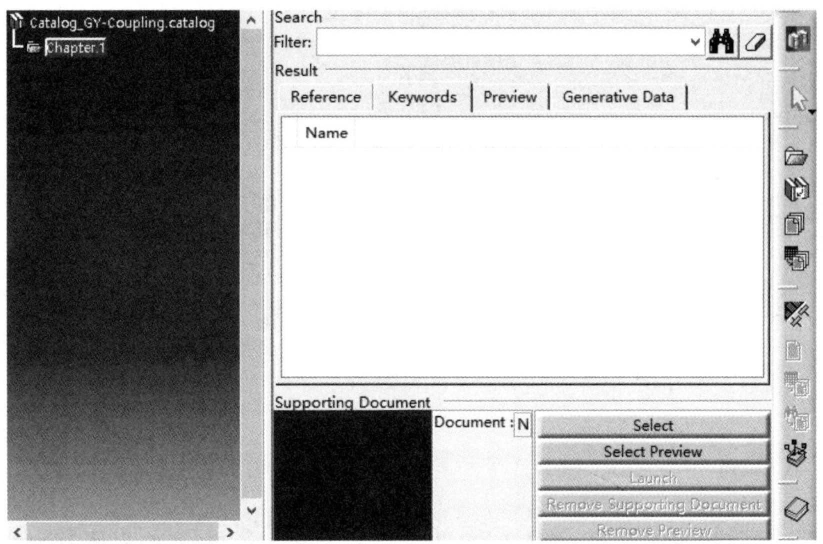

图 3.21

在左侧的结构树中选中默认的名为“Chapter.1”的【根章节（Root Chapter)】并右击，如图 3.22 所示，在下拉菜单中找到目标对象“Chapter.1 Object”，并在其下拉菜单中选择【定义（Definition)】项，弹出【章节定义（Chapter Definition)】对话框，修改根章节名称为“Coupling”。

单击【章节（Chapter)】工具栏中的（【添加章节（Add Chapter)】）按钮，添加一个名为

“GY_L_Coupling”的新【章节（Chapter）】，如图 3.23 所示。

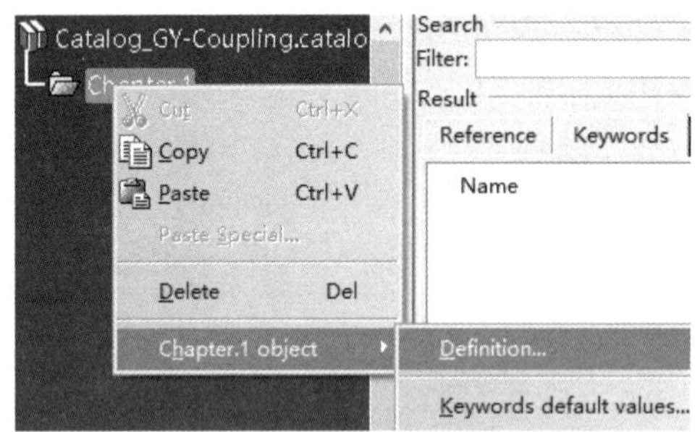

图 3.22

图 3.23

单击【章节（Chapter）】工具栏中的（【添加零件族（Add Part Family）】）按钮，弹出如图 3.24 所示的【零件族定义（Part Family Definition）】对话框。在【名称（Name）】处修改所创建的零件族的名称为“PartFamily_GY_L_Couling”。

单击对话框中间的【选择文档（Select Document）】按钮，在弹出的【文件选择（File Selection）】对话框中，找到上一节中名为“GY_L_Master”的三维模型，选择模型后单击【确认（OK）】按钮关闭该对话框。观察库文档的结构树，新建的联轴器零件族“PartFamily_GY_L_Couling”已置于章节“GY_L_Coupling”下，如图 3.25 所示。

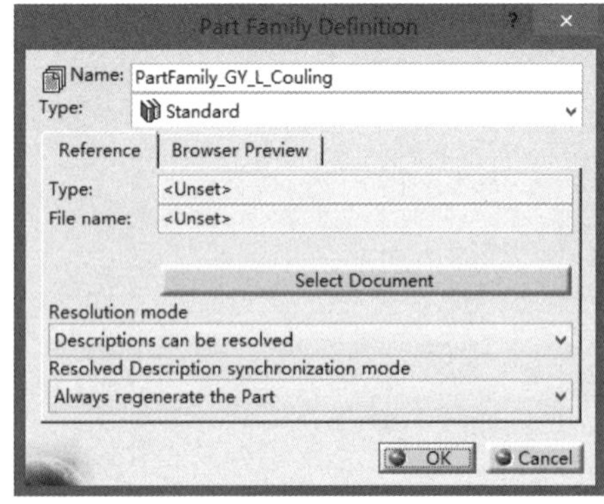

图 3.24

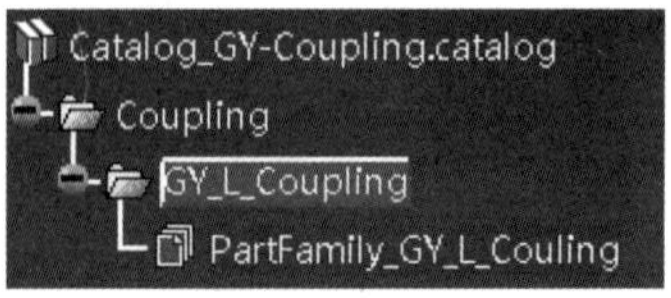

图 3.25

3.4 生成联轴器变种

在结构树中双击上一步创建好的名为“PartFamily_GY_L_Couling”的联轴器零件族，则右侧对象显示区域将会发生明显的变化，如图 3.26 所示，设计表中所添加的各个型号的零件变种会被列出来，【参考（Reference）】选项卡中显示了变种零件的【类型（Type）】及其【全路径名称（Object Name）】。

Reference | Keywords | Preview | Generative Data

	Name	Type	Object Name
1	GY1_L_Y_12	Part family configuration	E:\1. Writting Books\CATIA 知识工程入门篇\Examples\1.3\GY_L_Master.CATPart
2	GY1_L_Y_14	Part family configuration	E:\1. Writting Books\CATIA 知识工程入门篇\Examples\1.3\GY_L_Master.CATPart
3	GY1_L_Y_16	Part family configuration	E:\1. Writting Books\CATIA 知识工程入门篇\Examples\1.3\GY_L_Master.CATPart
4	GY1_L_Y_18	Part family configuration	E:\1. Writting Books\CATIA 知识工程入门篇\Examples\1.3\GY_L_Master.CATPart
5	GY1_L_Y_19	Part family configuration	E:\1. Writting Books\CATIA 知识工程入门篇\Examples\1.3\GY_L_Master.CATPart
6	GY1_L_J_12	Part family configuration	E:\1. Writting Books\CATIA 知识工程入门篇\Examples\1.3\GY_L_Master.CATPart
7	GY1_L_J_14	Part family configuration	E:\1. Writting Books\CATIA 知识工程入门篇\Examples\1.3\GY_L_Master.CATPart
8	GY1_L_J_16	Part family configuration	E:\1. Writting Books\CATIA 知识工程入门篇\Examples\1.3\GY_L_Master.CATPart
9	GY1_L_J_18	Part family configuration	E:\1. Writting Books\CATIA 知识工程入门篇\Examples\1.3\GY_L_Master.CATPart
10	GY1_L_J_19	Part family configuration	E:\1. Writting Books\CATIA 知识工程入门篇\Examples\1.3\GY_L_Master.CATPart
11	GY2_L_Y_16	Part family configuration	E:\1. Writting Books\CATIA 知识工程入门篇\Examples\1.3\GY_L_Master.CATPart
12	GY2_L_Y_18	Part family configuration	E:\1. Writting Books\CATIA 知识工程入门篇\Examples\1.3\GY_L_Master.CATPart
13	GY2_L_Y_19	Part family configuration	E:\1. Writting Books\CATIA 知识工程入门篇\Examples\1.3\GY_L_Master.CATPart
14	GY2_L_Y_20	Part family configuration	E:\1. Writting Books\CATIA 知识工程入门篇\Examples\1.3\GY_L_Master.CATPart
15	GY2_L_Y_22	Part family configuration	E:\1. Writting Books\CATIA 知识工程入门篇\Examples\1.3\GY_L_Master.CATPart
16	GY2_L_Y_24	Part family configuration	E:\1. Writting Books\CATIA 知识工程入门篇\Examples\1.3\GY_L_Master.CATPart
17	GY2_L_Y_25	Part family configuration	E:\1. Writting Books\CATIA 知识工程入门篇\Examples\1.3\GY_L_Master.CATPart

图 3.26

同样，在【关键字（Keywords）】、【预览（Preview）】和【创成式数据（Generative Data）】选项卡中也发生了相应的变化，这里不再一一赘述。

如图 3.27 所示，在结构树中选择名为“PartFamily_GY_L_Couling”的零件族，右击后选择目标对象下拉菜单中的【解析（Resolve）】命令，这时软件会进入解析变种零件的状态，视电脑性能不同需要的解析时间也不同。

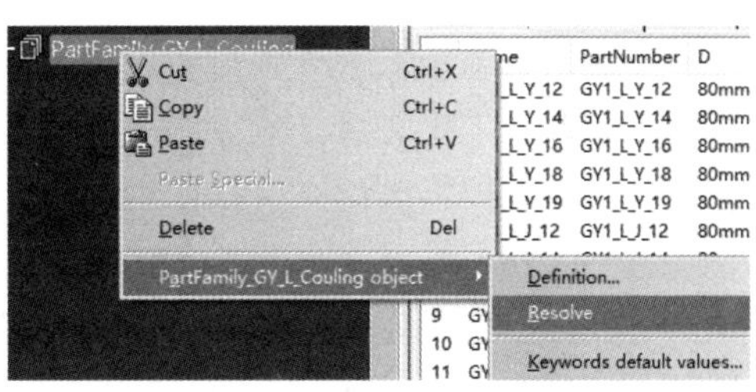

图 3.27

完成【解析（Resolve）】后观察【参考（Reference）】选项卡中的内容变化，如图 3.28 所示。与图 3.26 相比，【类型（Type）】和【全路径名称（Object Name）】均发生了变化。

Reference | Keywords | Preview | Generative Data

	Name	Type	Object Name
1	GY1_L_Y_12	Resolved part family configuration (updated)	C:\Users\lenovo\AppData\Local\DassaultSystemes\
2	GY1_L_Y_14	Resolved part family configuration (updated)	C:\Users\lenovo\AppData\Local\DassaultSystemes\
3	GY1_L_Y_16	Resolved part family configuration (updated)	C:\Users\lenovo\AppData\Local\DassaultSystemes\
4	GY1_L_Y_18	Resolved part family configuration (updated)	C:\Users\lenovo\AppData\Local\DassaultSystemes\
5	GY1_L_Y_19	Resolved part family configuration (updated)	C:\Users\lenovo\AppData\Local\DassaultSystemes\
6	GY1_L_J_12	Resolved part family configuration (updated)	C:\Users\lenovo\AppData\Local\DassaultSystemes\
7	GY1_L_J_14	Resolved part family configuration (updated)	C:\Users\lenovo\AppData\Local\DassaultSystemes\
8	GY1_L_J_16	Resolved part family configuration (updated)	C:\Users\lenovo\AppData\Local\DassaultSystemes\
9	GY1_L_J_18	Resolved part family configuration (updated)	C:\Users\lenovo\AppData\Local\DassaultSystemes\
10	GY1_L_J_19	Resolved part family configuration (updated)	C:\Users\lenovo\AppData\Local\DassaultSystemes\
11	GY2_L_Y_16	Resolved part family configuration (updated)	C:\Users\lenovo\AppData\Local\DassaultSystemes\
12	GY2_L_Y_18	Resolved part family configuration (updated)	C:\Users\lenovo\AppData\Local\DassaultSystemes\
13	GY2_L_Y_19	Resolved part family configuration (updated)	C:\Users\lenovo\AppData\Local\DassaultSystemes\
14	GY2_L_Y_20	Resolved part family configuration (updated)	C:\Users\lenovo\AppData\Local\DassaultSystemes\
15	GY2_L_Y_22	Resolved part family configuration (updated)	C:\Users\lenovo\AppData\Local\DassaultSystemes\
16	GY2_L_Y_24	Resolved part family configuration (updated)	C:\Users\lenovo\AppData\Local\DassaultSystemes\
17	GY2_L_Y_25	Resolved part family configuration (updated)	C:\Users\lenovo\AppData\Local\DassaultSystemes\

图 3.28

以上操作完成了联轴器库的创建，单击保存后关闭【库文档（Catalog Document）】。

3.5 联轴器库的使用和维护

新建一个【产品文档（Product Document）】，在【库浏览器（Catalog Browser）】工具栏中单

击【库浏览器（Catalog Browser)】按钮，弹出如图 3.29 所示的【库浏览器（Catalog Browser)】对话框。

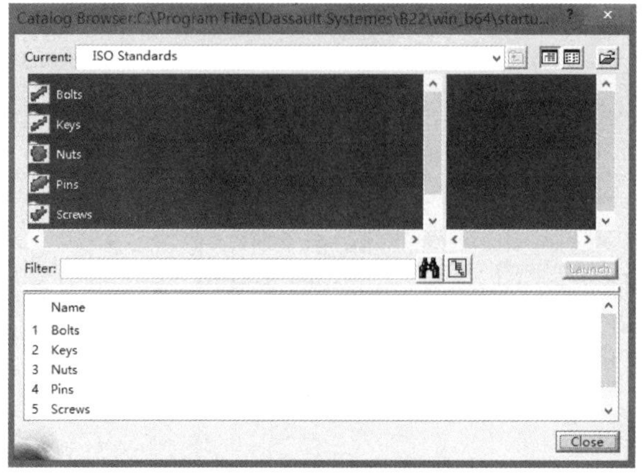

图 3.29

单击窗口右上角的【浏览另一个库（Browse another Catalog)】按钮，找到之前保存的库文件并选择打开。依次双击左侧窗口中的文件夹，直到看见变种零件为止，选择其中任意一个联轴器变种，则可预览该变种零件的三维图及其参数，如图 3.30 所示。

在左上侧列表或下方的详细信息列表中双击任意一个变种零件，则该零件就会被插入产品文档中，并弹出一个【库零件预览（Catalog)】对话框，单击【确定（OK)】按钮完成变种零件的引用插入，如图 3.31 所示。

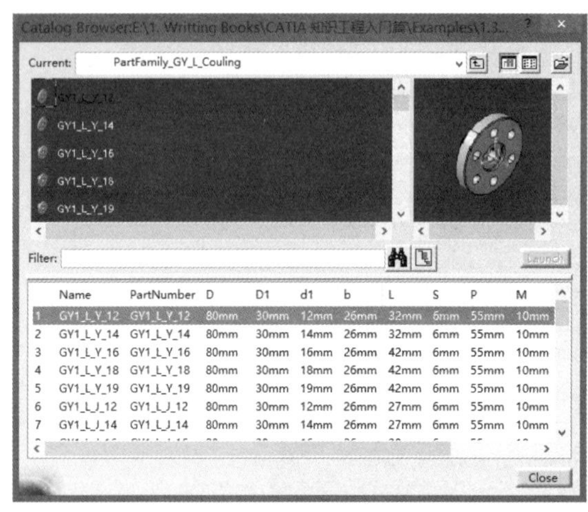

图 3.30

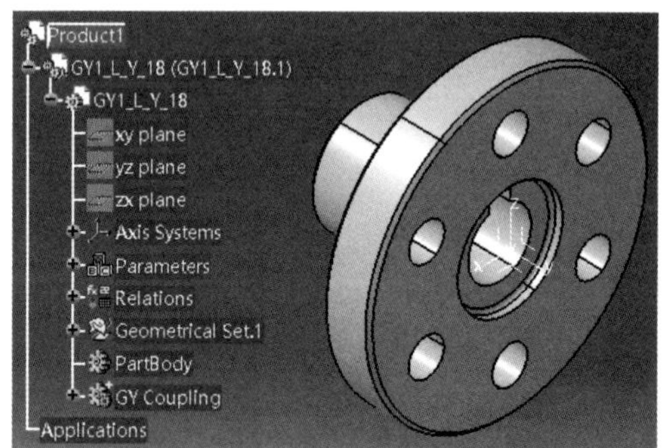

图 3.31

插入零件后【库浏览器（Catalog Browser)】对话框会再次自动弹出，便于用于连续使用，如果还要继续向库中插入文件可以重复以上步骤，如果不需要则单击【关闭（Close)】按钮关闭【库浏览器（Catalog Browser)】对话框即可。

以上完成了联轴器库中变种零件的调用。下面巩固一下如何在库中添加新的变种，即库的维护。

打开之前创建好的名为“GY_L_Master”的原始零件，在结构树下展开【关系（Relations）】节点，并在其下方找到用于驱动生成变种零件的【设计表（Design Table）】。双击该设计表，弹出如图 3.32 所示的【设计表结构及关联（Design table Configurations & Associations）】对话框。

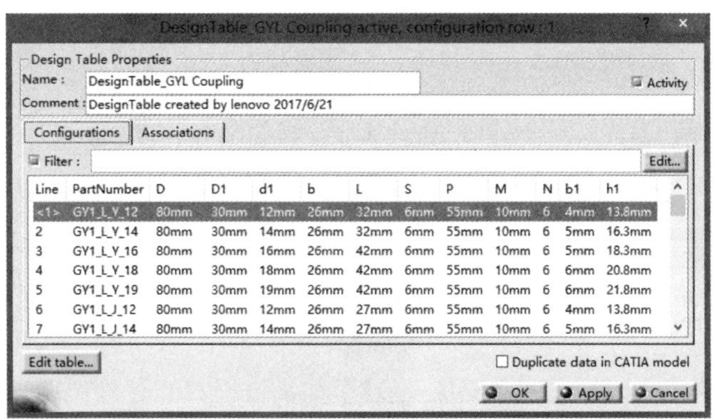

图 3.32

在对话框中单击【编辑表格（Edit Table）】按钮 Edit table...，则设计表会被打开并处于被编辑状态，这时可以在设计表中增加或删除变种零件，或对各参数信息进行维护。完成后保存并关闭设计表，回到 CATIA 界面稍等几秒钟（与电脑性能相关），即会弹出如图 3.33 所示的【知识报告（Knowledge Report）】窗口，该报告会告诉你设计表已经被成功修改，并且设计表已经与 CATIA 模型文档同步了。

单击【关闭（Close）】按钮关闭该报告窗口，回到【设计表结构（Configurations）】选项卡，会显示设计表内增加了的变种，如图 3.34 所示。单击对话框中的【确定（OK）】按钮关闭该窗口，保存并关闭该原始零件文档。

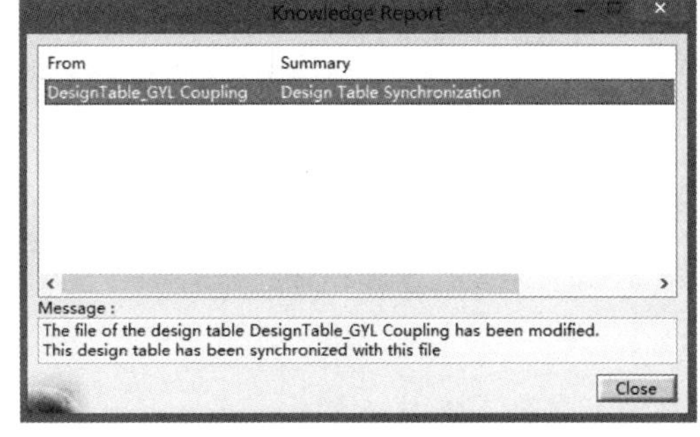

图 3.33

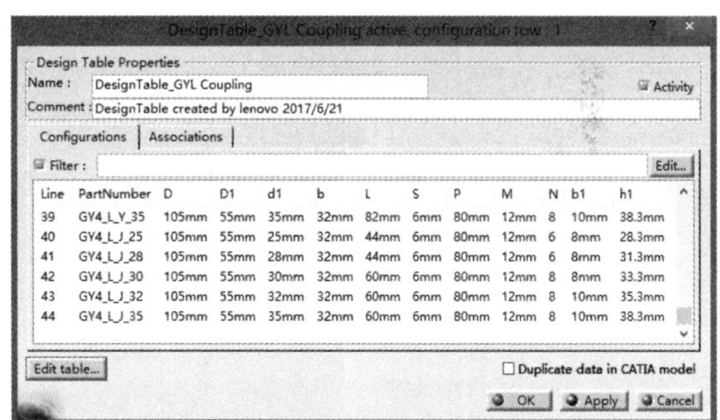

图 3.34

打开第 3.3 节所创建的库文档，展开左侧的结构树，并在结构树中选择名为“PartFamily_GY_L_Couling”的零件族，在【编辑（Edit）】菜单下选择【链接（Links）】命令 Links...，打开如图 3.35 所示的【零件族链接（Links of element PartFamily_DGBB）】对话框，注意名为【状态（Status）】的一列，当前各变种零件及设计表的状态均为【文档未加载（Document not loaded）】。

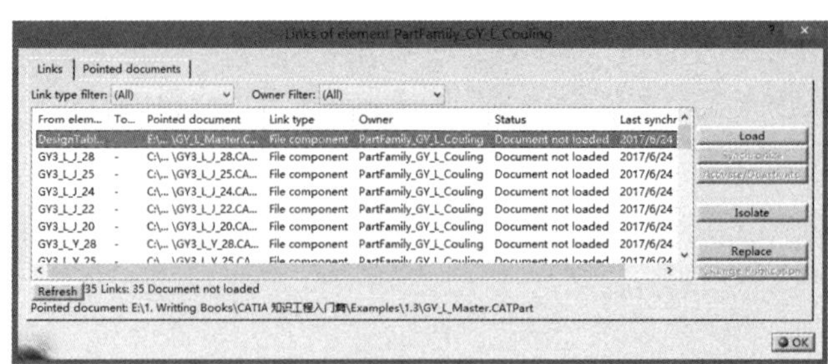

图 3.35

选择列表中的内容后单击列表右侧的【加载（Load）】按钮，则状态将变为如图 3.36 所示的【未同步（Not synchronized）】，且右侧的【加载（Load）】按钮变成灰色禁用状态，同时【同步（Synchronize）】按钮被激活。单击【同步（Synchronize）】按钮，软件开始同步设计表中的内容，即把设计表中的相关信息同步给各变种零件，这个同步过程需要等待一点时间，所需时间与电脑性能相关。同步后列表变为如图 3.37 所示，右侧的【加载（Load）】和【同步（Synchronize）】按钮均变成灰色禁用状态。

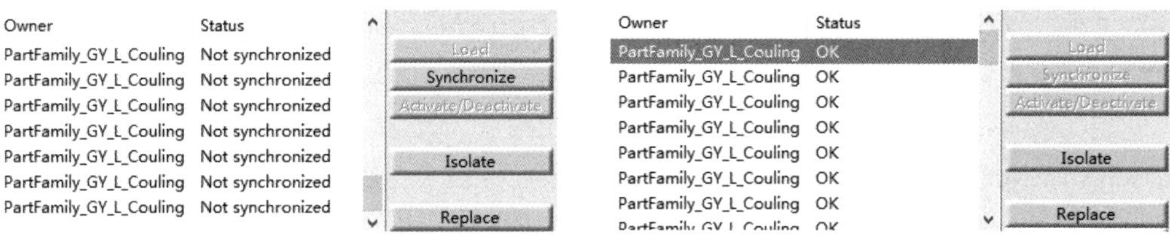

图 3.36　　　　图 3.37

单击【确定（OK）】按钮关闭对话框，保存并关闭该库文档，即完成该库文档及变种信息的更新维护。

CATIA

第二篇

超级副本和用户定义特征

在上一篇中，介绍了如何创建一个参数化的模型，并通过创建“设计表（Design Table）”和“库（Catalog）”生成多个产品变种来解决如螺栓、轴承等常用标准件的快速建模。然而这个方法是针对零件（Part）和产品（Product）级别的，如何快速创建特征（Feature）级别的模型，使其能被有效地重用（Reuse）将是本篇介绍的重点。

很多人都知道 CATIA 没有画三维螺纹的工具命令，一般建模时都是画修饰螺纹，在二维图中标注螺纹参数，这可以满足大部分机械加工类产品的设计出图需求。但是，对于如矿泉水瓶口的密封螺纹特征等需由注塑、吹塑等工艺生产的产品，往往需要画出实际的螺纹形状，甚至还需要根据材料在不同方向上的收缩率对实际螺纹特征外形进行修改而得到模具的数字化模型。又如，在轴的设计过程中，如果遇到有需要精磨段或螺纹段特征，一般在轴根处都需要增加砂轮越程槽或螺纹退刀槽等特征，以满足产品的加工工艺需求，而这些槽的特征一般都需要根据轴径大小、用途和标准规定而做成不同的类型。再如，注塑件设计时常用的“火山口”特征、机械加工轴类产品常用的“顶尖孔”特征、散热器上常用的“翅片”特征、产品界面设计时常用的“按钮”或“指示灯”等特征，这些都需要重复使用相似特征，而这些相似特征的重用，又无法仅仅使用阵列、镜像、特征变换或者复制粘贴来完成。在本篇里，将介绍如何基于上一篇所学的模型参数化知识，使用超级副本（Power Copy）和用户特征（User Feature）来灵活地实现特征重用。

本篇选取常见的矿泉水瓶口密封螺纹特征作为引例，介绍超级副本（Power Copy）和用户特征（User Feature）的创建、保存及调用的一般过程，再附以水泵叶轮设计的快速重用作为练习案例，强化所述相关知识的应用。通过本篇的学习，读者可以掌握如何快速有效地进行特征重用。

3DS CATIA

第 4 章 超级副本（Power Copy）

【超级副本（Power Copy）】是一种基于特征级别的设计模板，它把某个或某些特征打包，通过选择参考元素及输入相关参数，即可在零件设计中创建一个或多个新的同类特征，并且新插入的特征集合在结构树中的结构与源特征集合在结构树中的结构完全一样，用户可以根据使用需求，重新调整新特征的相关设计参数。【超级副本（Power Copy）】实现了同类设计的可重复使用，促进了设计效率的有效提升。

本章将以矿泉水瓶口的密封螺纹特征为例，详细介绍如何使用【超级副本（Power Copy）】，创建实体螺纹特征并实现特征重用（包括超级副本的创建、保存及调用）。

本章知识要点：

- 创建超级副本（Power Copy）
- 保存超级副本（Power Copy）至库（Catalog）
- 从库（Catalog）中调用超级副本（Power Copy）

4.1 创建参数化螺纹特征

本节将详细介绍如何绘制常见的三角形螺纹的参数化特征。基本绘图思路是：先分别创建一个螺旋线和三角形牙型截面轮廓，然后让该轮廓沿着螺旋线轨迹扫描，即可得到一个螺纹特征，需要格外注意螺纹特征在起始过渡和末端过渡的处理。接下来按照这个思路一步一步地完成参数化螺纹特征的创建。

启动 CATIA，新建一个【零件（Part）】文档，并命名为“Thread_Master”。如图 4.1 所示，是 55° 密封管螺纹牙型设计的相关参数图示。

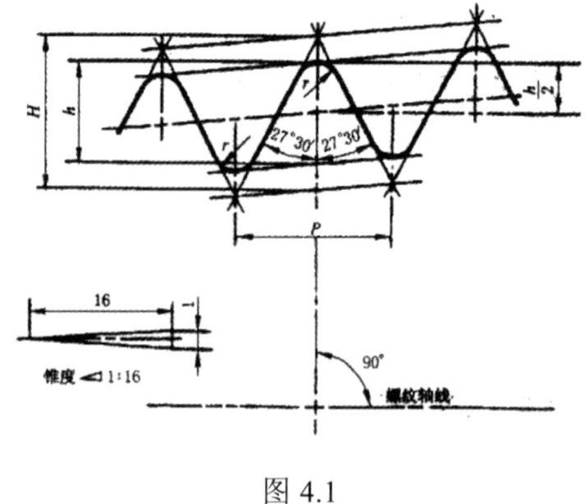

图 4.1

根据标准（GB/T 7306 或 ISO 7-1）创建以下参数：

d —— 螺纹大径（基准直径）；

d_2 —— 螺纹中径；

d_1 —— 螺纹小径；

n —— 每 25.4mm（1in）轴向长度内所包含螺纹牙数；

P——螺距；

H——原始三角形高度；

h——螺纹牙高；

r——螺纹牙顶和牙底圆弧半径；

Size——螺纹尺寸规格。

其中，根据标准 GB/T 7306.2—2000 第 4 节（牙型设计），H、h、r 和螺距 P 有以下数学关系：

$$H=0.960237P \quad \text{式（2-1）}$$

$$h=0.640327P \quad \text{式（2-2）}$$

$$r=0.137278P \quad \text{式（2-3）}$$

又根据标准 GB/T 7306.2—2000 第 5 节（基本尺寸）的 5.1 小节，d_2、d_1 和螺纹大径 d 及螺距 P 有以下数学关系：

$$d_2=d-h=d-0.640327P \quad \text{式（2-4）}$$

$$d_1=d-2h=d-1.280654P \quad \text{式（2-5）}$$

参数 n 与 P 又存在以下数学关系：

$$P=25.4/n \text{ 或 } n=25.4/P \quad \text{式（2-6）}$$

综上所述，最后驱动特征模型的参数只有 d、P 及 1∶16 的锥度，而在 CATIA 的参数类型里并没有“锥度”类型参数，因此需要把锥度转换成锥角从而变成“【角度（Angle)】”类型的参数，根据反正切函数求得 1∶16 的锥度对应的锥角 Alfa(Alfa=2*arctan(0.5/16)）近似为 3.6 度。

在 CATIA 窗口进入【创成式曲面设计（Generative Shape Design)】工作台，首先创建一个基准点并命名为 Origin，即坐标原点；然后在【插入(Insert)】菜单下选择【坐标系(Axis System)】命令，打开如图 4.2 所示的对话框，创建一个用户坐标系，该坐标系以刚创建的基准点为原点，并设置该坐标系为当前工作坐标系，即选择【当前（Current)】复选框，且把该坐标系置于坐标系节点下，即选择【置于坐标系节点下（Under the Axis System node)】复选框。隐藏原来的三个基准平面及刚创建的基准点，只保留显示新建的用户坐标系。

图 4.2

单击【公式（Formula)】命令，弹出如图 4.3 所示的【公式（Formulas)】对话框。

在【过滤类型（Filter Type)】下拉列表中选择【重命名参数（Renamed Parameters)】，即只显示用户重新命名过的参数，这包括用户新创建的参数和重命名了文档模型相关的原始参数。在【公式（Formulas)】窗口下方选择【长度（Length)】类型参数，并选择【单值类型（Single Value)】，创建参数 d、d_2、d_1、P、H、h、r、L；更改参数类型为【角度（Angle)】，创建锥角参数 Alfa 并赋值 3.6 度；更改参数类型为【整数型(Integer)】，创建参数 n；更改参数类型为【字符串型(String)】，创建参数 Size。

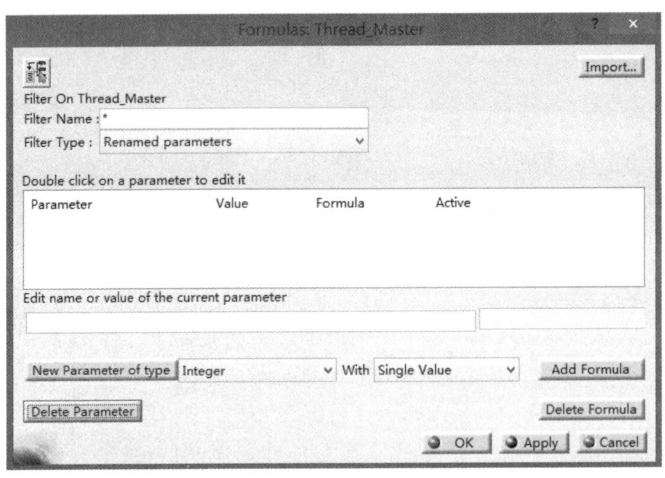

图 4.3

根据标准 GB/T 7306.2—2000“表 1 螺纹的基本尺寸及其公差”的内容，假设当前所绘的圆锥外螺纹尺寸规格为 1/2 英寸，则为参数 Size 赋值“1/2”，为参数 *n* 赋值“14”，为参数 *d* 赋值“20.955mm”，为参数 *L* 赋值“8mm”。在参数列表区域选中参数 *P*，然后单击【添加公式（Add Formula）】按钮，弹出如图 4.4 所示的【公式编辑器（Formula Editor）】对话框。

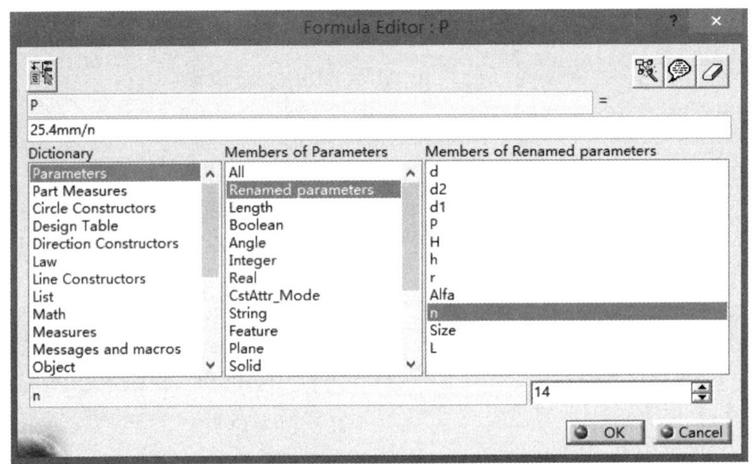

图 4.4

根据公式（2-6）在公式编辑区域输入相关内容，然后单击【确认（OK）】按钮返回【公式（Formulas）】窗口。

提　示

因为参数 *n* 为无单位的整型参数，而参数 *P* 的意义是每 25.4mm（1in）的长度上 *n* 个螺牙相邻之间的距离，其单位为毫米，因此在为参数 *P* 输入公式时，一定要在手动输入的数据 25.4 后面加上单位“mm”，否则默认单位会是米（“m”）。

如此操作，根据公式（2-1）至公式（2-5）分别为参数 *H*、*h*、*r*、*d*2、*d*1 添加公式；根据 1 ∶ 16的锥度为锥角参数 Alfa 赋值“3.6deg”，结果如图 4.5 所示。

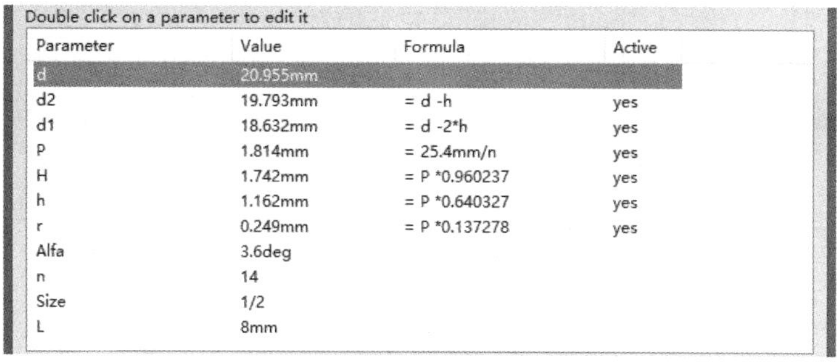

Double click on a parameter to edit it

Parameter	Value	Formula	Active
d	20.955mm		
d2	19.793mm	= d -h	yes
d1	18.632mm	= d -2*h	yes
P	1.814mm	= 25.4mm/n	yes
H	1.742mm	= P *0.960237	yes
h	1.162mm	= P *0.640327	yes
r	0.249mm	= P *0.137278	yes
Alfa	3.6deg		
n	14		
Size	1/2		
L	8mm		

图 4.5

单击【确认（OK）】按钮关闭【公式（Formulas)】对话框，并返回建模窗口。由于参数 *d*2、*d*1、*r*、*H*、*h* 均受参数 *d* 和 *P* 控制驱动，为方便结构树中常用参数的查找，可以对部分不常用参数作隐藏处理。选择相关参数并右击，在弹出的菜单中依次选择【已选择对象（Selected objects)】、【隐藏（Hide)】命令，隐藏这些参数，操作如图 4.6 所示。

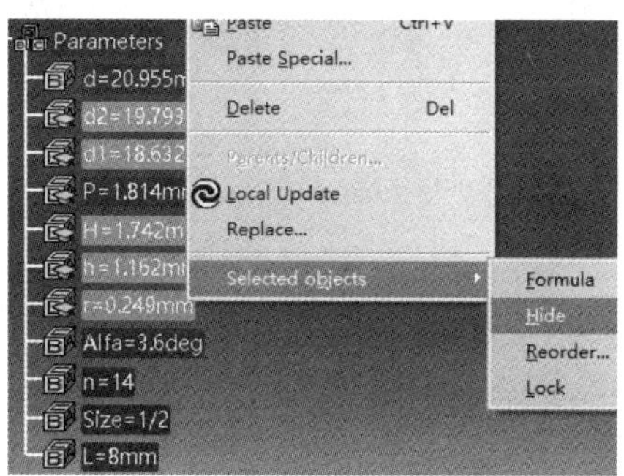

图 4.6

**提　示**

当参数非常多的时候，这种隐藏操作会让结构树更加简单明了。被隐藏的参数可以通过右击参数节点的集合【参数集（Parameters）】，依次选择【参数集对象（Parameters object）】、【隐藏的参数（Hidden Parameters）】命令，在弹出的【隐藏的参数（Hidden Parameters）】对话框中选择被隐藏的参数，然后选择【显示（Show）】命令重新显示出来，或对被隐藏的参数重新编辑。

采用坐标值的方式创建一个基准点，命名为“Start Point”，并为该点的 X 坐标通过编辑公式的方式赋参，使该点的 X 坐标值等于参数 *d* 的一半，即 *d**1/2。

图 4.7

在图 4.7 所示的【线框（Wireframe)】工具栏中单击【螺旋线（Helix Curve)】按钮，弹出如图 4.8 所示的【螺旋线定义(Helix Curve Definition)】对话框，在【起始点(Starting Point)】处从结构树中选择刚刚创建的名为“Start Point”的点；在【轴（Axis)】处右击，并在弹出的菜单中选择【当前 Z 轴［Z Axis（current）］】；在【螺距（Pitch）】输入处右击，并在弹出的菜单中选择【编辑公式（Edit Formula）】，然后在结构树中选择参数 *P*，即把参数 *P* 的值赋予这里的螺距；将【高度（Height）】值设置为“8mm”，即螺纹特征的总高度为 8mm；在【方向（Orientation）】右边的下拉列表中根据需要选择【顺时针方向（Clockwise）】或【逆时针方向（Counterclockwise）】，这里作为示例选择【逆时针方向（Counterclockwise）】；将【起始角度（Starting Angle）】值设置为“0deg”，即表示螺纹特征从 0 度开始；在【倾角（Taper Angle）】输入处右击，并在弹出的菜单中选择【编辑公式（Edit Formula）】，然后在结构树中选择参数 Alfa，即把参数 Alfa 的值赋予这里的倾角，并在其后的【倾角方向（Way）】的下拉列表中选择【内倾（Inward）】或【外倾（Outward）】，这里作为示例选择【内倾（Inward）】方式；对话框底部的【反转方向（Reverse Direction）】按钮可以切换螺旋线是沿所选轴线的正向或是反向；单击【确认（OK）】按钮确认操作并关闭螺旋线定义窗口。

**提　示**

可根据实际应用情况，创建起始角度参数 Beta，在定义螺旋线的时候可以把 Beta 的值赋予【起始角度（Starting Angle）】。

对于带倾角的螺旋线，还可以先创建一条带倾角的直线，且该直线过【起始点（Starting Point）】，在【轮廓（Profile）】处选择该直线即可让螺旋线的倾角方向与倾斜的直线一致。

在结构树中修改该螺旋线的名称为“Helix_0”，到这里完成了第一步螺旋线的创建，如图 4.9 所示。

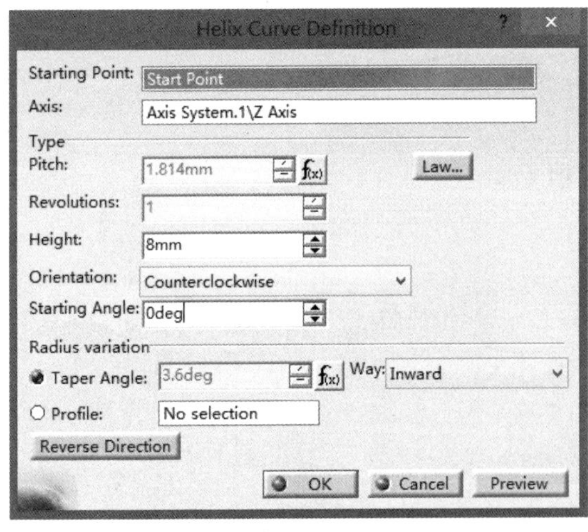

图 4.8

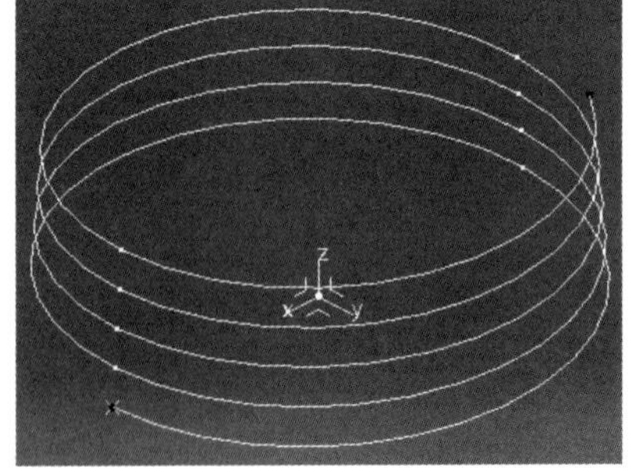

图 4.9

此时如果绘制一个三角形截面轮廓，然后沿着现有螺旋线扫描即可得到螺纹特征，但得到的螺纹特征是突然出现又戛然而止的“断头螺纹”，没有起始过渡和收尾过渡，接下来创建螺纹的过渡段螺旋曲线。

继续在【线框（Wireframe）】工具栏中单击【螺旋线（Helix Curve）】按钮，在弹出的如图 4.8 所示的【螺旋线定义（Helix Curve Definition）】对话框中，在【起始点（Starting Point）】

处从结构树中选择刚才创建的名为“Start Point”的点；在【轴（Axis)】处右击，并在弹出的菜单中选择【当前 Z 轴［Z Axis（current）］】或是在绘图窗口中直接选择当前坐标系的 Z 轴；在【螺距（Pitch)】输入处右击，并在弹出的菜单中选择【编辑公式（Edit Formula)】，然后在结构树中选择参数 *P*，即把参数 *P* 的值赋予这里的螺距；在【高度（Height)】右侧的参数输入处右击，并在弹出的菜单中选择【编辑公式（Edit Formula)】，然后在公式编辑区域输入“*P* /6”，其中参数 *P* 可以直接从结构树中选取，即创建 1/6 圈（60 度）的螺旋线；在【方向（Orientation)】选择处从下拉列表中选择【逆时针方向（Counterclockwise)】；将【起始角度（Starting Angle)】值设置为“0deg”；在【倾角（Taper Angle)】右侧的参数输入处右击，并在弹出的菜单中选择【编辑公式（Edit Formula)】，然后在结构树中选择参数 Alfa，即把参数 Alfa 的值赋予这里的倾角，并在其后的【倾角方向（Way)】的下拉列表中选择选择【内倾（Inward)】方式；单击窗口下方的【反转方向（Reverse Direction)】命令切换螺旋线方向，使其与螺旋线“Helix_0” 在点“Start Point”处相切连续；单击【确认（OK)】按钮确认操作并关闭螺旋线定义窗口。完成后的 1/6 圈螺旋线及其与上一步创建的螺旋线的关系如图 4.10 所示，修改该段螺旋线的名称为“Helix_1”。

在【线框（Wireframe)】工具栏中单击【点（Point)】按钮，会弹出【点定义（Point Definition)】对话框，然后选择刚才创建的 1/6 圈螺旋线，【点定义（Point Definition)】对话框会变成如图 4.11 所示。

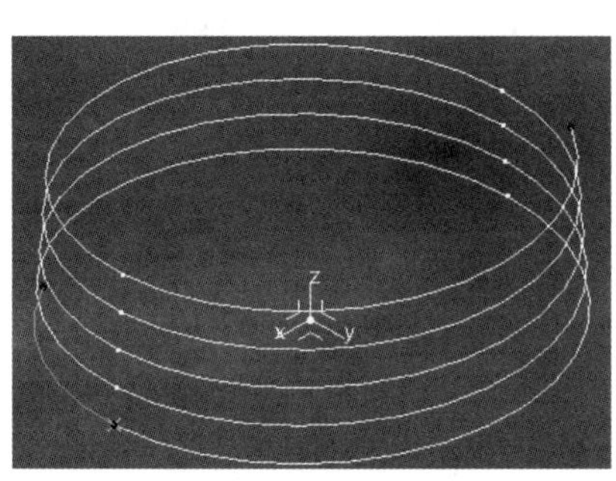

图 4.10

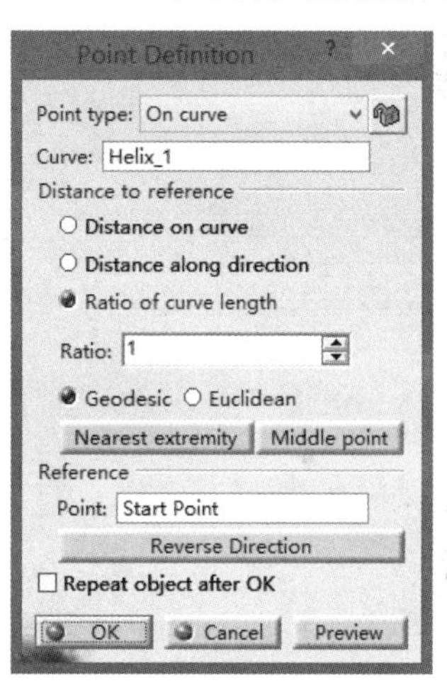

图 4.11

在下方的【参考（Reference)】区域中，默认的参考点为【极点［Default（Extremity）］】，在该区域单击，然后在结构树中选择“Start Point”，并单击下面的【反转方向（Reverse Direction)】按钮，使箭头方向朝向 1/6 圈螺旋线的另一端；在对话框上部的【与参考元素的距离（Distance to reference)】区域选择【曲线长度的比率（Ratio of curve length)】，并在【比率（Ratio)】处输入“1”，单击【预览（Preview)】按钮，即发现在 1/6 圈螺旋线的另一端创建了一个点，如图 4.12 所示。单击【确认（OK)】按钮确认操作并关闭【点定义（Point Definition)】对话框，在结构树中重命名该点为“Start Point_0”。

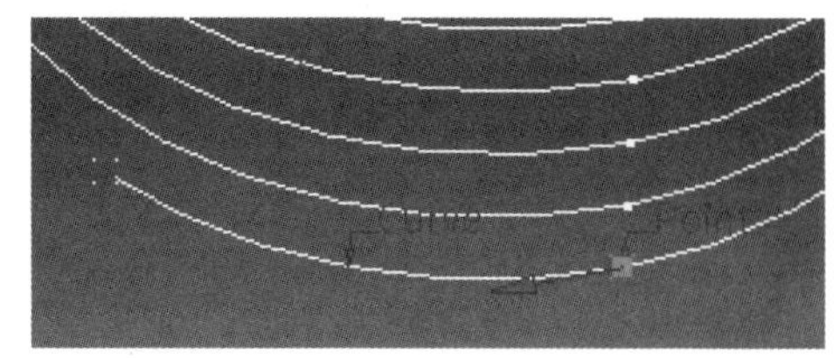

图 4.12

提 示

上一步操作中，如果不修改默认的参考点，而保持默认的极点作为参考点，通过修改【比率(Ratio)】的值为“0”或“1”，或者通过单击【反转方向（Reverse Direction）】按钮即可在螺旋线的另一端创建端点，但是为什么要做上一步修改参考元素的操作呢？这是为了让创建的模型更可靠，默认的参考点是系统计算后给制图者推荐的，在不同的应用环境下，它具有不确定性，极有可能下一次默认的极点位置就会从曲线的一个端点变成另一个端点，这需要制图者慢慢去体会。

在【线框（Wireframe)】工具栏中单击【投影（Projection)】按钮，在弹出的如图 4.13 所示的【投影定义（Projection Definition)】对话框中，在【投影类型（Projection type)】的下拉列表中选择【正交（Normal)】；在【被投影元素（Projected)】处选择上一步创建的点“Start Point_0”，在【支持元素（Support)】处选择当前坐标系的 Z 轴；单击【确认（OK)】按钮确认操作并关闭螺旋线定义对话框，重命名投影点为“Start Point_1”。

在【线框（Wireframe)】工具栏中单击【点（Point)】按钮，在弹出的【点定义（Point Definition)】对话框中，单击【点类型（Point type)】的下拉列表将其展开，并选择【两点之间（Between)】，如图 4.14 所示。在【点 1（Point 1)】处从结构树中选择“Start Point_0”点；在【点 2（Point 2)】处从结构树中选择“Start Point_1”点；在【比率（Ratio)】处输入“0.15”，即该新建的点按 15:85 的比例分割了点 1 到点 2 之间的距离；单击【确认（OK)】按钮确认操作并关闭【点定义（Point Definition)】对话框，在结构树中重命名该点为“Start Point_2”。

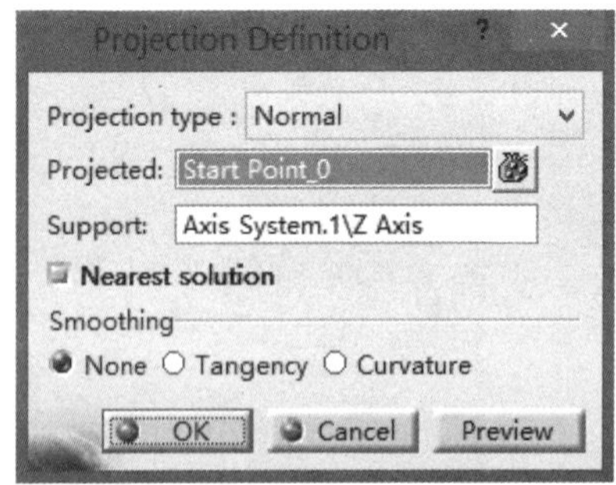

图 4.13

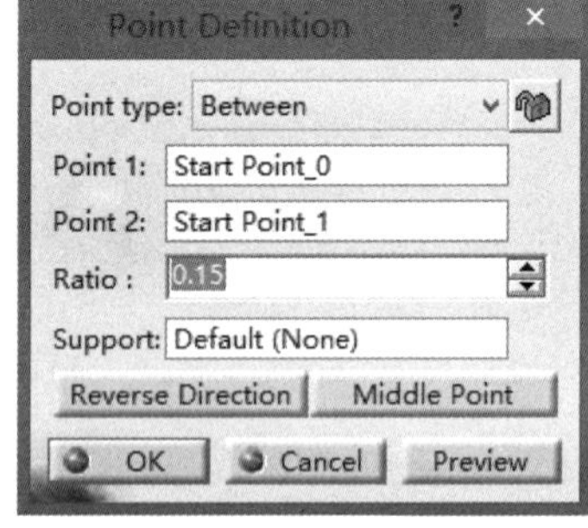

图 4.14

在【线框（Wireframe)】工具栏中单击【样条曲线（Spline)】按钮，弹出如图 4.15 所示的【样条曲线定义（Spline Definition)】对话框。

选择“Start Point_2”点，再选择“Start Point”点，即生成一条直线段，再选择“Helix_0”，刚才的直线段立刻变成了与“Helix_0”在“Start Point”处相切的曲线，如图 4.16 所示。重命名该段曲线为“Spline_1”。

提 示

窗口下方的【移除相切（Remove Tgt.）】命令可以移除相切约束。【反向相切（Reverse Tgt.）】命令可以根据图形需要调整所创建曲线与相切元素的切入方向，单击【反向相切（Reverse Tgt.）】命令等效于单击切点处的红色箭头。

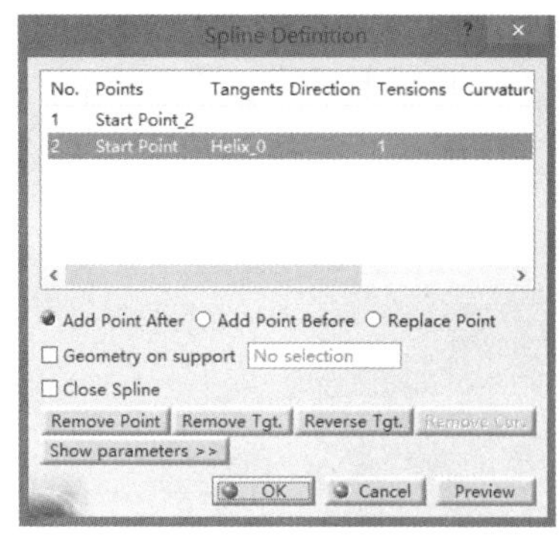

图 4.15

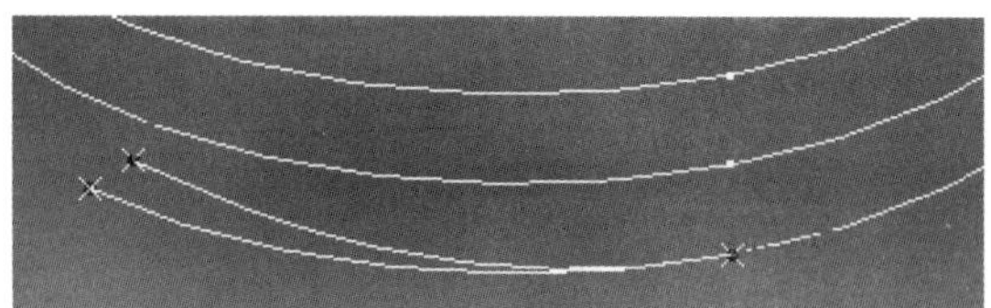

图 4.16

如同创建螺纹起始段曲线“Spline_1”一样，下面简要介绍如何创建螺纹末端段曲线。

在【线框（Wireframe）】工具栏中单击【点（Point）】按钮，在弹出的【点定义（Point Definition）】对话框中，选择螺旋曲线“Helix_0”，则【点类型（Point type）】自动变成了【在曲线上（On curve）】；在参考点处选择“Start Point”，在【比率（Ratio）】处输入“1”，如图 4.17 所示。单击【确认（OK）】按钮确认操作并关闭【点定义（Point Definition）】对话框。重命名该点为“End Point”。

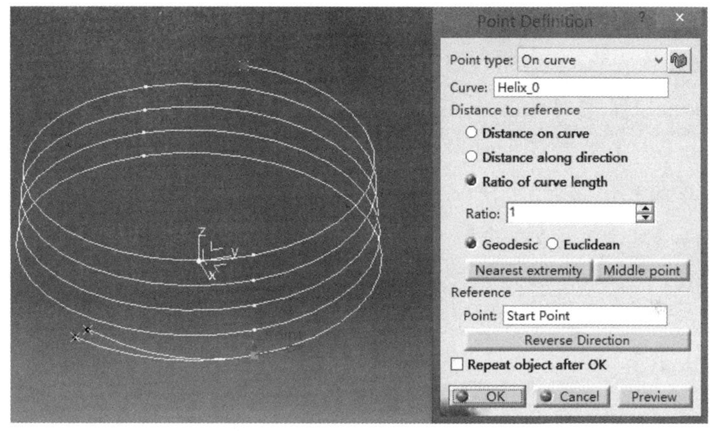

图 4.17

选择【螺旋线（Helix Curve）】命令，在弹出的【螺旋线定义（Helix Curve Definition）】对话框中，在【起始点（Starting Point）】处选择刚才创建的点“End Point”；在【轴（Axis）】处选择当前坐标系的 Z 轴；在【螺距（Pitch）】输入处右击，然后选择【编辑公式（Edit Formula）】，在公式输入区域从结构树中选择参数 P；在【高度（Height）】输入处右击，然后选择【编辑公式（Edit Formula）】，然后在公式编辑区域输入“*P* /6”；在【方向（Orientation）】选择处从下拉列表中选择【逆时针方向（Counterclockwise）】；在【起始角度（Starting Angle）】输入处输入“0deg”；在【倾角（Taper Angle）】输入处右击，然后选择【编辑公式（Edit Formula）】，然后在结构树中选择参数 Alfa，并在其后的【倾角方向（Way）】的下拉列表中选择【内倾（Inward）】方式；单击对话框下部的【反转方向（Reverse Direction）】按钮切换螺旋线方向，使其与螺旋线“Helix_0” 在点“End Point”处相切连续；单击【确认（OK）】按钮确认操作并关闭螺旋线定义对话框。完成后的 1/6 圈螺旋线及其与上一步创建的螺旋线的关系如图 4.18 所示，修改该段螺旋线的名称为“Helix_2”。

选择【点（Point)】命令，在弹出的【点定义（Point Definition)】对话框中，选择螺旋曲线“Helix_2”，则【点类型（Point type)】自动变成了【在曲线上（On curve)】；在参考点处选择“End Point”，在【比率（Ratio)】处输入“1”，如图 4.19 所示，单击【确认（OK)】按钮确认操作并关闭【点定义（Point Definition)】对话框。重命名该点为“End Point_0”。

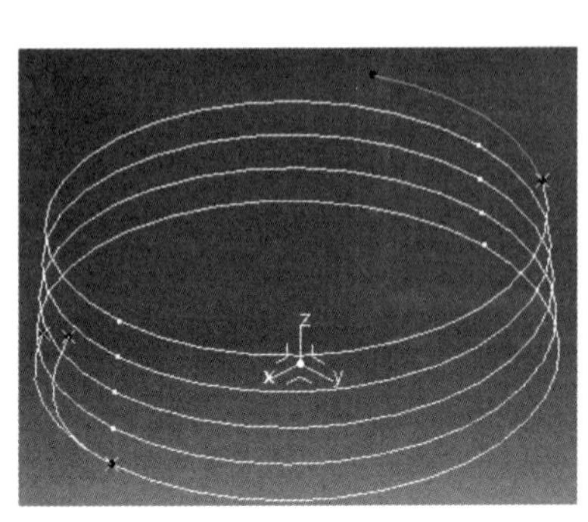

图 4.18

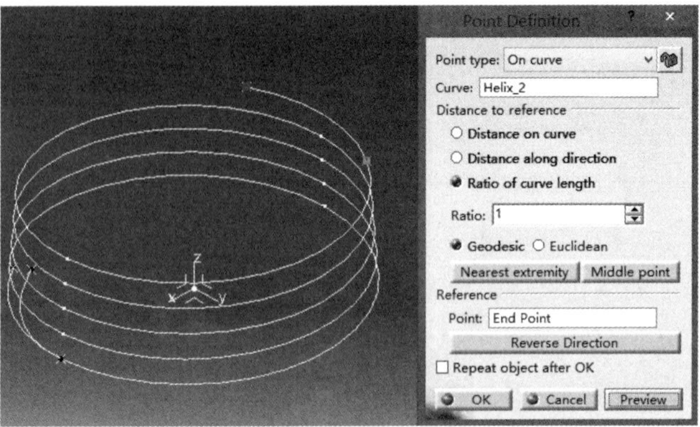

图 4.19

在【线框（Wireframe)】工具栏中单击【投影（Projection)】按钮，在弹出的如图 4.20 所示的【投影定义（Projection Definition)】对话框中，在【投影类型（Projection type)】的下拉列表中选择【正交（Normal)】；在【被投影元素（Projected)】处选择上一步创建的点“End Point_0”，在【支持元素（Support)】处选择当前坐标系的 Z 轴；单击【确认（OK)】按钮确认操作并关闭螺旋线定义窗口，重命名投影点为“End Point_1”。

选择【点（Point)】命令，在【点类型（Point type)】的下拉列表中选择【两点之间（Between)】，如图 4.21 所示。在【点 1（Point 1)】处选择“End Point_0”点；在【点 2（Point 2)】处选择“End Point_1”点；在【比率（Ratio)】处输入“0.15”；单击【确认（OK)】按钮确认操作并关闭【点定义（Point Definition)】对话框，在结构树中重命名该点为“End Point_2”。

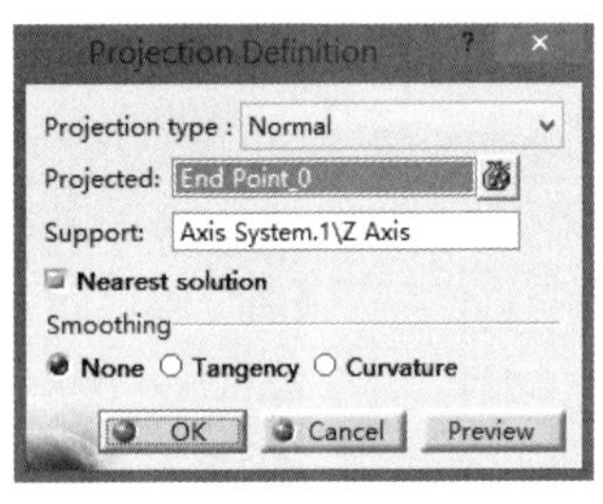

图 4.20

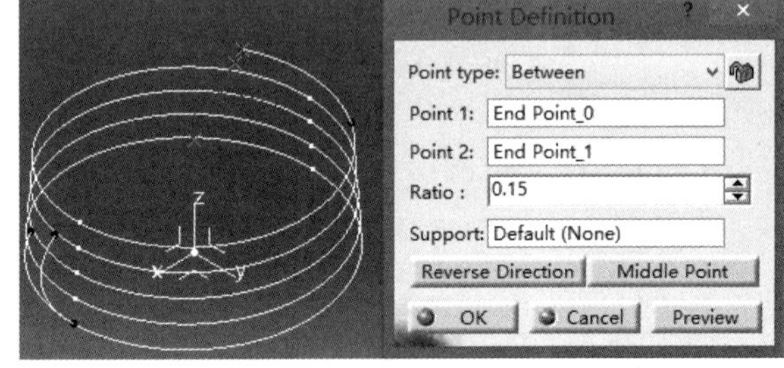

图 4.21

选择【样条曲线（Spline)】命令，在弹出的如图 4.22 所示的【样条曲线定义（Spline Definition)】对话框中选择点“End Point”，并选择螺旋线“Helix_0”；然后选择点“End Point_2”，即生成了螺纹末端段的样条曲线。通过单击【反向相切（Reverse Tgt.)】按钮或图形上的红色箭头，使新创建的样条曲线与螺旋线“Helix_0”在点“End Point”处相切连续。

重命名该样条曲线为“Spline_2”，完成后的螺纹末端段样条曲线如图 4.23 所示。

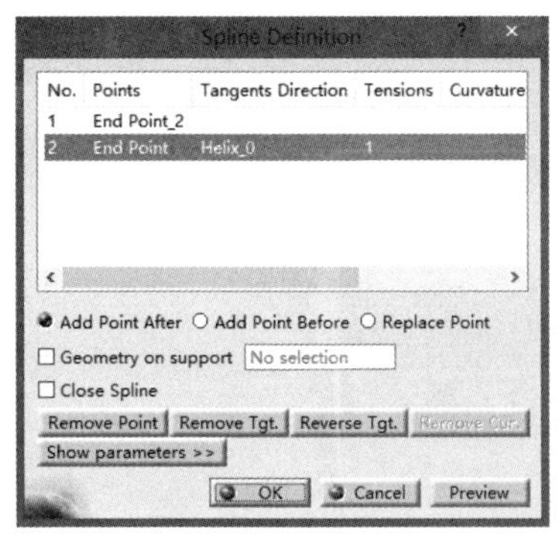

图 4.22

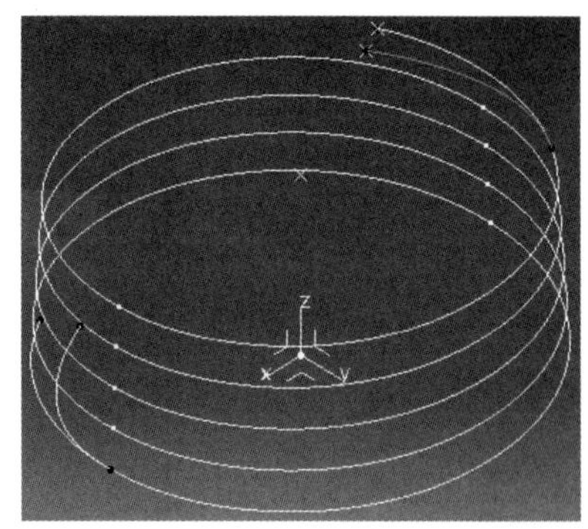

图 4.23

到这里画螺纹特征的起始段曲线、中间段螺旋线、末端段曲线均已分别创建完成，接下来需要把这 3 段曲线合并在一起，用作后续扫描特征创建的轨迹线。

在【操作（Operations）】工具栏中单击【合并（Join）】按钮，在弹出的如图 4.24 所示的【合并定义(Join Definition)】窗口中选择样条曲线“Spline_1”、螺旋线“Helix_0”及样条曲线“Spline_2”，并选择【检查相切（Check tangency)】项和【检查连接性（Check connexity)】项，保持对话框下部【合并距离（Merging distance)】的默认值“0.001mm”，确认操作并关闭【合并定义（Join Definition)】窗口，重命名合并的曲线为“Track curve”。

保留显示合并的螺旋曲线“Track curve”和点“Start Point”，隐藏其他所有的点和线。至此，螺纹特征的轨迹线已创建完成，接下来开始创建螺纹特征的牙型轮廓。

在【插入（Insert)】菜单下找到【绘图器（Sketcher)】，并在其下拉菜单中选择【定位草图(Positioned Sketch)】命令，在弹出的【草图定位（Sketch Positioning)】对话框中，选择当前坐标系的 ZX 平面作为参考平面，调整对话框下部的【H 轴反向(Reverse H)】、【V 轴反向(Reverse V)】及【H/V 轴互换（Swap)】选项，使 H 轴沿坐标系的 X 轴正向、V 轴沿坐标系的 Z 轴正向，如图 4.25 所示，单击【确认（OK)】命令确认操作进入草绘环境。

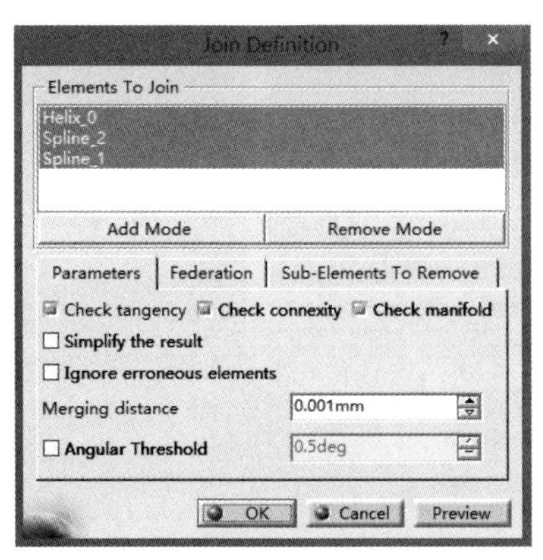

图 4.24

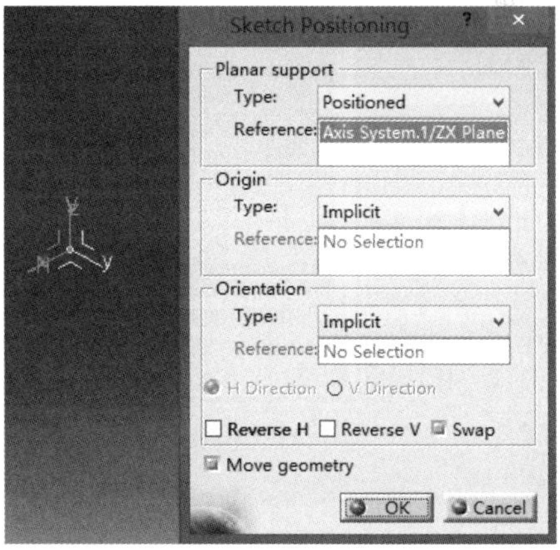

图 4.25

如图 4.26 所示，绘制一个三角形牙型轮廓，其中，约束定义如下：

- 三角形右边顶角倒圆角，圆角大小等于参数 r，且 “Start Point”在该圆弧上；

- 三角形右边顶角定义为 55°，顶角的两边关于草图水平轴对称；
- 三角形右边顶角的对边与草图纵轴的距离等于“$d1/2-1$mm”。

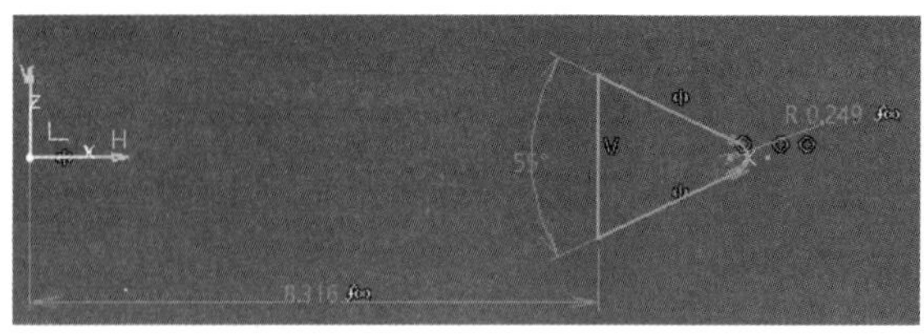

图 4.26

完成以上草图后退出草绘工作台，切换绘图窗口至【零件设计（Part Design）】工作台，在结构树中将绘图位置定义到用于放置实体特征的“PartBody”或其他的“Body”下，在【基于草图的特征（Sketch-Based Features）】工具栏中单击【筋条/扫描加材料（Rib）】按钮，在弹出的【筋条定义（Rib Definition）】对话框中，在【轮廓（Profile）】处选择上一步创建的牙型草图；在【中心线（Center curve）】处选择之前创建的完整的螺旋曲线“Track Curve”；在【轮廓控制（Profile control）】的下拉菜单中选择【拔出方向（Pulling direction）】，并在其下方的【选择（Selection）】处选择拔出方向参考元素，这里选择当前坐标系的 Z 轴，如图 4.27 所示。

单击【确认（OK）】按钮确认，得到如图 4.28 所示的螺纹特征。

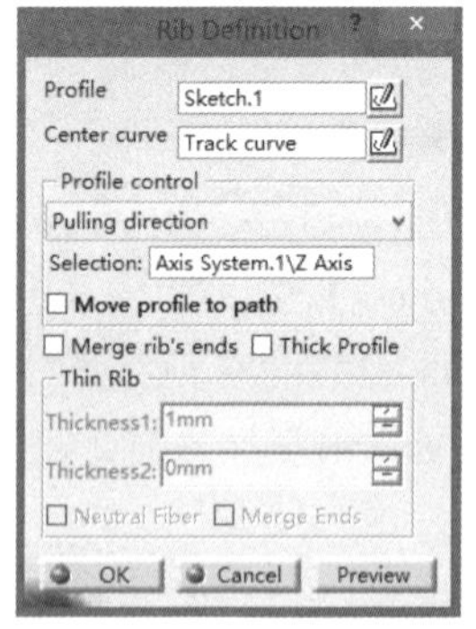

图 4.27

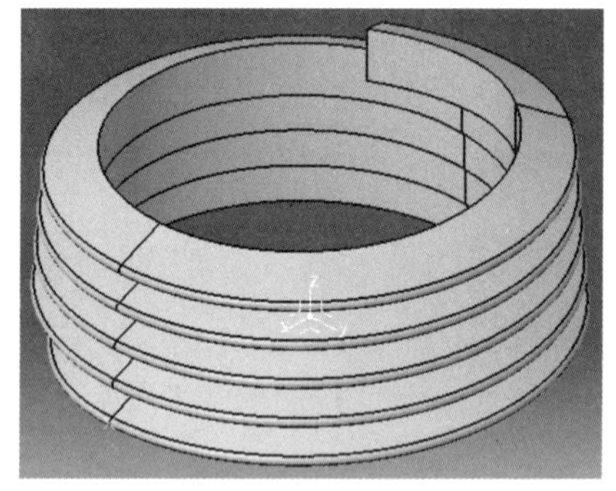

图 4.28

**提　示**

【曲线光顺（Curve smooth）】功能可以让曲线达到曲率连续（即 G2 连续）状态，从而消除模型显示上的连接痕，对比效果参见下面的操作。

切换至【创成式曲面设计工作台（Generative Shape Design Workbench）】环境下，将当前工作对象定义在【几何图形集（Geometrical Set）】下，在【插入（Insert）】菜单中找到【操作（Operations）】工具，并在其展开列表里选择【曲线光顺（Curve smooth）】按钮，在弹出的如图 4.29 所示的【曲线光顺定义（Curve Smooth Definition）】对话框中，在【待光顺曲线（Curve to smooth）】处选择螺旋曲线“Track curve”，在【连续性（Continuity）】处选择【曲率连续（Curvature）】，然后单击【确认（OK）】按钮确认操作，并重命名光顺后得到的曲线为“Smooth Curve”。

在结构树中选择之前创建的【筋条/扫描加材料（Rib）】特征，双击该特征弹出如图 4.27 所示的【筋条定义（Rib Definition）】对话框，在【中心线（Center curve）】处选择光顺后的螺旋曲线“Smooth Curve”，单击【确认（OK）】按钮关闭对话框后得到如图 4.30 所示的螺纹特征。

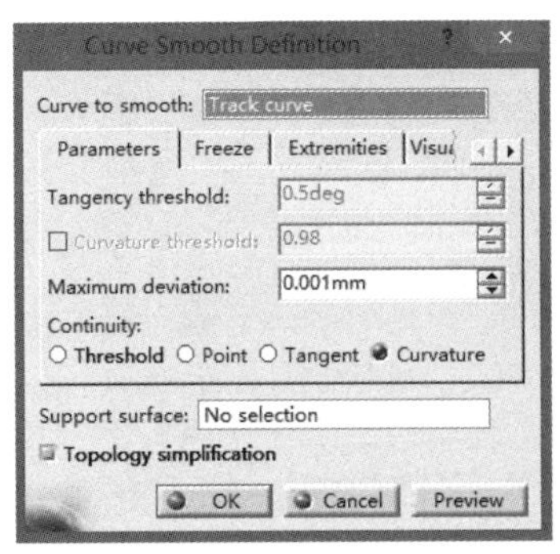

图 4.29

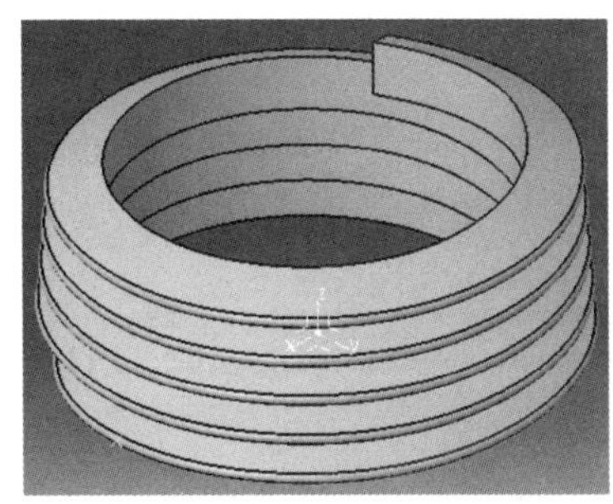

图 4.30

切换绘图环境至【零件设计工作台（Part Design Workbench）】，定义当前工作对象至“PartBody”下，选择当前坐标系的【YZ 平面（YZ Plane）】作为草图支持平面创建草图。草图轮廓如图 4.31 所示。

其中，轮廓及其尺寸、约束定义如下：

绘制一根重合于草图纵轴（V 轴）的中心线及如图 4.31 所示的轮廓；

3.6° = Alfa；

草图横轴（H 轴）与左斜线的交点（构建点）与纵轴距离 9.316= *d*1 /2；

下水平线与草图横轴的距离=3mm；

上水平线与草图横轴的距离 11 =螺旋曲线“Helix_0”的高度参数 Height（8mm）+下水平线与草图横轴的距离（3mm）。

退出草图后，在【基于草图的特征（Sketch-Based Features）】工具栏中单击【旋转轴（Shaft）】按钮，并选择刚创建的草图，确认操作后得到如图 4.32 所示的螺纹柱体特征。

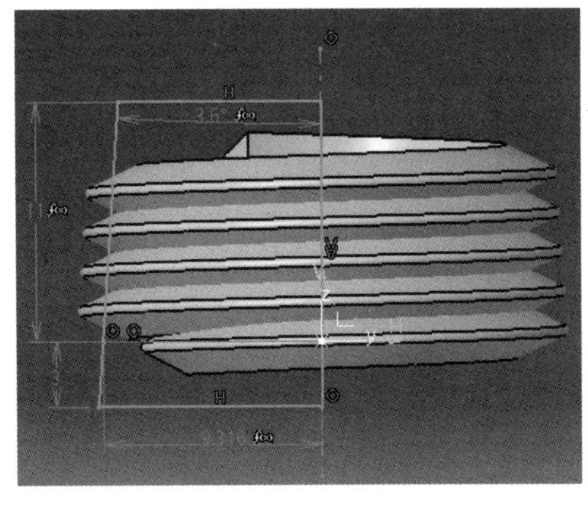

图 4.31

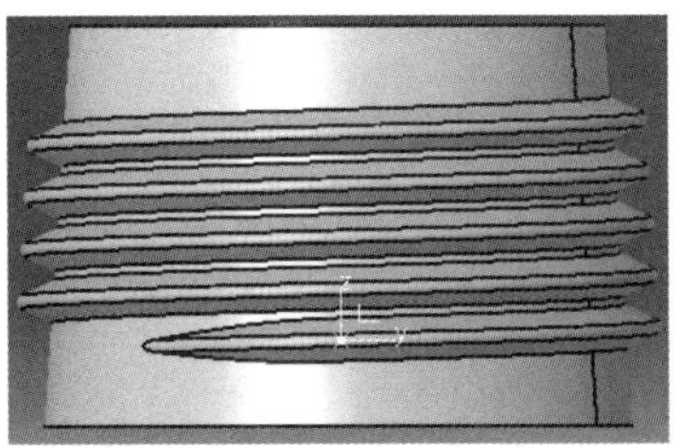

图 4.32

在【修饰特征（Dress-Up Features）】工具栏中单击【边圆角（Edge Fillet）】按钮，在弹出的如图 4.33 所示的【边圆角定义（Edge Fillet Definition）】窗口中，在【半径（Radius）】处输入“0.2mm”；在【选择模式（Selection mode）】的下拉菜单中选择【相交（Intersection）】项；然后在【被倒圆

角对象（Object to fillet）】处单击，再选择结构树中上一步创建的旋转加材料特征。

单击【确认（OK）】按钮，得到如图 4.34 所示的带圆角的螺纹柱体特征。保存该零件文档，名称为“Thread_Master”。

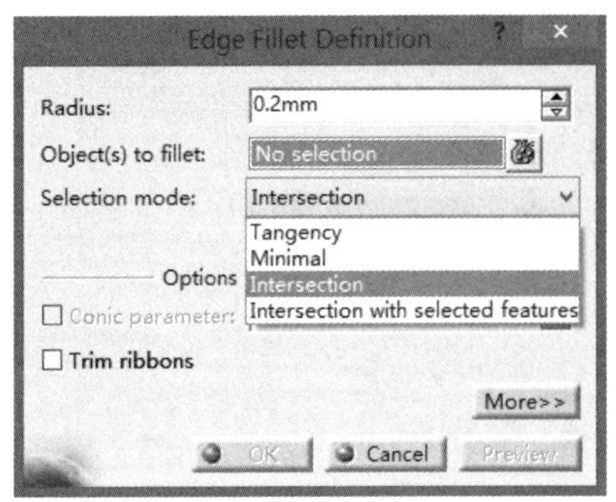

图 4.33

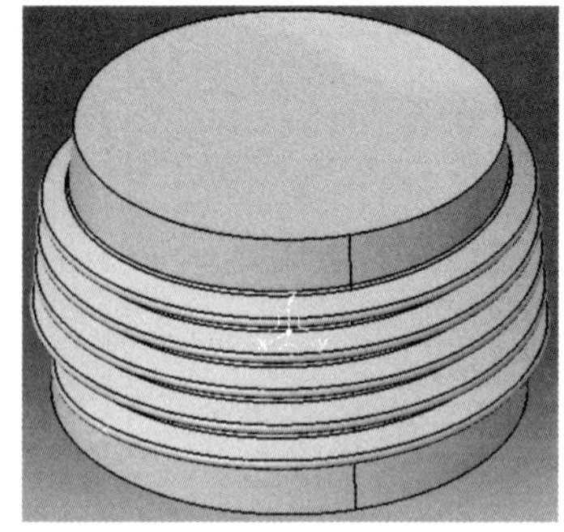

图 4.34

4.2 创建 Power Copy

打开上一节创建好的参数模型文档“Thread_Master”，在零件窗口中选择【插入（Insert）】菜单中的【知识模板（Knowledge Templates）】命令，在其下级展开菜单中选择【超级副本（Power Copy）】命令，如图 4.35 所示。

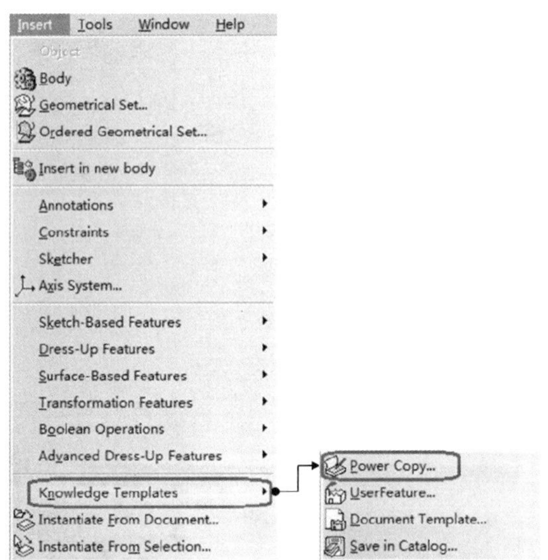

图 4.35

弹出如图 4.36 所示的【超级副本定义（Powercopy Definition）】对话框。该对话框包含【定义（Definition）】、【输入（Inputs）】、【参数（Parameters）】、【文档（Documents）】和【属性（Properties）】共 5 个选项卡。

单击结构树中包含所创建参数化特征的几何体“PartBody”，【超级副本定义（Powercopy Definition）】窗口会随着发生变化。

在【定义（Definition）】选项卡中，左边显示当前选择的内容，右边显示所选择内容的基本输入元素。所谓基本输入元素，就是在后续调用该超级副本时需要先创建好供选择输入的一些基本元素。如果在右侧窗口中单击某一基本输入元素，会把该元素从右侧窗口移至左侧窗口，同时在右侧窗口中显示被移动输入元素的上一级基本输入元素，用户可以根据实际需求调整基本输入元素到合适为止。如图 4.37 所示，即为调整后的显示效果，从图中可以看出基本输入元素就是一个点，即后续如果要调用的该螺纹特征，只需要先创建一个点作为输入即可。

【输入（Inputs）】选项卡所显示内容和【定义（Definition）】选项卡右侧窗口显示的内容基本一样。

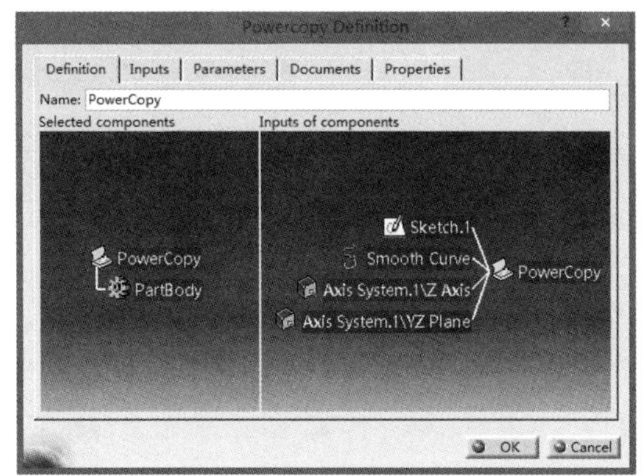

图 4.36

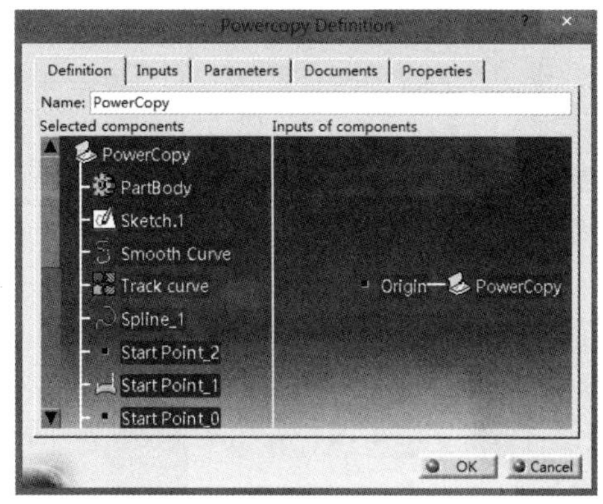

图 4.37

在【参数（Parameters）】选项卡中列出了所选择内容下的所有参数，包括系统自定义参数和用户创建的参数，如图 4.38 所示。

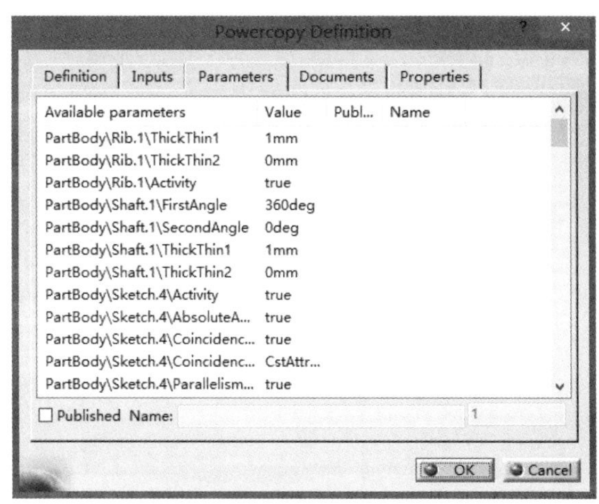

图 4.38

**提　示**

在所选择内容之外的参数不会被显示出来，例如在结构树中和几何体“PartBody”并行的参数集合“Parameters”下的参数；在其他与“PartBody”平行的几何体中的参数也不会被显示出来。

【文档（Documents）】选项卡中会显示与当前创建【超级副本（Power Copy）】的文档有关联的其他文档信息。

【属性（Properties）】选项卡中可以选择所创建的【超级副本（Power Copy）】命令的图标以及预览图，此图标与预览图也可以在后续的操作过程中修改。

完成所有操作后，单击【确认（OK）】按钮关闭【超级副本定义（Powercopy Definition）】窗口，这时文档左侧的结构树中即会出现刚刚创建的 Power Copy 特征，右击该特征，然后选择【属性（Properties）】命令，修改该 Power Copy 特征的名称为“PC_Thread_NoParameters”，如图 4.39 所示。至此，一个 Power Copy 特征创建完成。

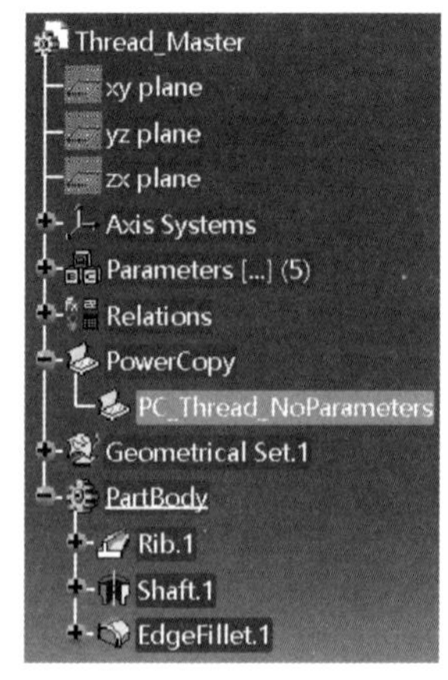

图 4.39

把经过以上操作的文档另保存为名为“Thread_Master_ PC_NoParameters”的新文档。

4.3 保存 Power Copy

对于上一步创建好的 Power Copy 特征，可以保存在一个零件文档中，也可以保存在【库（Catalog）】中。如果保存在零件文档中，直接保存零件文档本身即可。下面介绍把 Power Copy 特征保存到库中的方法。

要把任何特征或零件保存进库中，首先需要有一个已经存在的库文件或者新创建一个库文件，这里我们新建一个名为“Reused Features”的库，关于创建库文件的详细操作请参考 2.3 节的内容。

打开上一步创建的包含 Power Copy 特征的零件文档“Thread_Master_PC_NoParameters”，在窗口中选择【插入（Insert）】菜单展开项中的【知识模板（Knowledge Templates）】，在其下级展开菜单中选择【保存进库（Save in Catalog）】命令，如图 4.40 所示。

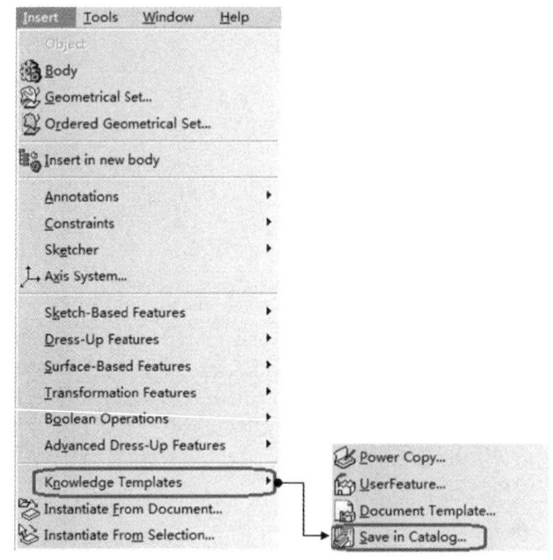

图 4.40

在弹出的如图 4.41 所示的【库保存（Catalog save）】对话框中，选择【更新一个已经存在的库（Update

an existing catalog）】项，然后单击窗口右上角的浏览按钮“…”，在相应的文件夹中找到已经创建好的名为“Reused Features”的库文件，然后单击【确认（OK）】按钮即可。如果在这之前没有已经创建好的库文件，可以选择【创建一个新的库（Create a new catalog）】项，当即创建一个新的库即可。

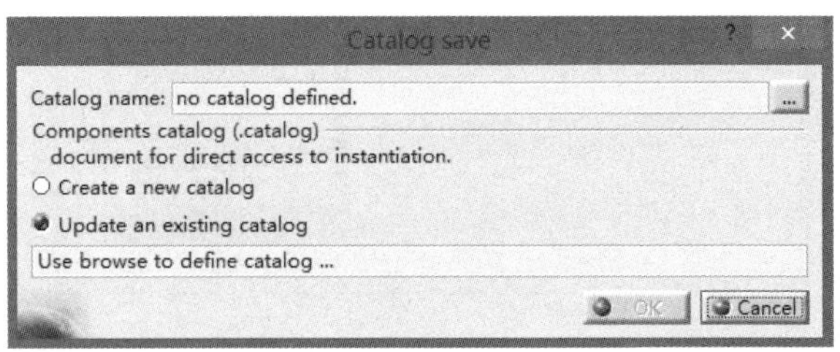

图 4.41

打开库文件“Reused Features”，在左侧的结构树中可以知道当前库中包含哪些【章节（Chapter）】，这些【章节（Chapter）】下又包含哪些具体的特征。找到 PowerCopy 并展开，双击其下面的名为“1 input”的特征族，在右侧窗口中的【关键字（Keywords）】选项卡中会发现刚才保存进库的名为“PC_Thread_NoParameters”的 Power Copy 特征，如图 4.42 所示。

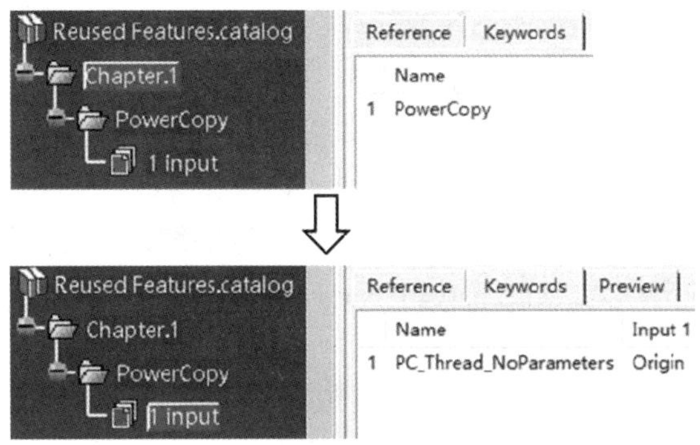

图 4.42

为了便于识别，可以右击结构树中的“1 input”特征族，然后选择【定义（Definition）】命令，在弹出的如图4.43所示的【族定义(Family Definition)】对话框中，把该特征族的名称改为“PC_Thread”。

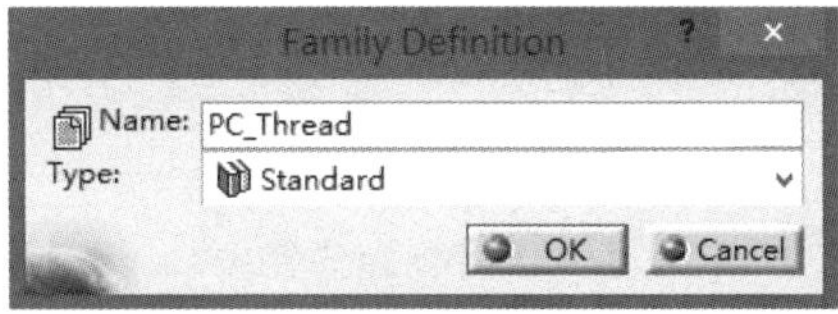

图 4.43

在右侧的【预览（Preview）】选项卡中，右击任意一个图标在弹出的菜单中选择【定义（Definition）】命令，在弹出的如图 4.44 所示的【描述定义（Description Definition）】窗口中，进入【预览（Preview）】选项卡，选择【外部文件预览（External file preview）】项，系统会自动弹出图片选择对话框，选择事先截取的特征图片，返回【描述定义（Description Definition）】对话框，确认操作并关闭对话框，则刚才选择的图片会显示为该 Power Copy 特征的预览图。

保存以上操作，关闭库文件。

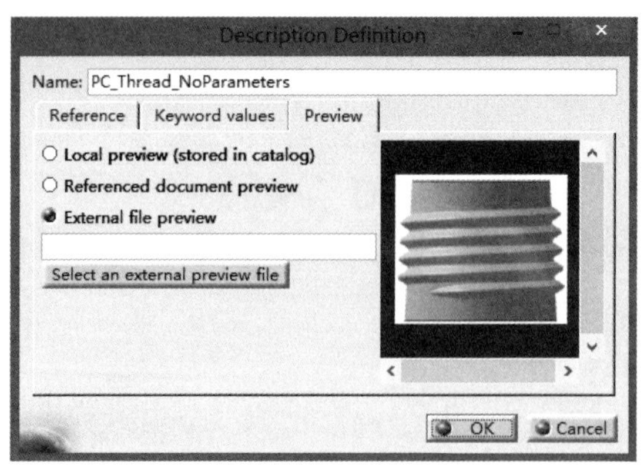

图 4.44

4.4 调用 Power Copy

新建一个 Part 文档，并在空间中创建一个任意点“Point.1”（因为 4.2 节中创建的 Power Copy 特征的输入元素就是一个点），假设所创建的任意点“Point.1”的空间坐标是（0，20，0）。

单击【工具（Tool）】工具栏中的【库浏览器（Catalog Browser）】按钮，打开如图 4.45 所示的【库浏览器（Catalog Browser）】窗口，通过窗口右上角的【浏览其他库（Browser another catalog）】按钮可以找到上一节保存的库文件“Reused Features”，这时库浏览器窗口的左侧小窗口便会出现“Power Copy”章节。根据图 4.42 所示的该库的结构，依次双击“Power Copy”章节、“PC_Thread”特征族，直至看见“PC_Thread_NoParameters”Power Copy 特征。

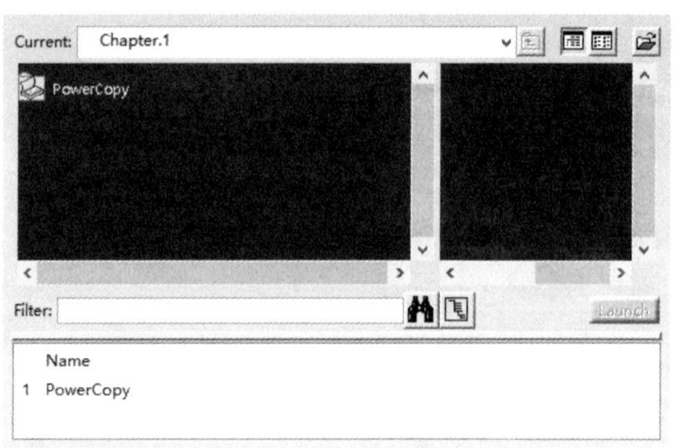

图 4.45

双击“PC_Thread_NoParameters”Power Copy 特征，弹出如图 4.46 所示的【插入对象（Insert Object)】对话框，根据对话框的输入提示，在绘图窗口中选择点“Point.1”作为输入元素。

确认操作并关闭【插入对象（Insert Object)】对话框，即会发现在绘图窗口中出现了一个和 4.1 节中创建的一模一样的螺纹特征。仔细观察结构树会发现，螺纹特征的实体特征全部被放在一个新的【几何体（Body)】下，而非原本存在的几何体“Part Body”下，而用于构建螺纹特征的点、线等几何元素都被放在原本就存在的【几何图形集（Geometrical Set)】下。

继续创建点“Point.2”（0，20，20）和点“Point.3”（0，20，-20），并重复插入 Power Copy 特征的

操作，在点“Point.2”和“Point.3”处再创建两个螺纹特征，如图 4.47 所示。再观察结构树，所有的实体特征都被放在独立的新建几何体下，而所有的点、线等几何元素都被放进了同一个几何图形集下。

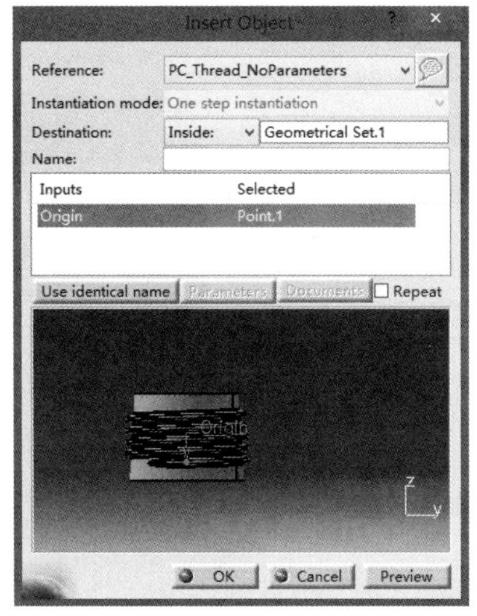

图 4.46

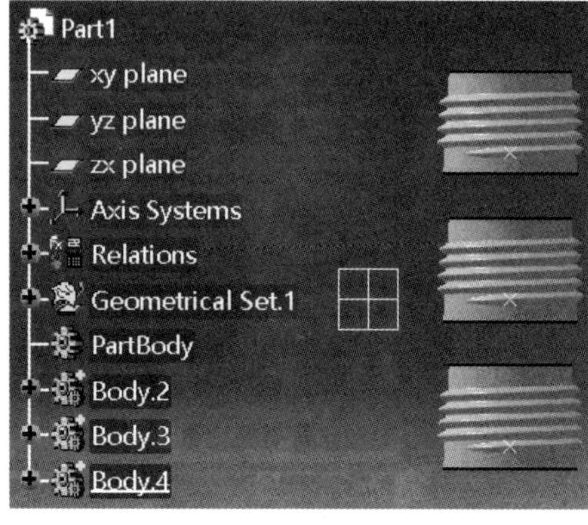

图 4.47

提 示

关于库浏览器的详细操作可参见 2.5 节内容。

其他的调用方式：从含有 Power Copy 特征的文件中调用（可以参考 5.4 节中调用 UDF 的方法）；从含有 Power Copy 特征的文件中直接选择 Power Copy 进行调用（可以参考 5.4 节中调用 UDF 的方法）；还可以通过一个 VB 脚本或者宏程序来调用 Power Copy。

原本需要很多步骤创建的螺纹特征，现在只需简单的调用即可，这就是特征的快速重用。但是或许你会发现，原本在 4.1 节中创建螺纹特征的参数及其关系式等并没有随 Power Copy 功能一起被带进重用的特征中，如果想要修改螺纹特征的尺寸，还是需要深入到具体的几何构建元素进行修改。另外，同一文档中多次插入重用的螺纹特征，其作为几何构建的点、线等构建元素被全部放进同一个几何图形集中，这也不便于查找某一实体螺纹特征所对应的几何构建元素，所有这些问题的解决，就需要优化 Power Copy 的创建工作。

4.5 优化 Power Copy 的创建

打开 4.1 节所创建的参数模型文档“Thread_Master”，另存为一个名为“Thread_Master_ PC_WithParameters”的新零件文档，接下来的操作将基于这个新保存的零件设计文档。

右击结构树中的【参数集（Parameters）】节点，在弹出的菜单中依次选择【参数对象（Parameters object）】、【隐藏的参数（Hidden Parameters）】，在弹出的如图 4.48 所示的【隐藏的参数（Hidden

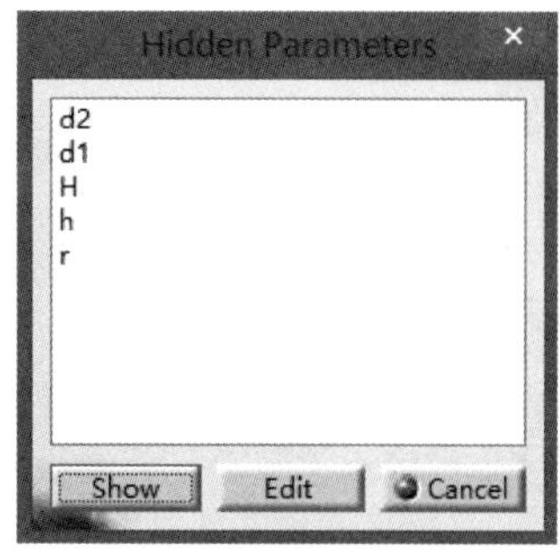

图 4.48

Parameters)】对话框中，选中所有被隐藏的参数，然后单击下面的【显示（Show)】按钮，显示所有被隐藏的参数。

在结构树中选中【参数集（Parameters)】和【关系集（Relations)】两个节点，右击，然后选择【剪切（Cut)】命令，再在几何体“PartBody”上右击，然后选择【粘贴（Paste)】命令，完成把【参数集（Parameters)】和【关系集（Relations)】两个节点放进几何体“PartBody”中的操作。

提　示

如果不先把【参数集（Parameters）】中隐藏的参数显示出来，在剪切【参数集（Parameters）】时会出现一个警告窗口，在原参数集被粘贴到“PartBody”之后，结构树中的原参数集并没有被剪切，而是继续保留在那里，只是里面的参数已经不再对模型起控制作用，读者可以尝试不同的操作感受其中的差别。

对于如何确认剪切粘贴后的参数是否对模型起控制作用，一方面，可以直接修改参数，看模型是否会发生相应变化；另一方面，可以展开【关系集（Relations）】里面的关系或公式，看公式中的参数在结构中的路径有没有发生变化。

选择【插入（Insert)】菜单下的【几何图形集（Geometrical Set)】，在“PartBody”下面新建一个名为“ReferenceElements”的几何图形集。

在结构树中展开【几何图形集.1（Geometrical Set.1)】，并选择其中除参考点“Origin”以外的其他所有元素，然后在右键菜单中依次选择【已选择的对象（Selected object)】、【变更几何图形集（Change Geometrical Set)】，在弹出的如图 4.49 所示的【变更几何图形集（Change Geometrical Set)】对话框中，在【目标区域（Destination)】右侧的下拉列表中选择“ReferenceElements”或在结构树中选择几何图形集“ReferenceElements”，单击【确认（OK)】按钮后即可完成几何构建元素转移的操作。

如同上一步对【几何图形集.1（Geometrical Set.1)】中元素的操作，把结构树中的用户坐标系也放到几何图形集“ReferenceElements”中，调整前、后对比如图 4.50 所示。

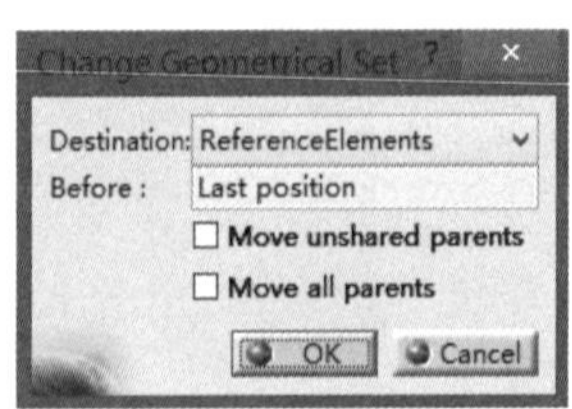

图 4.49

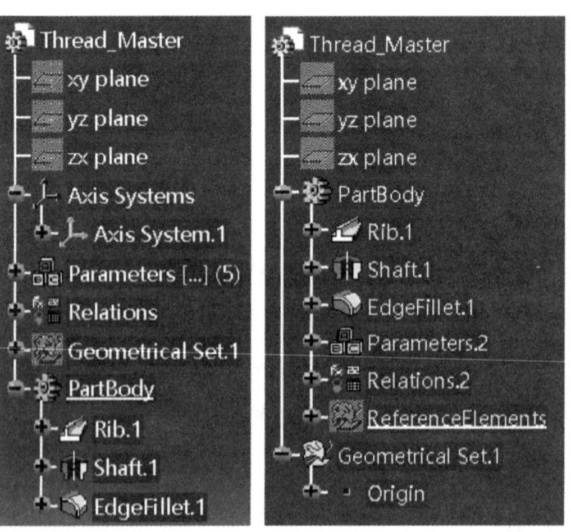

图 4.50

提 示

如果仅把【参数集（Parameters）】放在【几何体（Body）】里面就创建 Power Copy，在插入 Power Copy 特征后，会出现编辑参数无效的问题，需要把【参数集（Parameters）】和【关系集（Relations）】都放在【几何体（Body）】里才可以；

如果不对【参数集（Parameters）】中的参数在图 4.38 所示的“超级副本定义的参数页面”中进行【发布（Published）】操作，则在图 4.46 所示的“插入对象”窗口中将无法编辑参数，只能等插入 Power Copy 特征后在结构树中编辑参数；

创建参数表，可以在特征重用时更加方便地选择参数，详细操作可参考 5.5 节中的内容。

参照 4.2 节中介绍的操作方法，创建一个新的 PowerCopy 特征。在如图 4.51 所示的【超级副本定义（Powercopy Definition)】窗口中，在【定义（Definition)】选项卡中为新的 PowerCopy 改名为“PC_Thread_WithParameters”，在结构树中选择几何体“PartBody”后，在窗口右侧的输入元素区则会显示参考点“Origin”为输入元素。

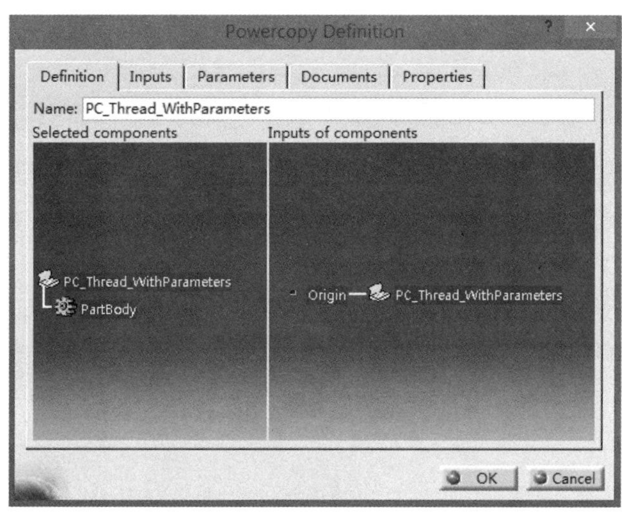

图 4.51

在【参数（Parameters)】选项卡中找到 4.1 节中创建的用于控制模型的关键参数，选择参数并选择对话框下部的【发布（Published)】复选框，如图 4.52 所示。发布参数的目的是为了在下次调用该 PowerCopy 时，可以先对这些参数进行修改，在生成新设计模型的时候就会在新的模型上体现出来，当然，也可以选择不发布任何参数，所有新的设计参数的修改都等插入调用的 PowerCopy 特征后再在结构树的【参数集（Parameters)】中修改。

为参数改好合适的名字并发布后，单击【确认（OK)】按钮完成 PowerCopy 的定义，即完成了新 PowerCopy（“PC_Thread_WithParameter”）的创建。

保存当前包含新 PowerCopy 的零件设计文档，再参考 4.3 节中介绍的操作把新的 PowerCopy 保存到名为“Reused Features”的库中。

参考 4.4 节中介绍的操作，新建一个零件设计文档，并创建一个参考点“Point.1”，其空间坐标为（0，40，0）。从库“Reused Features”中找到新建的 PowerCopy 特征并调用它，在弹出的如

图 4.53 所示的【插入对象（Insert Object)】对话框，根据对话框的输入提示，在绘图窗口中选择点“Point.1”作为输入元素。在输入元素选择好之后，窗口中的【参数（Parameters)】立即变成可选择的状态。单击【参数（Parameters)】按钮，则弹出如图 4.54 所示的在创建 PowerCopy 时所发布的参数对话框，并可对这些参数重新赋值编辑。

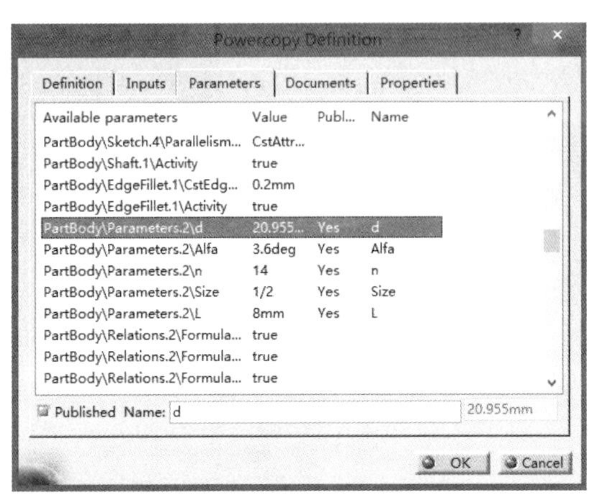

图 4.52

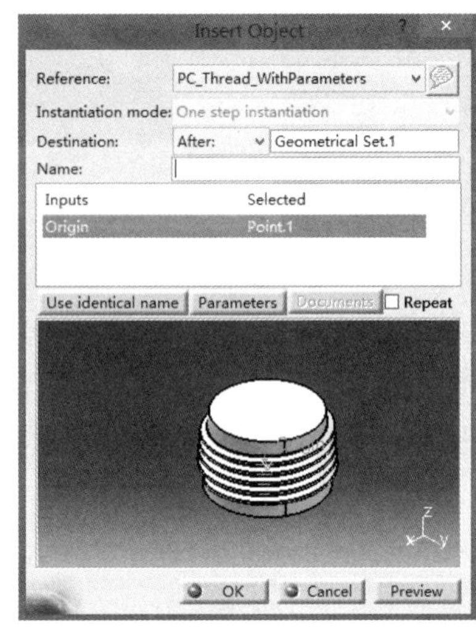

图 4.53

这里需要注意的是，这些螺纹设计的参数都是互相关联的，如果需要调整参数赋值，一定要根据标准或规范规定的值作修改，否则很有可能会在生成模型时报错。

完成参数的重新赋值后，即可确认操作并关闭【插入对象（Insert Object)】对话框，一个新的螺纹特征即会显示在绘图区。同时，结构树也会同步反映出来，如图 4.55 所示。与 4.4 节中插入的 PowerCopy 相比，现在调用的 PowerCopy 特征是一个完整的有机体，结构树清晰。

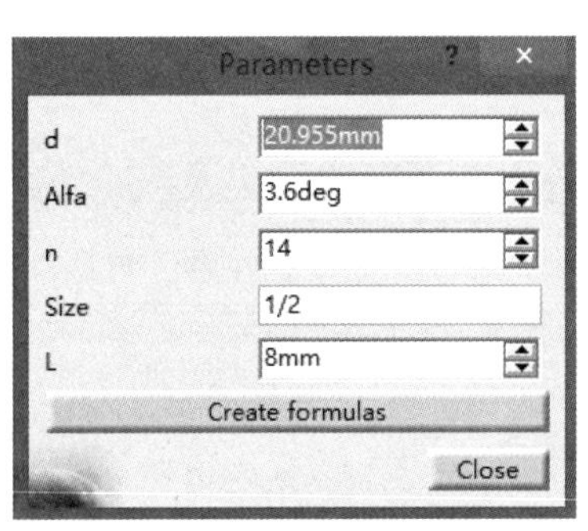

图 4.54

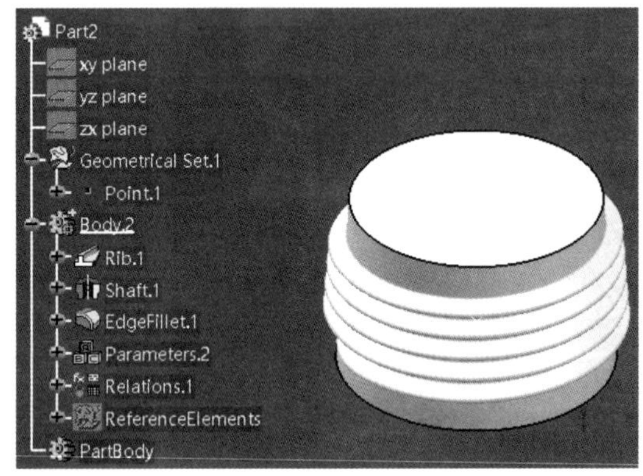

图 4.55

CATIA

第 5 章 用户特征（UserFeature）

【用户特征（UserFeature）】又称为【用户定义特征（User Defined Feature）】，是一种基于特征级别的设计模板，用户可通过选择参考元素及输入相关参数，即可在零件设计文档中快速重建一个或多个新的用户特征，这如同上一章介绍的【超级副本（Power Copy）】一样，便于同一类设计的重复使用。同时，它可以帮助你隐藏零件设计的结构树的同时，又可以让使用者根据输入参数来修改模型，这为一些重要的复杂模型的建模思路的保密提供了很大的帮助。

这里需要注意，用户特征（UserFeature）的使用需要有 PKT License（即产品知识模板模块的许可）。

本章将以简单的“圆柱”特征为例，详细介绍如何使用【用户特征（UserFeature）】创建“圆柱”特征并实现特征重用，内容包括用户特征的创建、保存及调用。

本章知识要点：

- 创建用户特征（UserFeature）
- 保存用户特征（UserFeature）至库（Catalog）
- 从库（Catalog）中调用用户特征（UserFeature）

5.1 创建原模型

启动 CATIA 软件创建一个零件设计文档，并以“Cylinder_0”为名保存。在【参考元素（Reference Elements）】工具栏中单击【点（Point）】按钮，创建一个坐标为（0，20，0）的参考点，并重命名为“CenterPoint”。在【草绘器（Sketcher）】工具栏中单击【定位草图（Positioned Sketch）】按钮，在打开的【草图定位（Sketch Positioning）】对话框中，选择“xy plane”作为支持平面；在【原点（Origin）】定义处选择【投影点（Projection Point）】类型，并在结构树或绘图窗口中选择“CenterPoint”点作为草图原点；为方便后续修改和在视图中查看零件，分别选择对话框下部的【互换（Swap）】和【H 轴反向（Reverse H）】项，如图 5.1 所示。

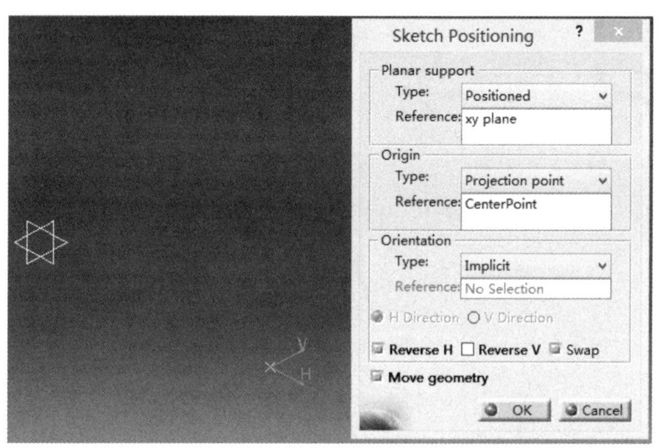

图 5.1

单击【确认（OK）】按钮后进入草图编辑器环境。以草图原点为圆心，绘制一个直径为 10mm 的圆，然后退出草图。在零件设计模式下，定义工作对象到“PartBody”，利用【凸台（Pad）】命令，选择刚才绘制的草图——直径为 10mm 的圆，拉伸出一个长度为 20mm 的圆柱特征（如图 5.2 所示），保存文档。

调整模型显示视角为等轴测视图或按某个合适视角显示，在窗口中【工具（Tools）】菜单展开项中选择【图片（Image）】，在其下级展开菜单中选择【抓取（Capture）】命令，如图 5.3 所示。

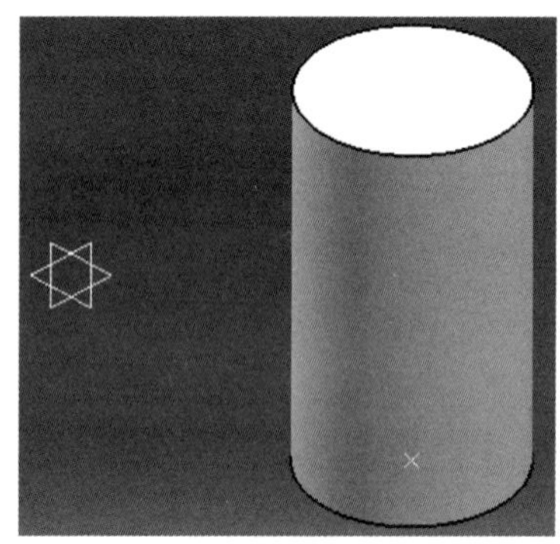

图 5.2

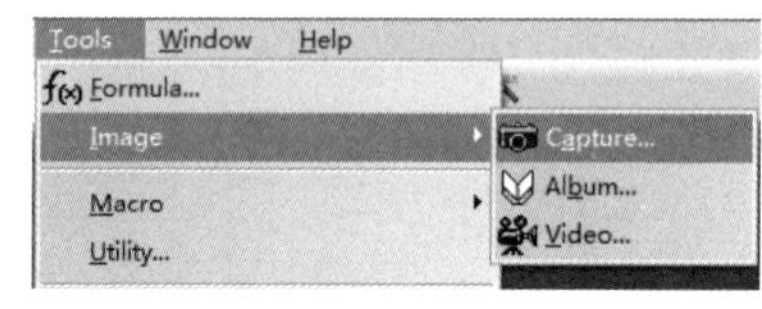

图 5.3

在弹出的如图 5.4 所示的图片抓取工具窗口中，右侧的三个命令用于选择截图的模式，“”命令为拷屏模式，“”为像素模式，“”为矢量模式。

单击【选项（Options）】按钮“”，可以对抓取的图片进行预设置，例如在【像素（Pixel）】标签页下可以设置【白底（White background）】和【抗锯齿（Anti-aliasing）】等。单击【选择模式（Select Mode）】按钮“”，在图形窗口框选所绘的圆柱特征，通过调节四边或四个角控制点使框选范围接近于一个正方形。单击【抓取（Capture）】按钮“”，弹出【抓取预览（Capture Preview）】对话框，在该对话框中集成了【取消（Cancel）】、【另存为（Save As）】、【打印（Print）】、【复制（Copy）】、【图册（Album）】等多个操作命令，单击【另存为（Save As）】命令把抓取的图片以“Cylinder_UF”为名、以.PNG 或者.JPEG 格式保存以备后面使用，保存的图片如图 5.5 所示。

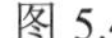
图 5.4

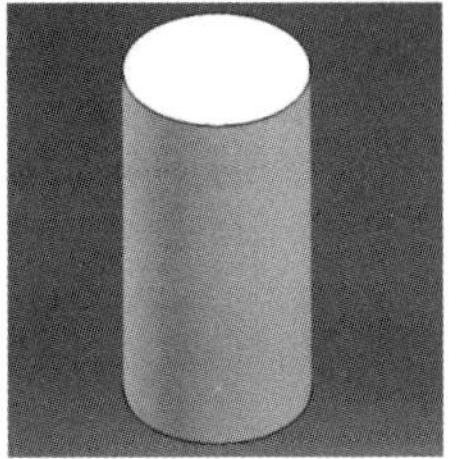
图 5.5

5.2　创建 UDF

打开上节中创建的“Cylinder_0”零件文件，以“Cylinder_UF”为名另存为一个新的零件文件。在零件设计窗口选择【插入（Insert)】菜单展开项中的【知识模板（Knowledge Template)】，在其下级展开菜单中选择【用户特征（UserFeature)】命令，如图 5.6 所示。

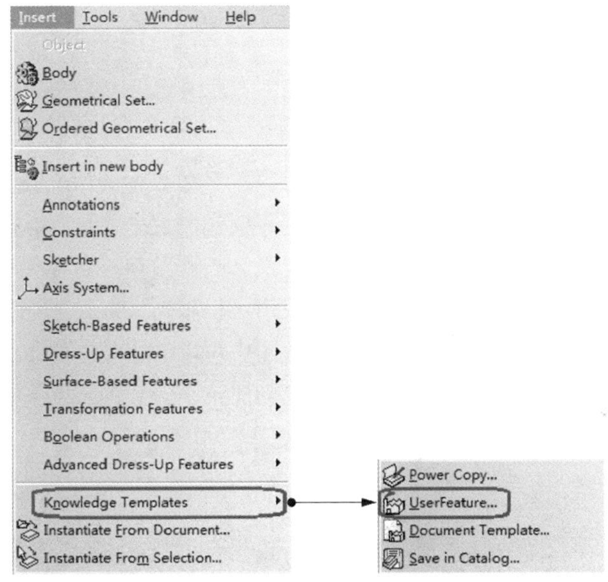

图 5.6

弹出的【用户特征定义（UserFeature Definition)】对话框如图 5.7 所示。该对话框包含【定义（Definition)】、【输入（Inputs)】、【元输入（Meta Inputs)】、【参数（Parameters)】、【文档（Documents)】、【属性（Properties)】、【输出（Outputs)】和【类型（Type)】共 8 个选项卡。与图 4.36 所示的【超级副本定义（Powercopy Definition)】对话框非常相似，但又有所不同。不同的是多出了【元输入（Meta Inputs)】、【输出（Outputs)】和【类型（Type)】三个选项卡，为便于初学者学习，我们在定义用户特征时先不考虑【元输入（Meta Inputs)】、【输出（Outputs)】和【类型（Type)】三个选项卡的定义。

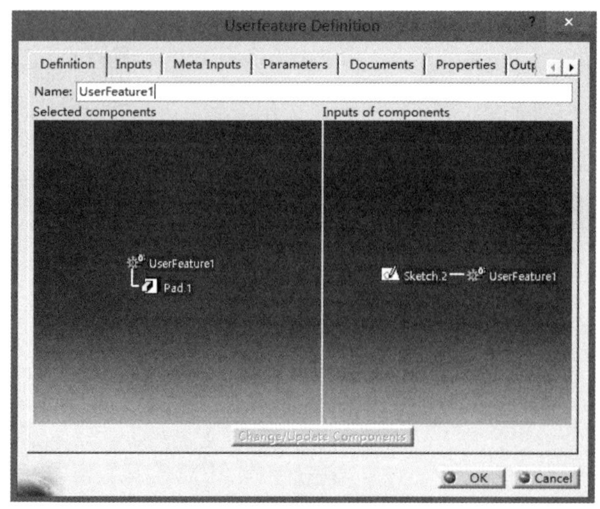

图 5.7

在结构树中选择所创建的“圆柱”特征“Pad.1”,【用户特征定义（UserFeature Definition）】对话框会随着发生变化。

在【定义（Definition）】选项卡中，最上方一行是该用户特征的名称，可以在右侧的输入区修改默认的用户特征名称。左边显示当前选择的内容，右边显示的所选择内容的基本输入元素。所谓基本输入元素，就是在后续调用该超级副本时需要先创建好供选择输入的一些基本元素。如果在右侧窗口中单击某一基本输入元素，会把该元素从右侧窗口移至左侧窗口，同时在右侧窗口中显示被移动输入元素的上一级基本输入元素，用户可以根据实际需求调整基本输入元素到合适为止。如图 5.8 所示，即为调整后的定义窗口，从图中可以看出基本输入元素就是一个点和一个参考平面，后续如果要调用该螺纹特征，只需要先创建一个点作为输入即可。

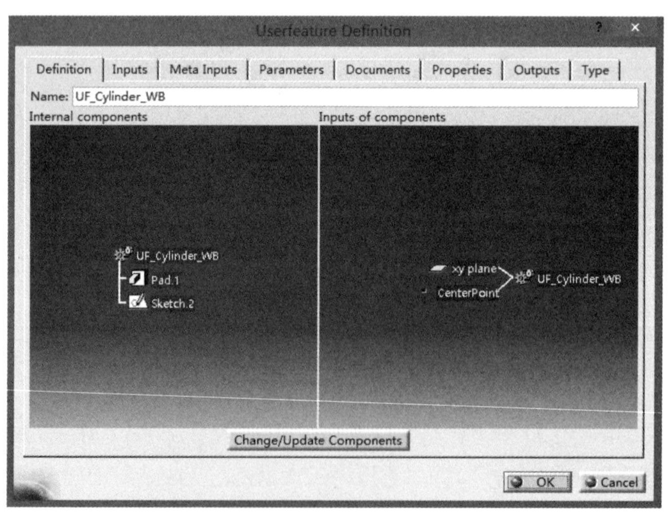

图 5.8

【输入（Inputs）】选项卡中所显示内容和【定义（Definition）】选项卡中右侧窗口显示的内容基本一样。不同的是：其一，可以在【输入（Inputs）】选项卡下部的【名称（Name）】区域重命名输入元素，重命名前的名称显示在窗口中输入元素后的括号中；其二，可以用右下角的上移、下移两个按钮来调整输入元素的先后顺序，如图 5.9 所示。

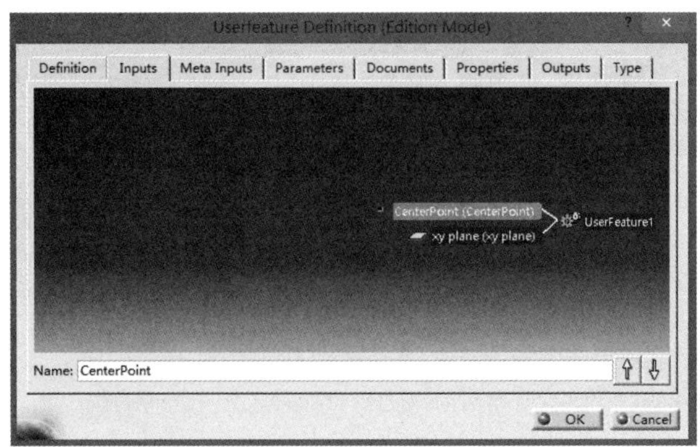

图 5.9

在【参数（Parameters）】选项卡中，列出了所选择内容下的所有参数，包括系统自定义参数和用户创建的参数，如图 5.10 所示。选中某个参数，其名称会在下方的空白区域显示，可以在该区域直接修改参数名称，修改成易读的参数名称后，在窗口左侧的【名称（Name）】列会显示新的名称。如果选择名称区域左侧的【发布（Published）】项，则在窗口中的【发布（Published）】列会显示“Yes”，表示该参数已被发布，即是指在下次调用该用户特征时，可以先编辑该参数。例如，这里把“圆柱”特征的高度参数名称修改为“Height”，把“圆柱”特征草图中标注半径的参数名称修改为“Radius”，且把这两个参数都选择【发布（Published）】项。同时，在选中参数后，右下角的一个输入框可以修改所选参数的默认值。

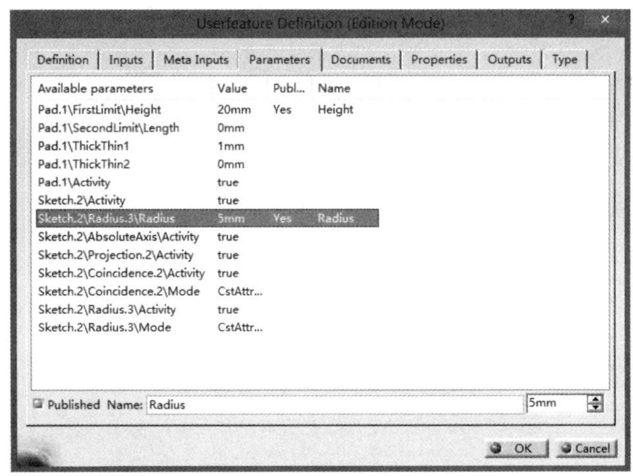

图 5.10

【文档（Documents）】选项卡会显示与当前创建【用户特征（UserFeature）】的源特征（例如本例中的圆柱特征 Pad.1）有关联的【设计表（Design Table）】信息。

【属性（Properties）】选项卡如图 5.11 所示，上半部分可以为所创建的【用户特征（UserFeature）】命令选择一个合适的图标，或者通过【抓屏（Grab screen）】的方式获取一个用作图标的图片，一般通过抓屏方式获取的图片并不清晰，抓屏范围也不是所期望的，所以一般可以在后续的库操作过程中再作修改。下半部分可以选择以后调用该用户特征时的【插入模式（Instantiation Mode）】，模式共分【白盒子（White Box）】、【带保护的黑盒子（Black Box Protected）】以及【黑盒子（Black Box）】三种。

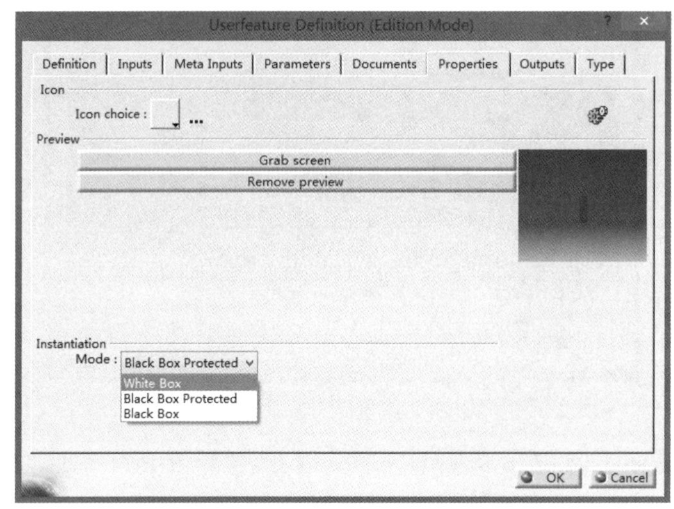

图 5.11

**提　示**

【白盒子（White Box）】模式在插入时会有系统提示信息，提示【白盒子（White Box）】模式一般为调试所用，采用该模式插入【用户特征（UserFeature）】后，被插入的用户特征实例中会显示源特征下的所有细节内容，如草图、参数、关系等详细建模信息。如本节开篇所提，【用户特征（UserFeature）】的一大优点是可以给模型的保密性提供很好的解决方案，既可以通过发布的参数对模型进行再编辑，又可以隐藏所有的建模细节，较完美地解决了供应商和客户之间的模型需求关系，所以一般不需要使用【白盒子（White Box）】模式。

【黑盒子（Black Box）】模式是【用户特征（UserFeature）】使用中最基本、常用的形式。采用该模式插入【用户特征（UserFeature）】后，被插入的用户特征实例中仅显示【参数（Parameters）】选项卡中发布的参数，其他任何详细的建模信息都会被隐藏。

【带保护的黑盒子（Black Box Protected）】模式与【黑盒子（Black Box）】模式的使用基本相同。采用该模式插入【用户特征（UserFeature）】后，被插入的用户特征实例中也仅显示【参数（Parameters）】选项卡中发布的参数，其他任何详细的建模信息都会被隐藏。

在官方帮助文档中介绍【黑盒子（Black Box）】模式可以允许用户在插入【用户特征（UserFeature）】后对其进行【调试（Debug）】操作，即通过【UDF 调试（UDF Debug）】命令可以让插入后的用户特征显示内部的详细信息，犹如【白盒子（White Box）】模式一般。而【带保护的黑盒子（Black Box Protected）】模式的用户特征在被插入后，是无法通过【调试（Debug）】操作显示详细建模信息的。而这个【UDF 调试（UDF Debug）】命令只有在 PKT 环境下才能被找到。

在当前的【属性（Properties）】窗口中选择【白盒子（White Box）】模式，然后返回【定义（Definition）】窗口，在最上面一行将该【用户特征（UserFeature）】的名称修改为“UF_Cylinder_WB”。单击【确认（OK）】按钮关闭【用户特征定义（UserFeature Definition）】对话框，这时文档左侧的结构树中即会出现刚刚所创建的名为“UF_Cylinder_WB”的【用户特征（UserFeature）】。

为让用户能体验这几种插入模式的区别，重复以上步骤再创建两个略有不同的【用户特征（UserFeature）】，即在属性选择时分别选择【黑盒子（Black Box）】模式和【带保护的黑盒子（Black Box Protected）】模式，名称分别为“UF_Cylinder_BB”和“UF_Cylinder_BBP”，如图 5.12 所示。

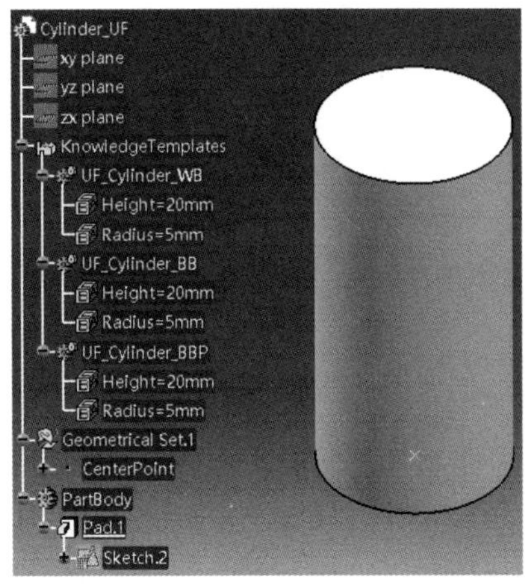

图 5.12

至此，三个略有不同的【用户特征（UserFeature）】创建完成，保存文档。

5.3　保存 UDF

与 4.3 节中介绍的【超级副本（Power Copy）】特征的保存操作基本一致，【用户特征（UserFeature）】也同样既可以保存在一个零件文档中，又可以保存在【库（Catalog）】中。

打开包含有三个用户特征的零件文档“Cylinder_UF”，在零件设计窗口中选择【插入（Insert）】菜单展开项中的【知识模板（Knowledge Template）】，在其下级展开菜单中选择【保存进库（Save in Catalog）】命令，如图 5.13 所示。

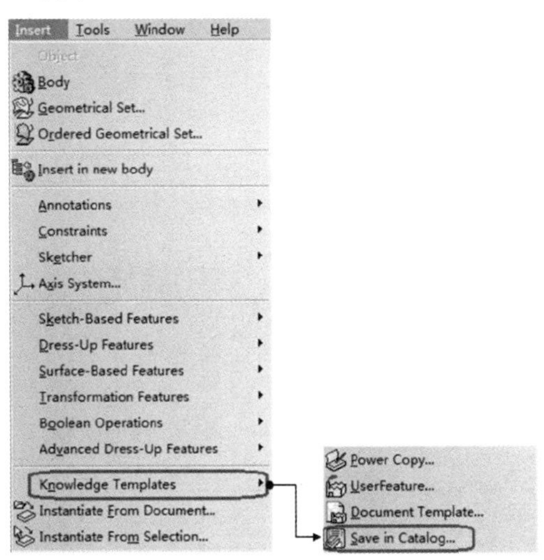

图 5.13

在弹出的如图 5.14 所示的【库保存（Catalog save）】对话框中，选择【创建一个新的库（Create a new catalog）】项，然后单击对话框右上角的浏览按钮，找到合适的保存路径，并把新建的库以某一指定名称保存（这里给新创建的库命名为“UDF”），然后单击【确认（OK）】按钮，关闭当前的打开的“Cylinder_UF”文档。

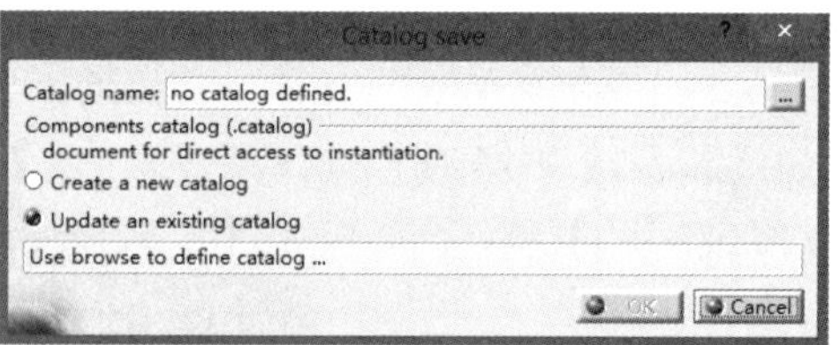

图 5.14

提　示

也可以参考 4.3 节的内容，把 UDF 保存在一个现有的库中。

打开库文件“UDF”，在左侧的结构树中依次展开各【章节（Chapter）】，在其中找到名为“2 inputs”的特征族并双击它，在右侧窗口中的【关键字（Keywords）】选项卡中会发现刚才保存进库的名为“UF_Cylinder_WB”、“UF_Cylinder_BB”和“UF_Cylinder_BBP”的 UserFeature 特征，如图 5.15 所示。

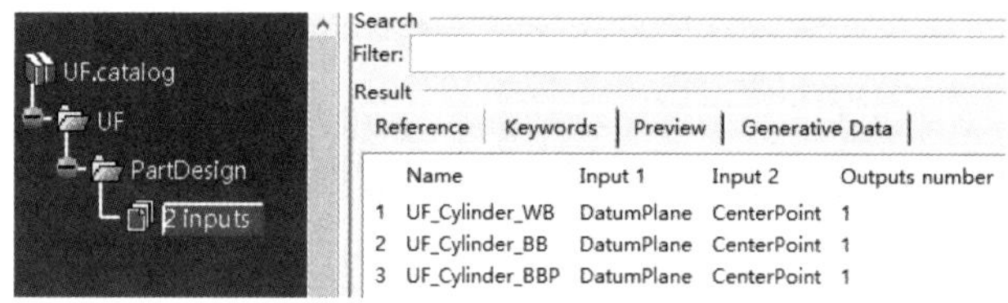

图 5.15

为了便于识别，右击结构树中的“2 inputs”特征族，选择【定义（Definition）】命令，在弹出的【族定义（Family Definition）】对话框中，把该特征族的名称改为“UF_Cylinder”。

在右侧的【预览（Preview）】页面中，右击图标选择目标对象展开的【定义（Definition）】命令，在弹出的如图 5.16 所示的【描述定义（Description Definition）】窗口中，进入【预览（Preview）】选项卡，选择【外部文件预览（External file preview）】项，系统会自动弹出图片选择窗口，选择 5.1 节中保存的特征图片，返回【描述定义（Description Definition）】窗口，确认操作并关闭窗口，则刚才选择的图片会显示为该【用户特征（UserFeature）】的预览图。如此操作为每个用户特征设置一个容易识别的预览图。

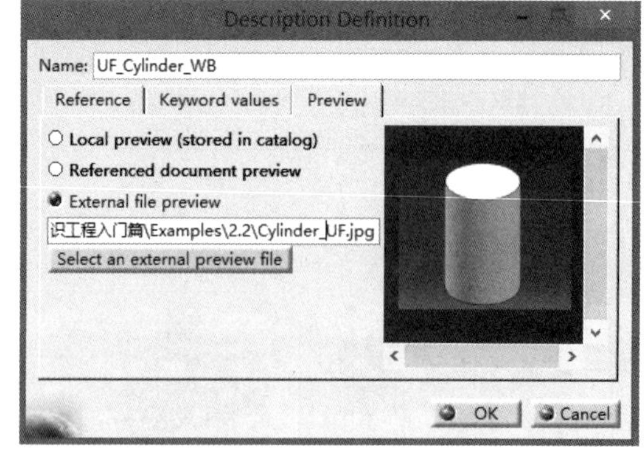

图 5.16

保存以上操作，关闭库文件。

5.4　调用 UDF

新建一个零件设计文档，并以“Instantiation”为名保存。在 XY 平面内创建三个 Y 值间距大概 50mm 左右的基准点，依次分别重命名为“Point_WB”、“Point_BB”、“Point_BBP”，定义工作对象至“PartBody”，如图 5.17 所示。

在【插入（Insert)】菜单下选择【从文档中调用（Instantiate From Document)】，如图 5.18 所示。在弹出的【文件选择（File Selection)】对话框中，选择 5.2 节中创建的带有三个 UDF 特征的零件文档“Cylinder_UF”，并打开它。

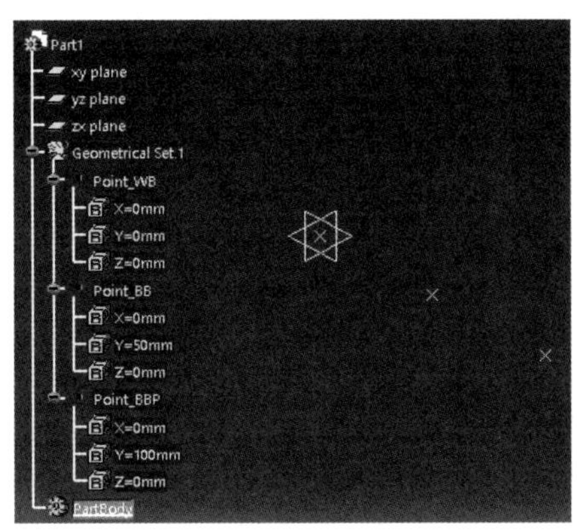

图 5.17

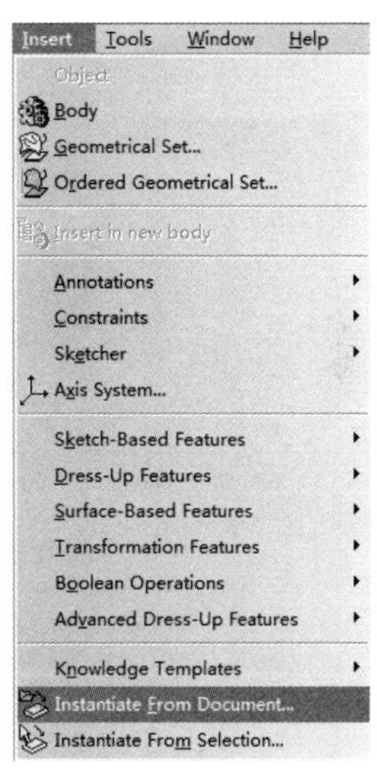

图 5.18

在弹出的如图 5.19 所示的【插入对象(Insert Object)】对话框中，在最上面的【参考(Reference)】右侧的下拉列表中选择名为“UF_Cylinder_BBP”的用户特征。在【插入位置（Destination)】右侧可以选择把用户特征插入到某个“Body”【内部（Inside)】或者某个 Body 内的某个已有特征的【后面（After)】。在【名称（Name)】区域可以为新插入的用户特征输入一个名字，不输入则保留原用户特征的名字，并按顺序添加“.x”的后缀（x 为从 1 开始的序列数）。在输入元素选择窗口中，按照提示分别在绘图区域选择一个参考平面和一个参考点，这里先选择“XY Plane”作为参考平面，选择“Point_BBP”作为参考点，绘图区域会以红色高亮显示选择的输入元素。输入元素选择完成后，【参数（Parameters)】按钮变成可选择模式，单击【参数（Parameters)】按钮即会弹出一个如图 5.20 所示的【参数（Parameters)】对话框，这些待输入的参数就是在创建用户特征时选择发布的参数，这里为“Height”参数输入 80mm、为“Radius”参数输入 10mm 后关闭对话框。

单击【预览（Preview)】按钮即会在绘图区域创建一个高度为 80mm、半径为 10mm 的圆柱特征。单击【确认（OK)】按钮确认操作并关闭【插入对象（Insert Object)】对话框。如图 5.21 所示，在结构树中查看插入的特征，会发现该圆柱特征下仅有若干参数，并无诸如草图、约束等其他绘图过程显示。通过双击新插入的用户特征下面的参数，可以编辑这些参数并会被立刻更新到模型显示上。

提　示

使用【从文档中调用（Instantiation From Document）】模式时，必须先关闭包含所要调用用户特征的设计源文档，否则系统会弹出警告信息。

新插入的用户特征下面总有一个名为“Activity”的参数，该参数控制的是当前的这个用户特征是否有效，其默认值为“true”，即该用户特征有效，如果把“Activity”参数的值改为“false”，则该用户特征将会变成无效状态，功能等同于特征的“Activate”和“Deactivate”操作。

打开 5.2 节中创建的带有三个不同模式用户特征的零件文档“Cylinder_UF”，然后返回零件设计文档“Instantiation”中，在【插入（Insert)】菜单下选择【从选择中调用（Instantiate From Selection)】，如图 5.22 所示。

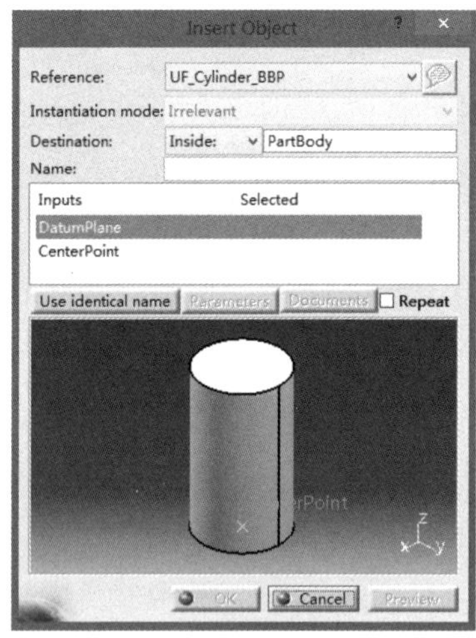

图 5.19

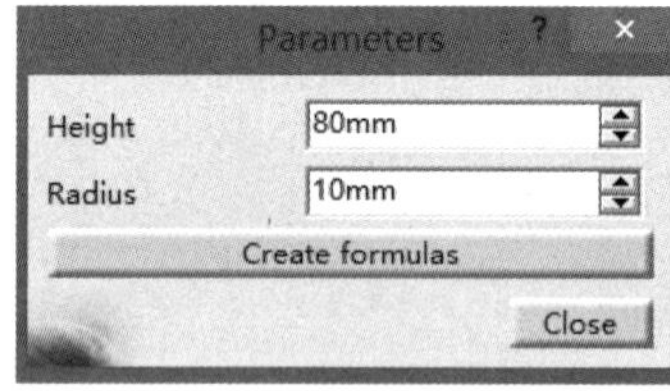

图 5.20

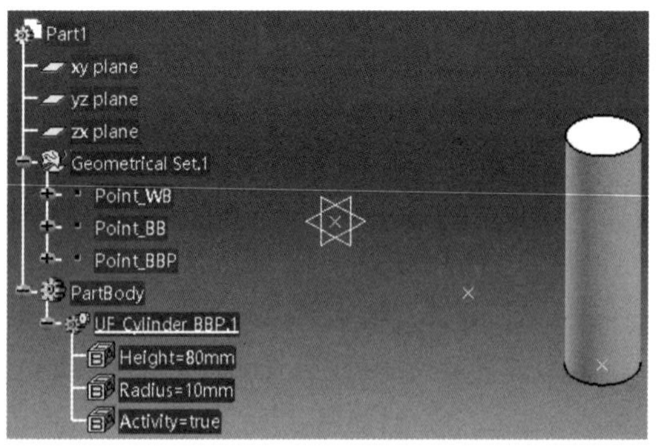

图 5.21

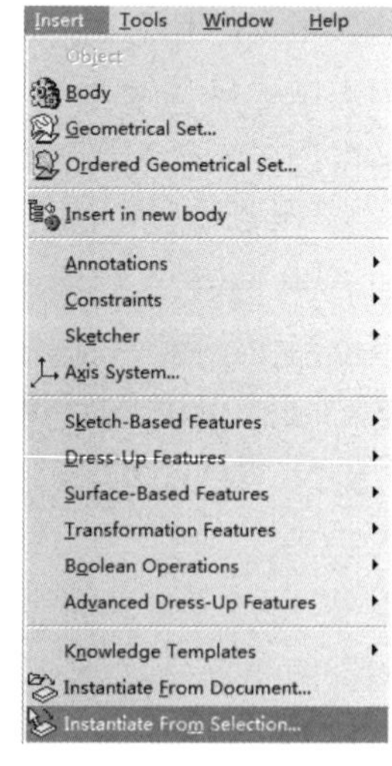

图 5.22

在【窗口（Window）】菜单下选择零件文档“Cylinder_UF”切换至“Cylinder_UF”文档中，在结构树中选择【黑盒子（Black Box）】模式的用户特征“UF_Cylinder_BB”，软件会自动返回“Instantiation”文档中，并弹出见图 5.19 所示的【插入对象（Insert Object）】对话框。根据输入元素提示分别依次选择“YZ Plane”作为参考平面，选择“Point_BB”作为参考点；单击【参数（Parameters）】按钮并在弹出的【参数（Parameters）】对话框中，为“Height”参数输入 10mm、为“Radius”参数输入 30mm 后关闭对话框，确认操作后关闭【插入对象（Insert Object）】对话框，绘图区域即会显示新插入的用户特征“UF_Cylinder_BB.1”，如图 5.23 所示。

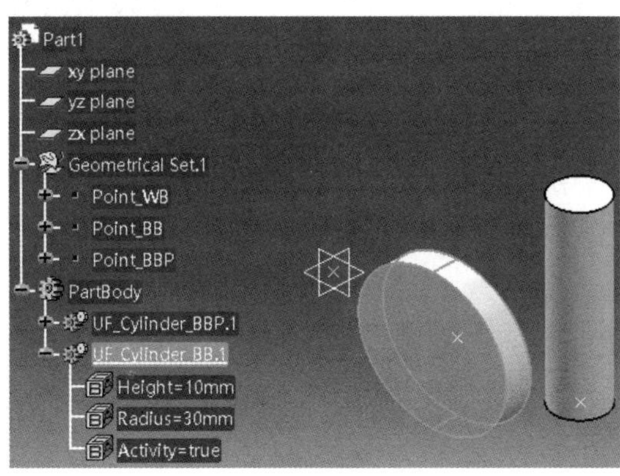

图 5.23

提　示

在选择输入元素时，当选择参考平面后，绘图区域会出现一个绿色的箭头，该箭头标示的是所插入特征的朝向，单击箭头即可反向。

单击【工具（Tool）】工具栏中的【库浏览器（Catalog Browser）】按钮，打开【库浏览器（Catalog Browser）】对话框，通过对话框右上角的【浏览其他库（Browser another catalog）】按钮可以找到上一节所保存的库文件“UF”，依次双击“UF”库中的各章节及特征族，直至看见名为“UF_Cylinder_WB”、“UF_Cylinder_BB”和“UF_Cylinder_BBP”的 UserFeature 特征。

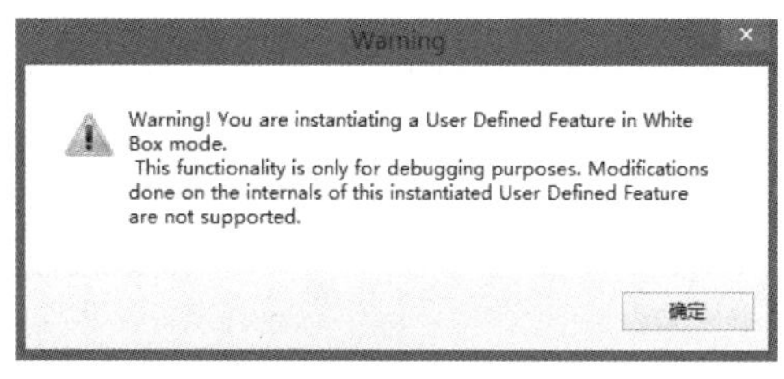

图 5.24

双击“UF_Cylinder_WB”，在弹出【插入对象（Insert Object）】对话框的同时，也弹出了一个如图 5.24 所示的【警告（Warning）】对话框。该对话框的提示内容主要是告诉用户【白盒子（White Box）】模式只用于调试目的。

关闭【警告（Warning）】对话框，在【插入对象（Insert Object）】对话框中，根据输入元素提示分别依次选择“ZX Plane”作为参考平面，选择“Point_WB”作为参考点；单击【参数（Parameters）】按钮并在弹出的参数对话框中，为“Height”参数输入 60mm、为“Radius”参数输入 5mm 后关闭参数输入窗口，确认操作后关闭【插入对象（Insert Object）】对话框，绘图区域即会显示新插入的用户特征“UF_Cylinder_WB.1”，如图 5.25 所示。

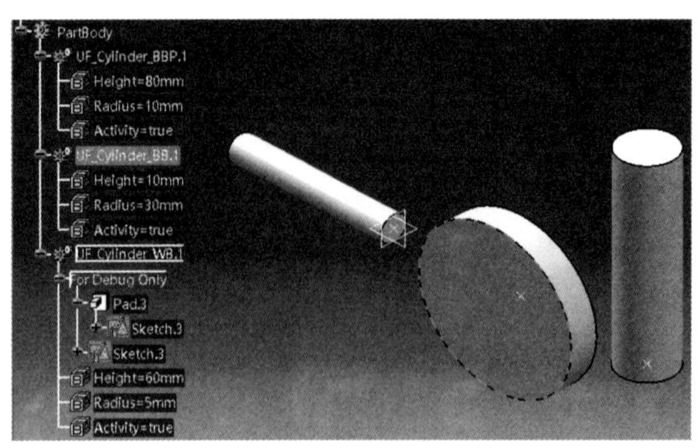

图 5.25

通过结构树可以看出，新插入的白盒子模式的用户特征包含了详细的建模内容，包括草图及草图中的元素及其约束关系等，且该用户特征总是以红底高亮显示，时刻提醒用户这是白盒子模式，仅用于调试目的，从中也可以看出用户特征的使用确实比较注重模型的保密。

**提 示**

关于使用库调用 UserFeature 的方法，可参考 4.4 节中 Power Copy 的调用方法，或参考第一篇第 2.5 节内容。

5.5 带设计表的 UDF

打开零件设计文档“Cylinder_UF”，以“Cylinder_UF_withDT”为名另存为一个新的零件设计文档，删除原来创建好的三个用户特征。

单击【知识（Knowledge)】工具栏上的【公式（Formula)】按钮，会弹出如图 5.26 所示的【公式（Formula)】对话框，如果参数区域没有显示任何参数，可以单击结构树中的 Pad.1 特征，然后在【公式（Formula)】对话框的参数区域即会显示所有和 Pad.1 特征相关的系统参数了。把控制圆柱特征长度的参数重命名为“Height”，把控制圆柱特征半径的参数重命名为“Radius”。

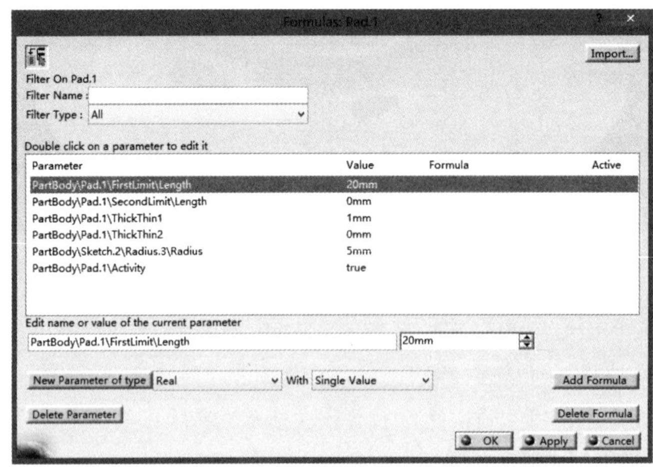

图 5.26

单击【知识（Knowledge)】工具栏中的【设计表（Design Table)】按钮，会弹出如图 5.27 所示的【创建设计表(Creation of a Design Table)】对话框，把【名称(Name)】更改为“Cylinder_UF_DT”，然后选择【基于当前参数值创建一个新设计表（Create a design table with current parameter values)】。

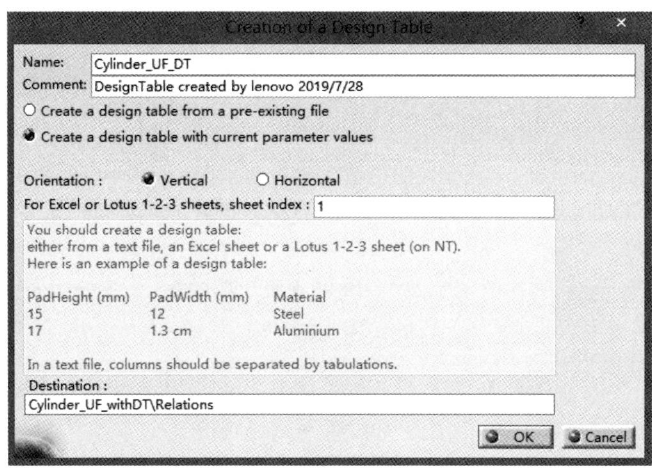

图 5.27

单击【确认（OK)】按钮后，在弹出的【选择待插入参数（Select parameters to insert)】对话框中选择重命名为“Height”和“Radius”两个系统参数，并用向右的箭头把参数从窗口的左侧移至右侧，如图 5.28 所示。

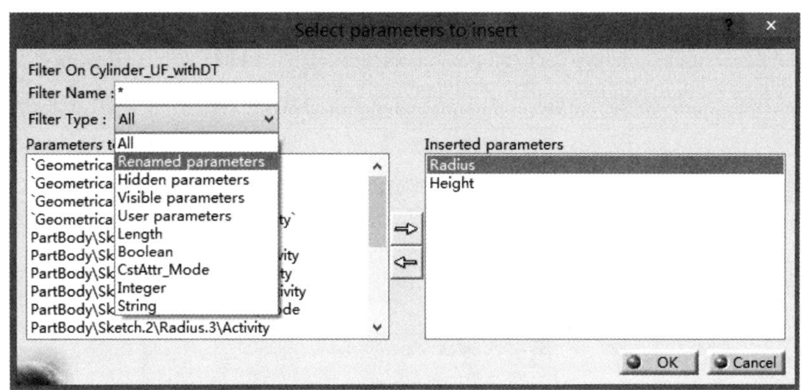

图 5.28

**提　示**

为便于找到重命名的系统参数或用户参数，可以在对话框中的【过滤类型（Filter Type）】的下拉列表中选择【重命名参数（Renamed parameters）】。

关闭【选择待插入参数(Select parameters to insert)】对话框，系统自动弹出一个【另存为(Save As)】窗口，选择一个合适的文件夹保存该设计表，建议选择和当前零件设计文档相同的保存路径。

保存设计表后，紧接着系统会弹出如图 5.29 所示的【设计表结构及关联（Design table Configurations & Associations)】对话框。

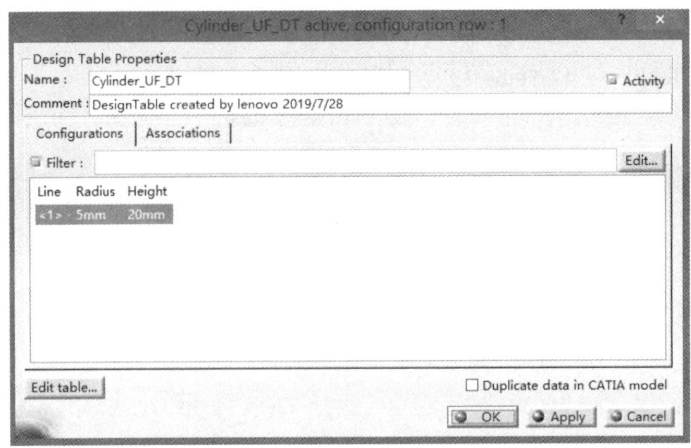

图 5.29

单击左下角的【编辑表格（Edit table）】按钮，在打开的设计表中，新增加如图 5.30 所示两组数据，保存更改内容后关闭设计表。

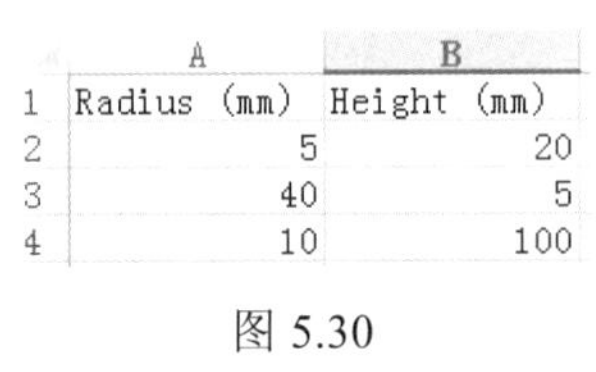

	A	B
1	Radius (mm)	Height (mm)
2	5	20
3	40	5
4	10	100

图 5.30

返回 CATIA 窗口时，会有一个信息提示窗口，提示设计表中的更新信息已和当前设计文档完成同步。关闭该提示窗口，在设计表结构及关联窗口中可以看到刚才在设计表中添加的参数已被同步至设计结构中。

重复 5.2 节所介绍的内容，重新创建一个新的 UserFeature，并给该 UserFeature 命名为“UF_Cylinder_BB_wDT”，选择一个参考平面和一个参考点作为输入元素，发布控制圆柱特征高度的参数“Height”和控制圆柱直径的参数“Radius”，在【用户特征定义（Userfeature Definition）】对话框的【文档（Documents）】选项卡中显示了与当前创建【用户特征（UserFeature）】的源特征（例如本例中的圆柱特征 Pad.1）有关联的【设计表（Design Table）】信息，如图 5.31 所示。在【属性（Properties）】选项卡中选择【黑盒子（Black Box）】模式创建一个新的 UserFeature。模型及结构树如图 5.32 所示。

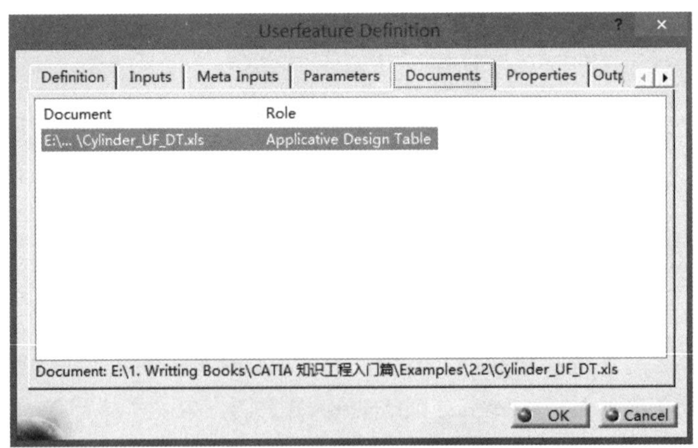

图 5.31

新建一个零件设计文档，并以“Instantiation_wDT”为名保存。创建一个坐标值为（30，40，0）的参考点“Point_X”。参考 5.4 节中在【插入（Insert）】菜单下选择【从选择中调用（Instantiation From

Selection)】的模式调用刚刚创建的用户特征。在源文档“Cylinder_DF_wDT”中选择用户特征“UF_Cylinder_BB_wDT”后，在返回零件设计文档“Instantiation_wDT”时，系统可能会弹出如图 5.33 所示的【报错（Error)】对话框，大意是用户特征的插入位置错误（即所创建的用户特征是实体特征，而当前所定义的工作对象在 Geometrical Set.1 下而不是任何 Body 下，在未启用混合设计的情况下，自然会报错）。

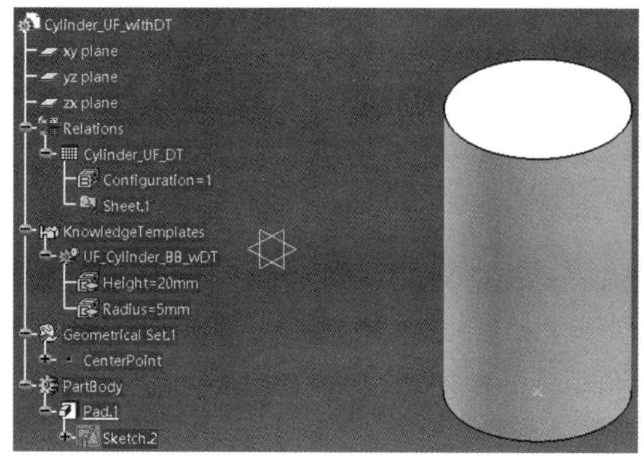

图 5.32

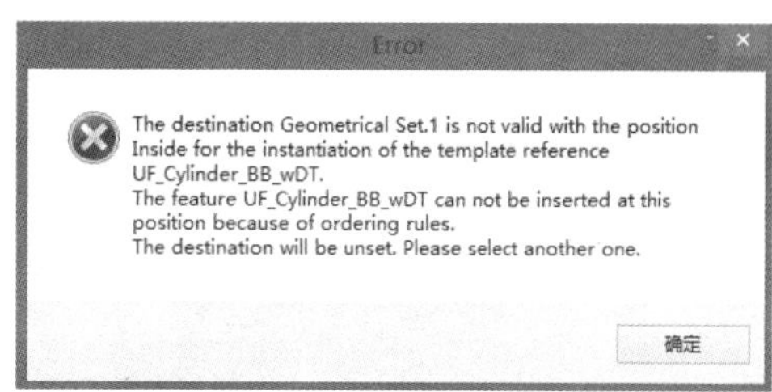

图 5.33

在报错对话框中单击【确定（OK)】按钮后返回【插入对象（Insert Object)】对话框，在【插入位置（Destination)】右侧的下拉列表中选择【内部（Inside)】，然后在右侧空白区域单击后再在结构树中选择 PartBody 或其他 Body，即可把当前用户特征插入到实体集合（即某个 Body）中。根据输入元素的要求依次选择 “XY Plane”作为参考平面，选择“Point_X”作为参考点，这时对话框中的【参数（Parameters)】和【文档（Documents)】两个按钮都会恢复成可工作状态，如图 5.34 所示。

单击【参数（Parameters)】按钮，弹出如图 5.35 所示的【参数（Parameters)】对话框，参数处于不可直接输入编辑状态，且在右侧有一个设计表的图标，这表示该参数已受设计表驱动。单击设计表可以选择为这些参数重新设置参数值。

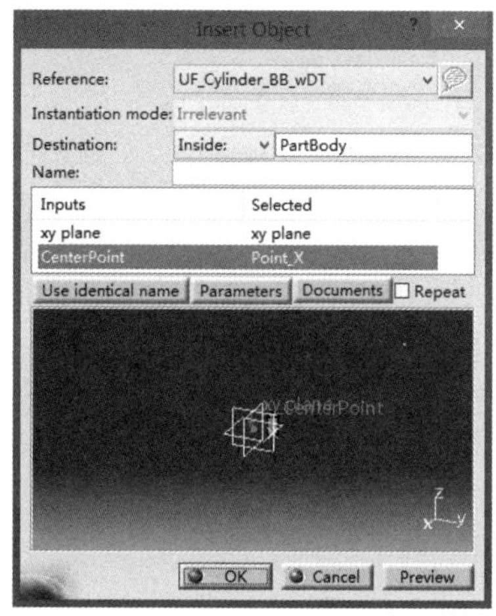

图 5.34

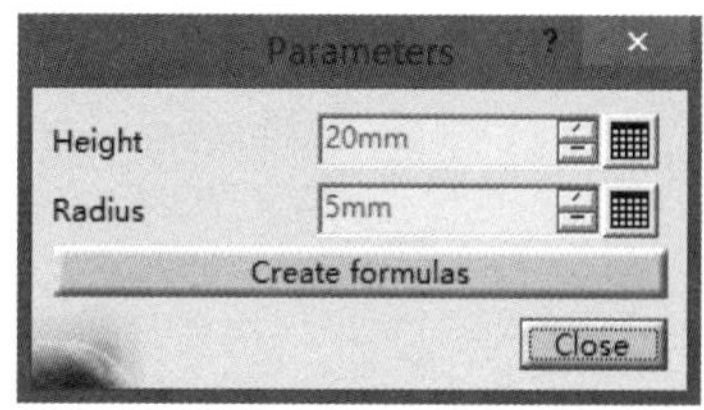

图 5.35

单击【文档（Documents）】按钮，弹出如图 5.36 所示的对话框，对话框中显示了和所引用用户特征相关的文档（即设计表）的信息，右侧的【替换（Replace）】按钮可以让用户选择一个新的设计表替换原来的设计表以驱动模型。

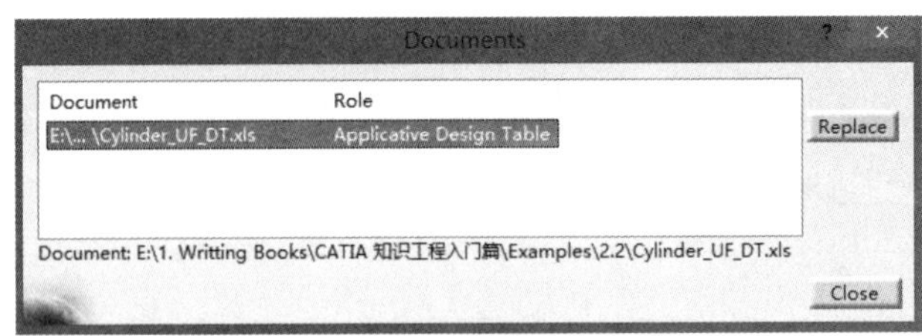

图 5.36

在【插入对象（Insert Object）】对话框中单击【确认（OK）】按钮确认操作并关闭对话框，在零件设计文档的绘图区即出现了新插入的用户特征，其结构树状态如图 5.37 所示。在结构树中无法直接看到关联的设计表，只有在双击参数进行参数值修改时才可以看到。

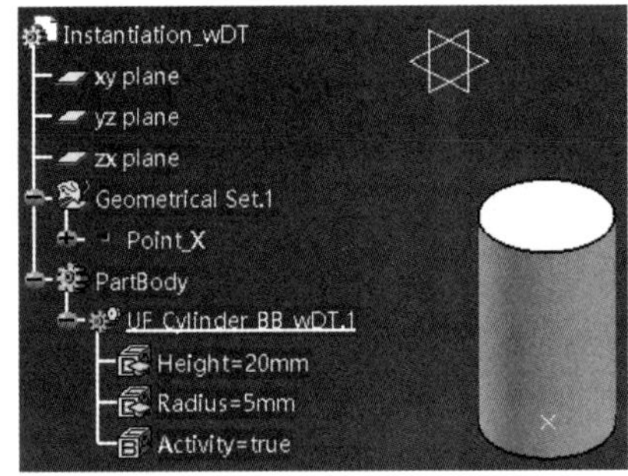

图 5.37

第 6 章 实例演练——水泵叶轮设计的快速重用

如图 6.1 所示是常见的单级离心泵叶轮，一般采用先铸造、再机械切削加工、再平衡处理的方式完成生产。在这一章中，我们将以这种类型的叶轮为参考，并对叶轮的设计作适当的简化，以达到将前面章节中所学内容应用到实际的产品设计中的目的。

图 6.1

6.1 分析水泵叶轮的结构特征及设计参数

如图 6.2 所示是做了简化的离心泵叶轮的铸造毛坯的三维图，与图 6.1 所示的完成加工后的实际叶轮结构有所不同。

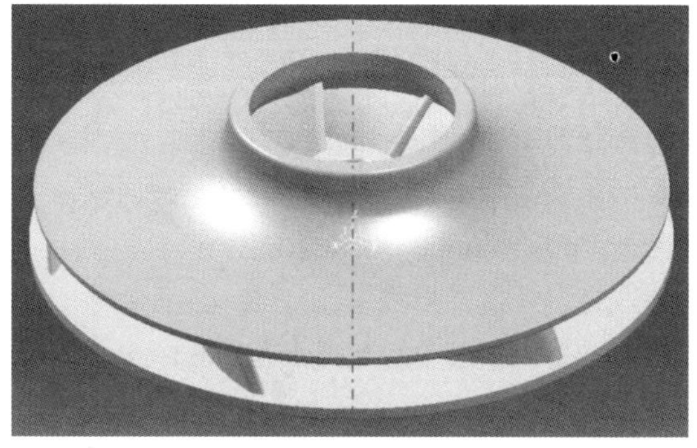

图 6.2

为便于了解叶轮的结构，将该铸坯三维结构进行分解展示，得到如图 6.3 所示的分解图示。其中，蓝色部分称为前盖板，整体为一回转体，包括壁厚较薄的盖板特征、及壁厚较厚的吸入口特征，吸入口厚壁的外侧会被车出一段圆柱以安装前置磨损环；中间的特征称为叶片，是形状复杂的曲面结构，一般由多片组成，叶片数量、形状、尺寸根据水力设计或机械载荷等需求而定；黄色部分称为后盖板，整体为一回转体，包括外沿壁厚较薄的盖板特征、中部区域材料较厚的轴肩特征、中心区域预铸的中心孔特征，以及盖板上一圈将被车出用以安装磨损环的圆环特征。

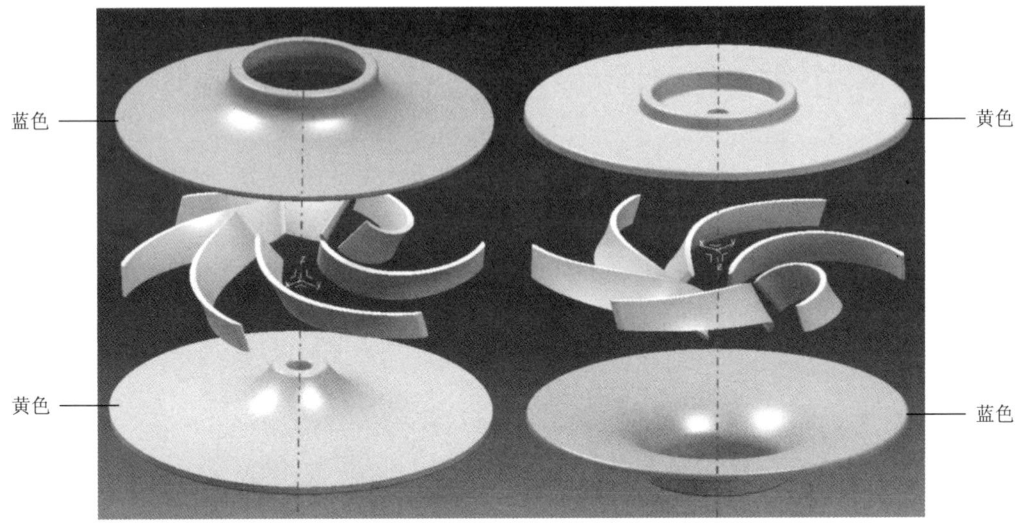

图 6.3

通过以上的结构分析，假设前盖板断面轮廓是由四个控制点控制的样条曲线，和前磨损环安装区域以圆角过渡，且除圆角过渡区以及磨损环安装区之外的其他地方壁厚均匀；假设叶片的迎水边特征是无弯曲且等尺寸平直型的，叶片厚度均匀，叶片断面为向外扩散的螺线型；假设后盖板基本断面轮廓是由四个控制点控制的样条曲线与一段直线相切连续组成，同时添加后磨损环安装区域即中间轴孔、轴肩特征。基于如此多的假设和简化，基本可以定义相对较少的相关设计参数了，例如：

- 铸造的基本拔模角度 Drafting_Angle；
- 铸造特征小的基本圆角 Rmin；
- 铸造特征大的过渡圆角 Rmax；
- 铸造毛坯的机械加工单边余量 Allowance_Machining；
- 叶片的基本厚度 Ti；
- 叶片完成切割后最大直径 Dia_impeller_max；
- 叶轮在最大直径处前后盖板间距（开档高）Height_front-back；
- 叶片上下边的相位角之差 Differential_Angle；
- 叶片与前盖板的接触点最小内接圆半径 R_Imp-F_min；
- 叶片与后盖板的接触点最小内接圆半径 R_Imp-B_min；
- 叶片数量 N；
- 前盖板的基本厚度 Tf；
- 前盖板轮廓第一控制点横坐标 P1_H_front；
- 前盖板轮廓第一控制点纵坐标 P1_V_front；

- 前盖板轮廓第二控制点横坐标 P2_H_front；
- 前盖板轮廓第二控制点纵坐标 P2_V_front；
- 前盖板轮廓第三控制点横坐标 P3_H_front；
- 前盖板轮廓第三控制点纵坐标 P3_V_front；
- 前盖板轮廓第四控制点横坐标 P4_H_front；
- 前盖板轮廓第四控制点纵坐标 P4_V_front；
- 前磨损环配合长度 Len_wearing_front；
- 前磨损环配合直径 Dia_wearing_front；
- 后盖板的基本厚度 Tb；
- 后盖板轮廓第一控制点横坐标 P1_H_back；
- 后盖板轮廓第一控制点纵坐标 P1_V_back；
- 后盖板轮廓第二控制点横坐标 P2_H_back；
- 后盖板轮廓第二控制点纵坐标 P2_V_back；
- 后盖板轮廓第三控制点横坐标 P3_H_back；
- 后盖板轮廓第三控制点纵坐标 P3_V_back；
- 后盖板轮廓第四控制点横坐标 P4_H_back；
- 后盖板轮廓第四控制点纵坐标 P4_V_back；
- 后盖板直线段长度 Len_line_back；
- 后磨损环配合长度 Len_wearing_back；
- 后磨损环配合直径 Dia_wearing_back；
- 轴孔直径 Dia_Hole；
- 轴孔长度 Len_Hole；
- 轴孔顶部距水力中心面距离：Dis_HydCenter。

基于这些结构特征分析及设计参数规划，接下来可以开始创建简化设计的叶轮铸坯的三维图了。

6.2　创建叶轮原始参数化模型

新建一个零件设计文档，并以“Impeller_Raw”为名称保存。以坐标（30，40，0）创建一个基准点并重命名为“Origin”。新建一个用户坐标系，并以点“Origin”为原点，并设置该用户坐标系为当前工作坐标系，同时隐藏系统基准平面“XY Plane”、“YZ Plane”、“ZX Plane”和基准点“Origin”。

根据上一节中的设计参数规划，新建设计参数如图 6.4 所示。这里的初始值有些是可以预先定义好的，例如默认拔模角度、机加工余量、重要的功能配合尺寸等，也有些初始值可以在绘制的过程中根据情况再赋以相对较合理的值。

在工具栏中单击【定位草图（Positioned Sketch）】按钮，选择用户坐标系的 YZ 平面作为草图支持平面，进入草图设计环境开始叶轮前盖板基本轮廓线的创建。

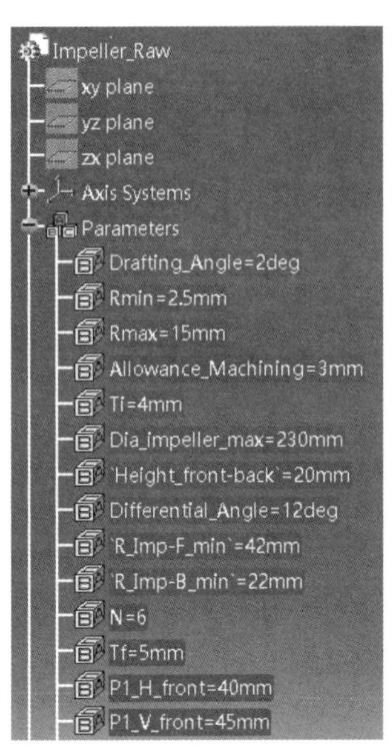

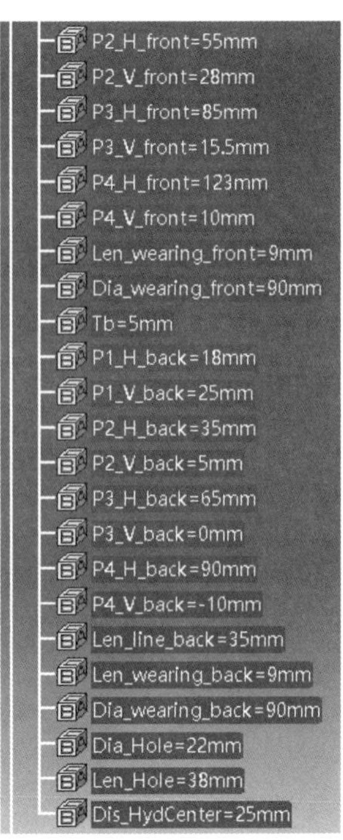

图 6.4

选择【轴线（Axis）】命令，在与草图纵轴重合的位置绘制一段轴线，然后选择【样条曲线（Spline)】按钮创建一条由四个控制点控制的样条曲线，定义沿着横坐标增大的方向，四个控制点依次为第一点、第二点、第三点、第四点，使用参数控制一、二、三、四点的横坐标及纵坐标。以第一点为起点、沿纵轴向上绘制一个直线段，直线段长度使用参数表达式“Len_wearing_front + Allowance_Machining”来控制。以第四点为起点创建一个与所绘样条曲线在第四点处相切的直线段，直线段末端到纵坐标的距离使用参数表达式“Dia_impeller_max /2 + Allowance_Machining *2”来控制。利用【圆角（Corner)】按钮在第一控制点和直线段交点处创建一个圆角，圆角半径等于参数“Rmax”。绘制完成后的草图如图 6.5 所示。

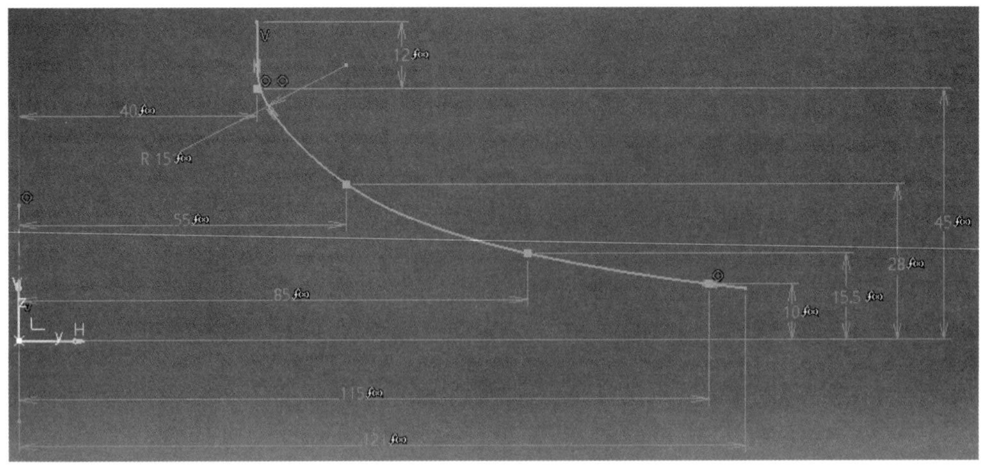

图 6.5

退出草图后进入【创成式曲面设计（Generative Shape Design）】工作台，使用【旋转（Revolve）】按钮选择前盖板的轮廓草图，创建一个 360° 的回转曲面“Revolute.1”，如图 6.6 所示。

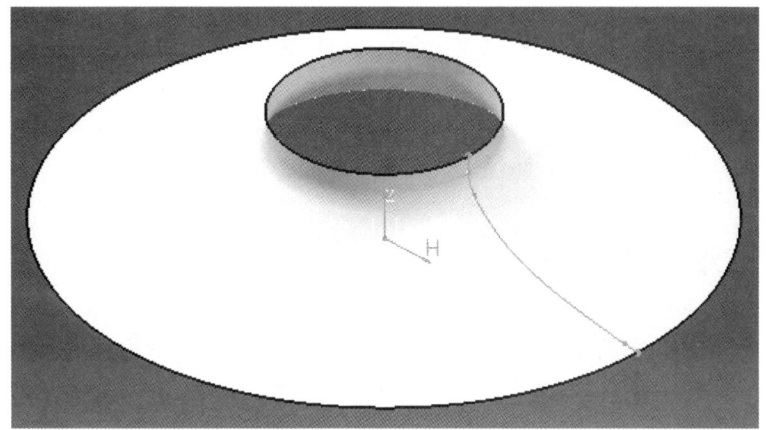

图 6.6

隐藏前盖板草图及曲面，在工具栏中单击【定位草图（Positioned Sketch）】按钮，选择用户坐标系的 YZ 平面作为草图支持平面，进入草图设计环境开始叶轮后盖板基本轮廓线的创建。

选择【轴线（Axis）】命令，在与草图纵轴重合的位置绘制一段轴线，然后选择【样条曲线（Spline）】命令创建一条由四个控制点控制的样条曲线，定义沿着横坐标增大的方向，四个控制点依次为第一点、第二点、第三点、第四点，以第四点为起点创建一个与所绘样条曲线在第四点处相切的水平直线段，该水平直线段的长度使用参数“Allowance_Machining *2”来控制。使用参数控制一、二、三、四点的横坐标，以及一、二、四点的纵坐标。绘制完成后的草图如图 6.7 所示。

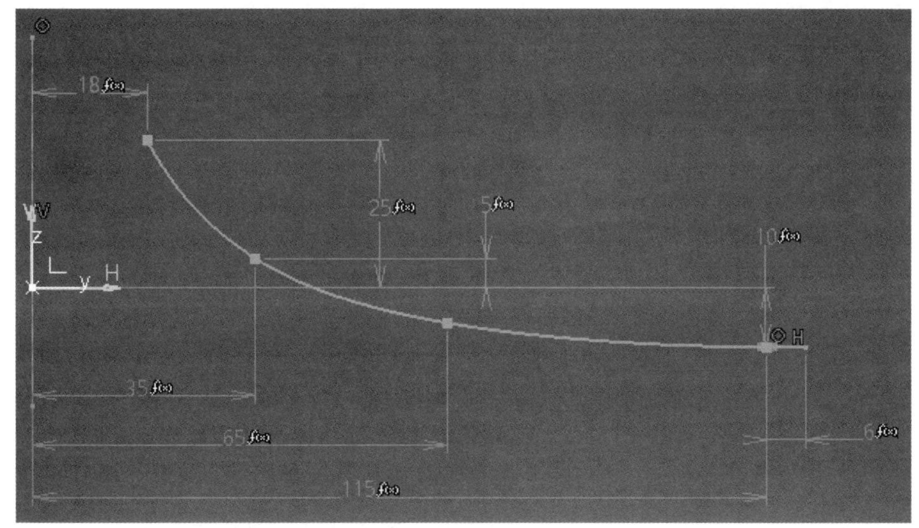

图 6.7

退出草图后进入【创成式曲面设计（Generative Shape Design）】工作台，使用【旋转（Revolve）】命令选择前盖板的轮廓草图，创建一个 360° 的回转曲面“Revolute.2”。设置前盖板的曲面轮廓并呈半透明形式显示，如图 6.8 所示。

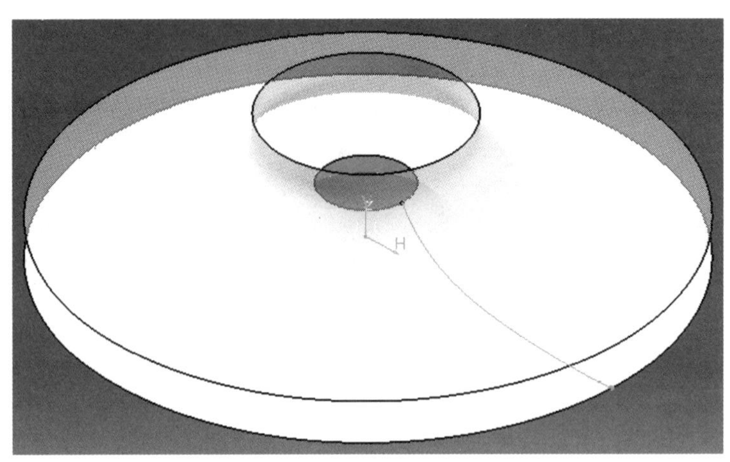

图 6.8

窗口中仅显示前盖板曲面，在工具栏中单击【螺旋线（Spiral）】按钮◎，在【螺旋曲线定义（Spiral Curve Definition）】对话框中，选择用户坐标系的 XY 平面作为支持平面，选择点“Origin”作为中心点，选择用户坐标系的 X 轴作为参考方向，起始半径等于参数“R_Imp-F_min”，【旋向（Orientation）】选择【逆时针方向（Counterclockwise）】，在【类型（Type）】下拉列表中选择【角度和半径（Angle & Radius）】控制，并为【圈数（Revolutions）】赋值“0.25”，【末端半径（End radius）】值受控于参数表达式“Dia_impeller_max /2 + Allowance_Machining *2”，如图 6.9 所示，完成第一个螺旋曲线“Spiral.1”的定义。

选择俯视视角，创建好的螺旋线与前盖板的位置关系如图 6.10 所示。

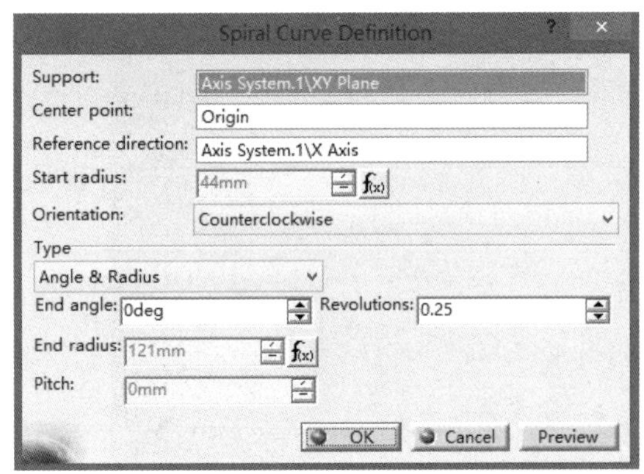

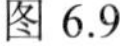

图 6.9

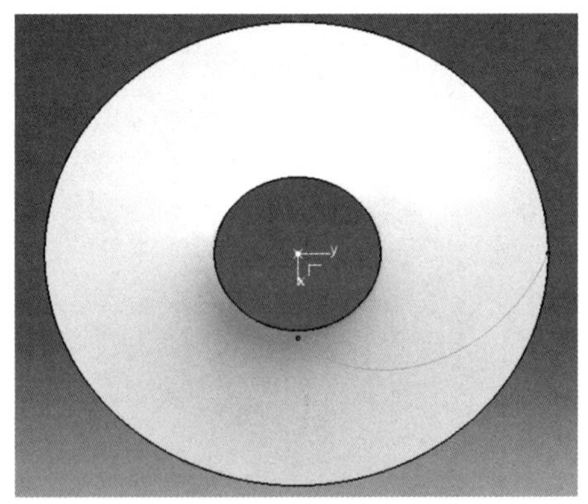

图 6.10

重复以上步骤创建第二个螺旋曲线。窗口中仅显示后盖板曲面，在工具栏中单击【螺旋线（Spiral）】按钮◎，在【螺旋曲线定义（Spiral Curve Definition）】对话框中，选择用户坐标系的 XY 平面作为支持平面，选择点“Origin”作为中心点，选择用户坐标系的 X 轴作为参考方向，起始半径等于参数“R_Imp-B_min”，【旋向（Orientation）】选择【逆时针方向（Counterclockwise）】，在【类型（Type）】下拉列表中选择【角度和半径（Angle & Radius）】控制，为【末端角度（End angle）】赋值“-10deg”，并为【圈数（Revolutions）】赋值“0.25”，【末端半径（End radius）】值受控于参数表达式“Dia_impeller_max /2 + Allowance_Machining *2”，如图 6.11 所示，完成螺旋线“Spiral.2”的定义。

选择俯视视角，创建好的第二条螺旋线“Spiral.2”（高亮显示）与后盖板以及第一条螺旋线“Spiral.1”的位置关系如图 6.12 所示。

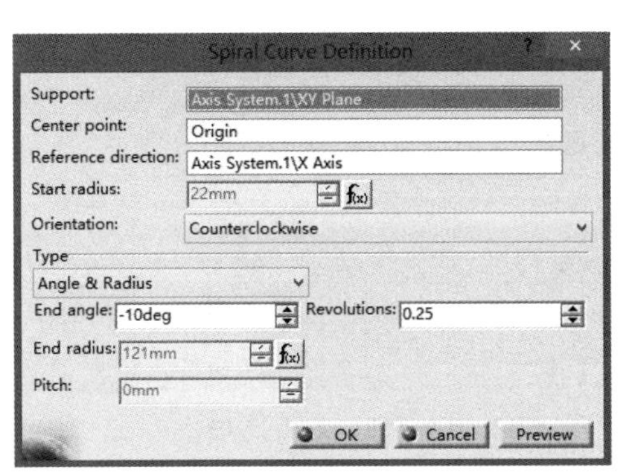

图 6.11

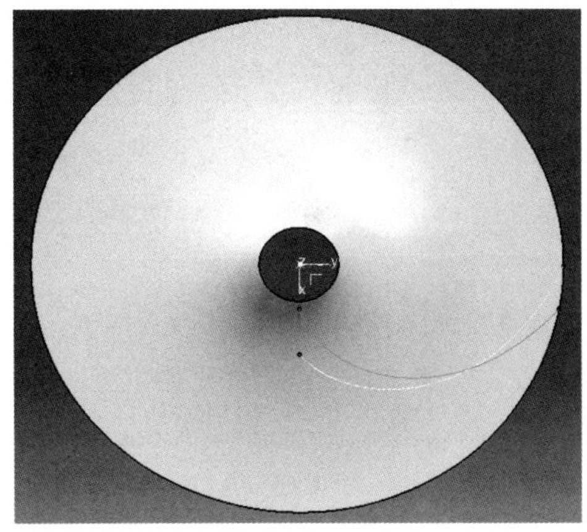

图 6.12

在【变换特征（Transformations）】工具栏中单击【旋转变换（Rotate）】按钮，在如图 6.13 所示的【旋转变换定义（Rotate Definition）】对话框中，在【定义模式（Definition Type）】的下拉列表中选择【轴-角度（Axis-Angle）】模式，在【元素（Element）】处选择第二条螺旋线“Spiral.2”，在【轴（Axis）】处选择用户坐标系的 Z 轴作为旋转中心轴，【角度（Angle）】值受参数“Differential_Angle”驱动。

变换后的螺旋线“Rotate.1”（高亮显示）与后盖板及第一、第二条螺旋线的位置关系如图 6.14 所示。

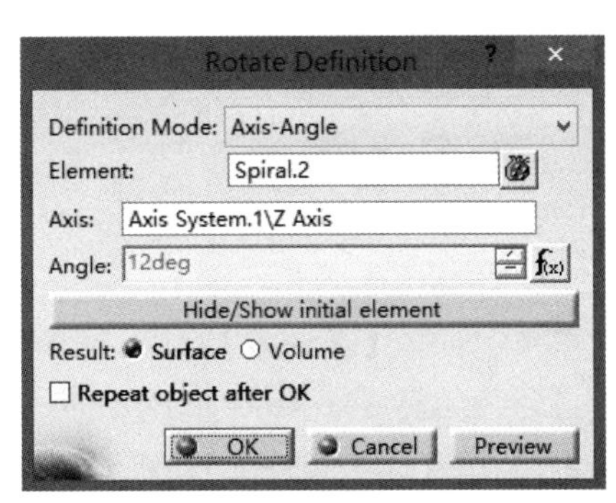

图 6.13

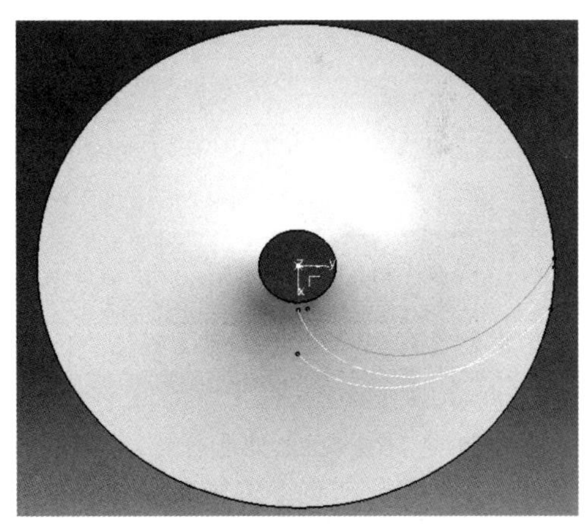

图 6.14

在结构树或者绘图区选择叶轮前盖板轮廓曲面“Revolute.1”，然后在【曲面（Surface）】工具栏中单击【偏移（Offset）】按钮，把前盖板往上侧（坐标系 Z 轴正方向）偏移 2mm，得到新的前盖板偏移曲面“Offset.1”。用同样的方法把叶轮后盖板轮廓曲面“Revolute.2”往下侧（坐标系 Z 轴负方向）偏移 2mm，得到新的后盖板偏移曲面“Offset.2”。

隐藏其他特征，仅显示偏移前、后的叶轮前、后盖板，并且设置偏移后的前、后盖板颜色为绿色，则偏移前、后的叶轮前、后盖板的位置关系如图 6.15 所示。

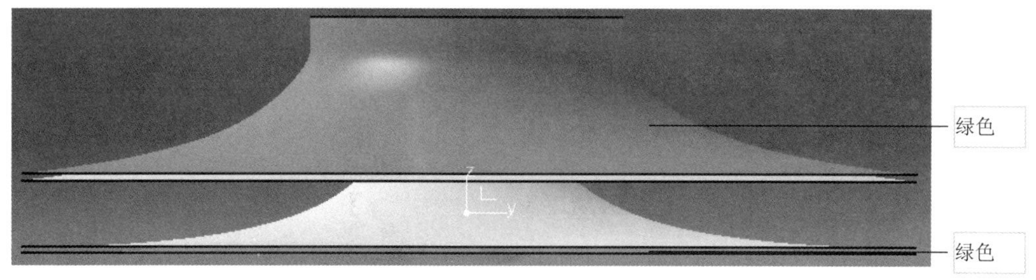

图 6.15

选择第一条螺旋线“Spiral.1”，在【线框（Wireframe）】工具栏中单击【投影（Projection）】按钮，在如图 6.16 所示的【投影定义（Projection Definition）】对话框中，为【投影类型（Projection type）】选择【沿着某一方向（Along a direction）】，在【支持面（Support）】处选择前盖板偏移后的曲面“Offset.1”，在【方向（Direction）】处选择用户坐标系的 Z 轴，选择【距离最近方案（Nearest Solution）】，得到投影曲线“Project.1”。

采用同样的方法，把旋转变换后的螺旋线“Rotate.1”投影到后盖板偏移后的曲面“Offset.2”上，得到投影曲线“Project.2”。两次投影得到的曲线与偏移后的前、后盖板轮廓曲面的位置关系如图 6.17 所示。

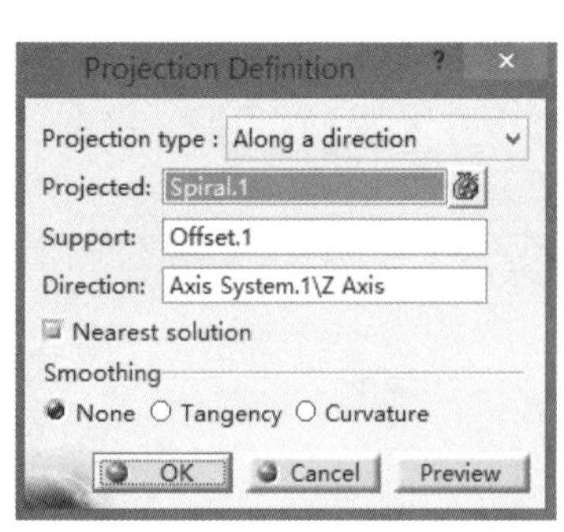

图 6.16

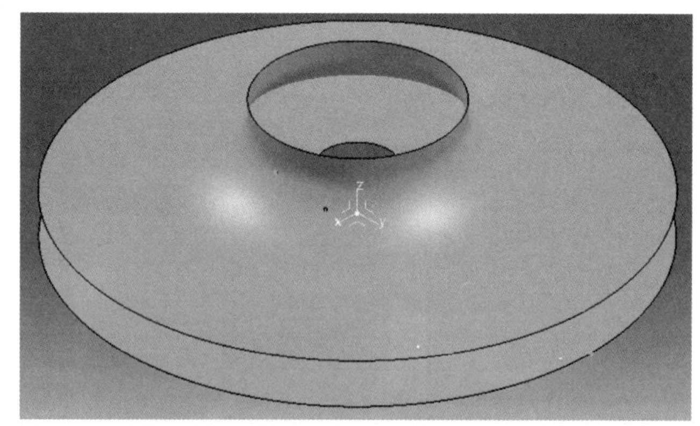

图 6.17

单击【线框（Wireframe）】工具栏中的【点（Point）】按钮，在如图 6.18 所示的【点定义（Point Definition）】对话框中，在【点类型（Point type）】的下拉菜单中选择【在曲线上（On curve）】类型，在【曲线（Curve）】处选择投影曲线“Project.1”，在【参考距离（Distance to reference）】下的单选列表中选择【曲线长度比例（Ratio of curve length）】，并给【比例（Ratio）】赋值“0”，表示所创建点为曲线的参考起点。单击【确定（OK）】按钮关闭对话框，即在投影曲线“Project.1”的一个端点处创建了一个点“Point.2”。

采用同样的方法，通过给【比例（Ratio）】赋值为“1”，表示所创建点为曲线的参考终点，在投影曲线“Project.1”的另一端创建点“Point.3”。用同样的方法，在投影曲线“Project.2”的两端分别创建点“Point.4”和“Point.5”，如图 6.19 所示。

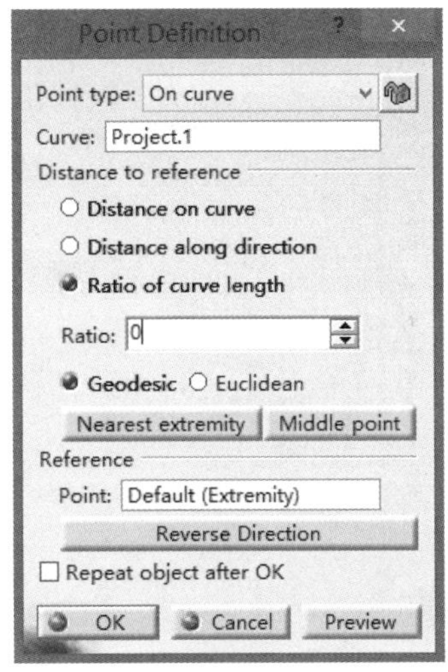

图 6.18

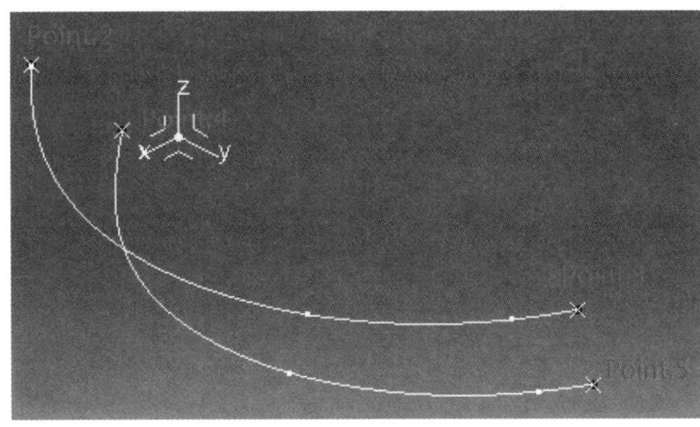

图 6.19

在【线框（Wireframe）】工具栏中单击【样条曲线（Spline）】按钮，连接“Point.2”和“Point4”，得到连接样条曲线“Spline.1”，【样条曲线定义（Spline Definition）】对话框如图 6.20 所示。再连接“Point.3”和“Point.5”，得到连接样条曲线“Spline.2”。

完成连接的样条曲线和原来的投影曲线形成了一个闭合的空间四边形，这构成了叶片的基本轮廓，如图 6.21 所示。

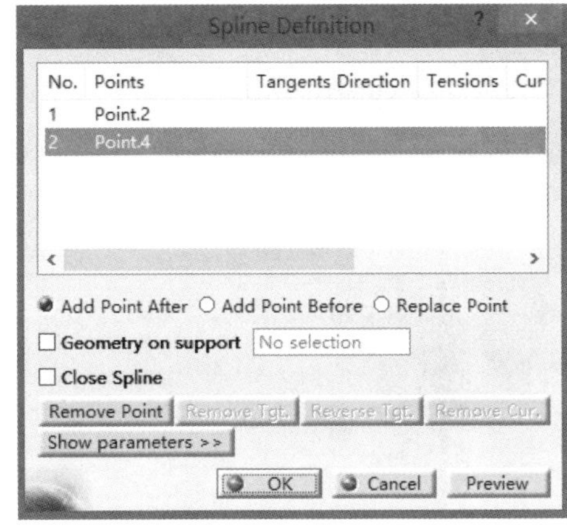

图 6.20

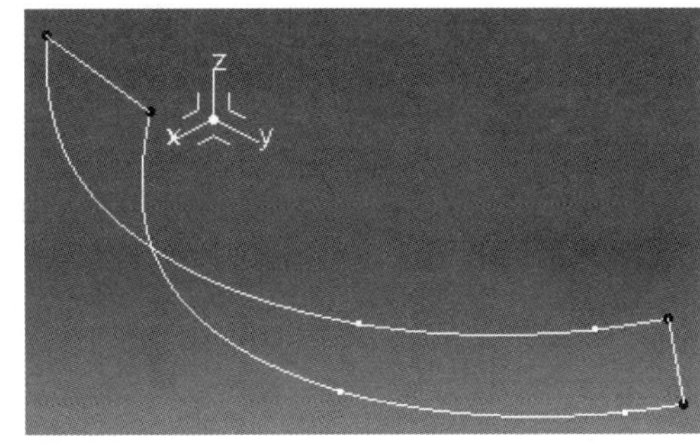

图 6.21

提　示

这里为投影曲线的起点和终点分别单独创建独立的点，其目的在于使特征之间相对独立，使建模过程更加稳健。读者可以尝试隐藏独立创建的点，在创建连接样条曲线的时候直接选择投影曲线的原始起点和终点，则在【样条曲线定义（Spline Definition）】对话框中可以看到投影曲线的原始起点和终点的名称为“Project.1/Vertex.3”和“Project.2/Vertex.4”，如图 6.22 所示。在 CATIA 中，一般曲线的端点会被系统自动命名为“Vertex.x”的形式，其后面的数字编号为系统自动分配，可能随后续的模型修改而被改动，所以如果选择这样的点去创建新的特征的话，这样被创建的特征可能会随着其父特征（Vertex 型的点）的变化而出错。

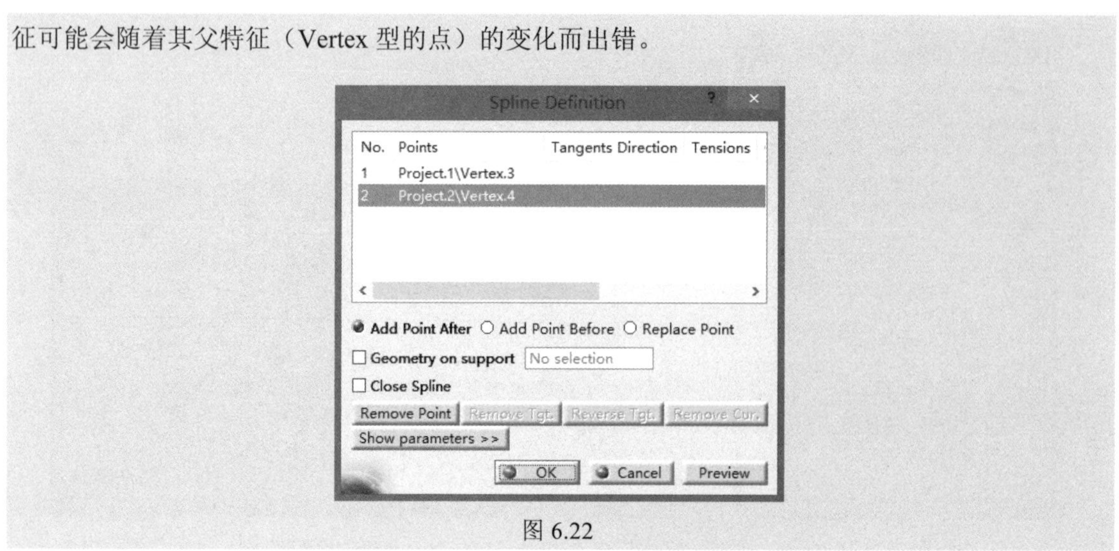

图 6.22

在【曲面（Surfaces）】工具栏中单击【填充（Fill）】按钮，在弹出的【填充曲面定义（Fill Surface Definition）】对话框中依次在结构树或绘图区选择连接线“Spline.1”、投影曲线“Project.1”、连接线“Spline.2”、投影曲线“Project.2”，单击【确定（OK）】按钮关闭对话框，即会在绘图区显示填充完成的叶片基本轮廓曲面“Fill.1”，如图 6.23 所示。

在【曲面（Surfaces）】工具栏中单击【圆柱（Cylinder）】按钮，在弹出的如图 6.24 所示的【圆柱曲面定义（Cylinder Surface Definition）】对话框中，在【点（Point）】处选择“Origin”，在【方向（Direction）】处选择用户坐标系的 Z 轴，在【半径（Radius）】参数处使用表达式“Dia_impeller_max /2 + Allowance_Machining”驱动，选择窗口下面的【镜像拉伸（Mirrored Extent）】复选框，然后赋值“50mm”给【长度 1（Length 1）】的参数，确认操作后得到圆柱曲面“Cylinder.1”。

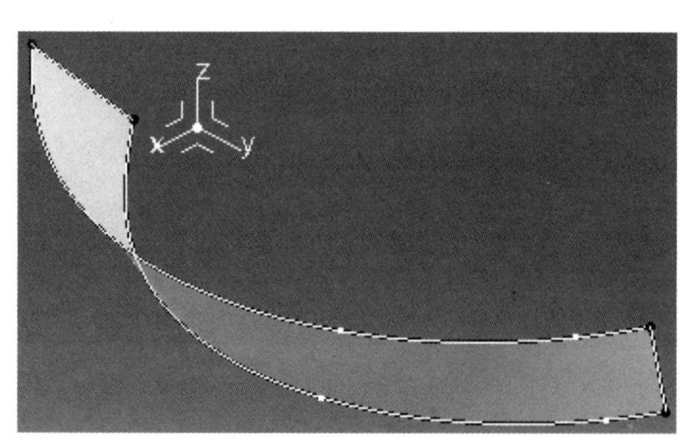

图 6.23

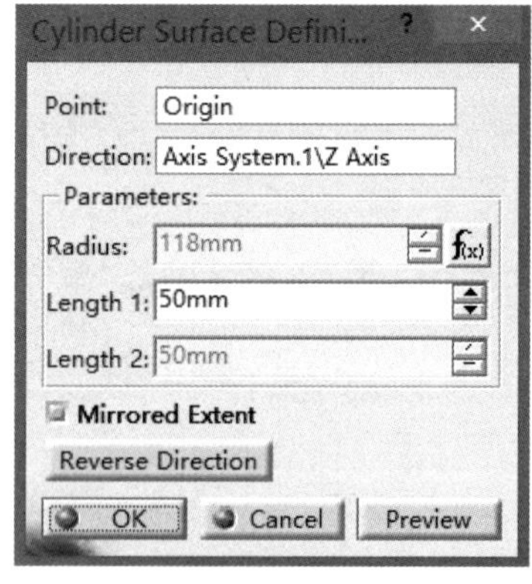

图 6.24

隐藏窗口中的其他特征，仅显示前、后盖板的轮廓曲面“Revolute.1”、“Revolute.2”和刚创建的圆柱曲面“Cylinder.1”，如图 6.25 所示。

在【操作（Operations）】工具栏中单击【修剪（Trim）】按钮，在弹出如图 6.26 所示的【修剪定义（Trim Definition）】对话框中，依次选择圆柱面内侧的前盖板曲面部分、前后盖板曲面中间的圆柱面部分、圆柱面内侧的后盖板曲面部分。

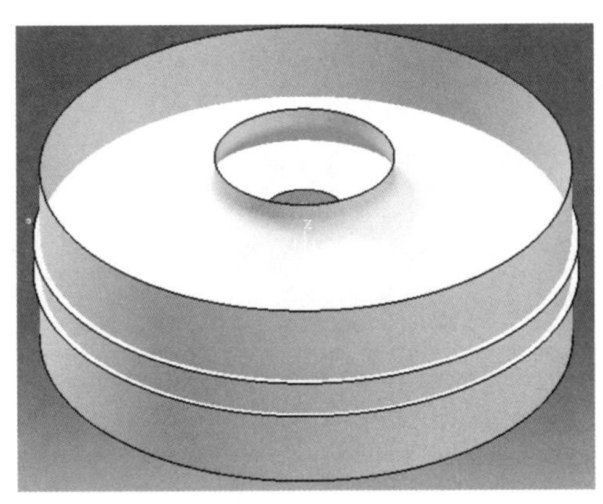

图 6.25

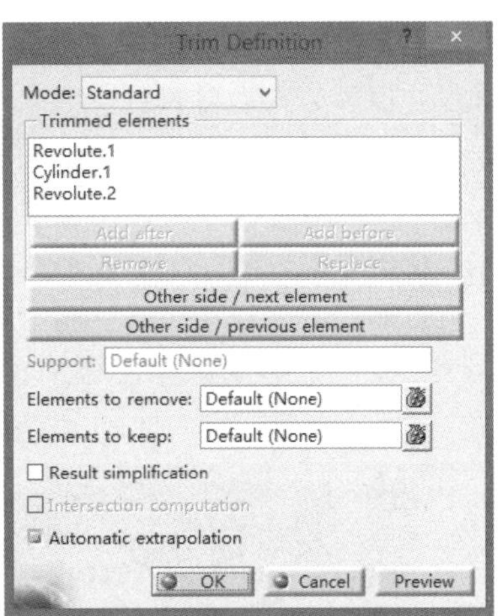

图 6.26

单击【确认（OK）】按钮关闭窗口，得到如图 6.27 所示的修剪曲面“Trim.1”，这即是叶轮的内腔曲面。

以上，叶轮简化建模的曲面部分基本完成，接下来将要把这些曲面应用于叶轮的实体建模中。

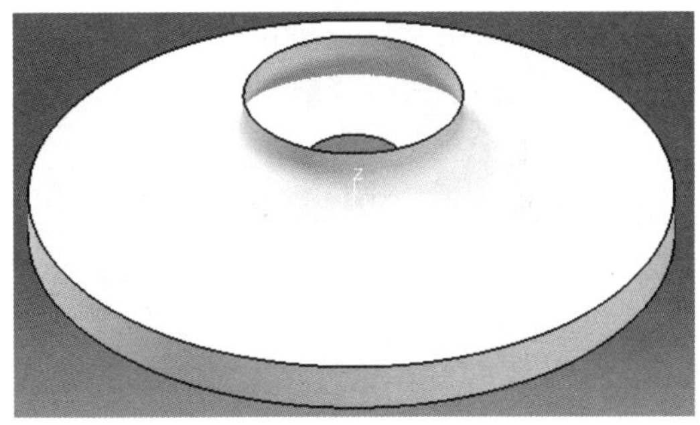

图 6.27

返回【零件设计（Part Design）】工作台，在【插入（Insert）】菜单下选择【几何体（Body）】，新建一个 Body 并重新命名为“Front Plate”。隐藏窗口中的所有特征，仅显示前盖板轮廓草图“Sketch.1”。在工具栏中单击【定位草图（Positioned Sketch）】按钮，选择用户坐标系的 YZ 平面作为草图支持平面，进入草图设计环境。

在结构树中选择完整的前盖板轮廓草图“Sketch.1”，在【操作（Operation）】工具栏中单击【投影三维元素（Project 3D Elements）】按钮把“Sketch.1”中的曲线完整的投影到当前草图中，然后隐藏原来的草图“Sketch.1”。单击【操作（Operation）】工具栏中的【偏移（Offset）】按钮把投影得到的曲线向外侧偏移，偏移距离受参数“Tf”驱动，如图 6.28 所示。

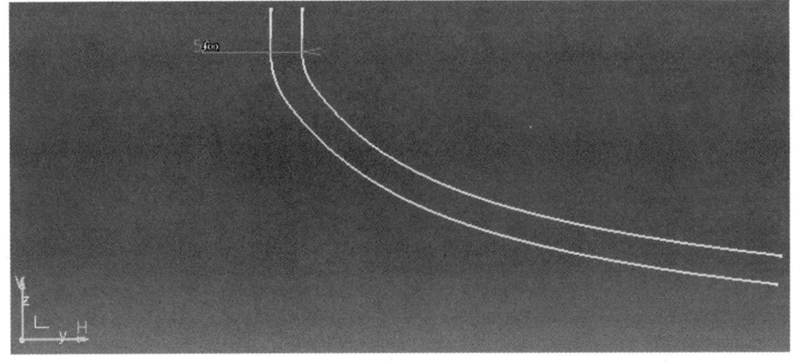

图 6.28

在工具栏中单击【直线段（Line）】按钮，以内侧的投影曲线的上端点为起点，向外侧画一水平线段，以表达式“Tf + Allowance_Machining”驱动约束该水平线长度；然后再以该线段的终点为起点，垂直向下画一直线段直至相交于外侧的偏移曲线；单击【操作（Operation）】工具栏中的【修剪（Trim）】按钮，把外侧的偏移曲线在垂直线段左侧的部分修剪掉，修剪掉的部分呈虚线显示；使用【圆角（Corner）】命令在垂直线段和外侧偏移曲线相交处倒圆角，圆角半径受参数“Rmax”驱动；再画一直线段把偏移前后的两条曲线的末端连起来；再用 【圆角（Corner）】命令在水平线段与垂直线段交点处、以及内侧投影曲线的末端点处分别倒圆角，圆角半径受参数“Rmin”驱动；最后创建一条重合于草图纵坐标的中心线，完成后的草图如图 6.29 所示。

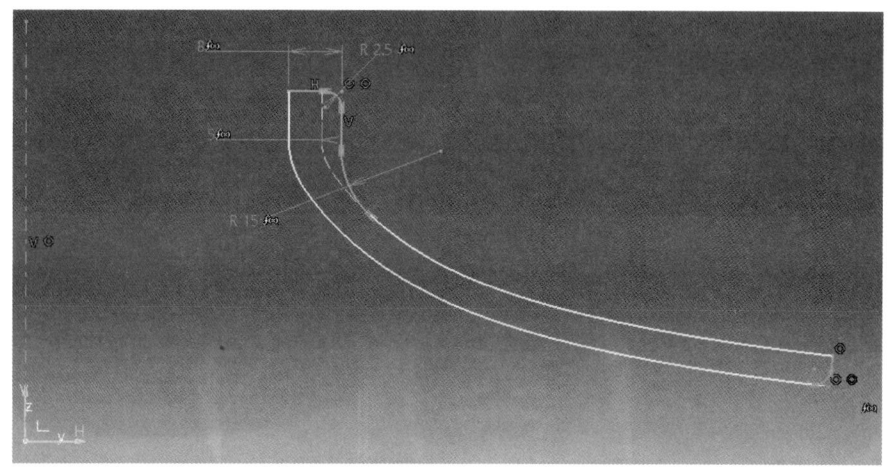

图 6.29

退出草图，在几何体“Front Plate”下使用【旋转轴（Shaft）】命令基于刚才绘制的草图创建旋转特征“Shaft.1”，这即是叶轮的前盖板。在属性工具栏中修改几何体“Front Plate”的显示颜色为天蓝色，如图 6.30 所示。

图 6.30

在【插入（Insert）】菜单下选择【几何体（Body）】，新建一个几何体并重新命名为“Back Plate”。隐藏窗口中的所有特征，仅显示后盖板轮廓草图“Sketch.2”。在工具栏中单击【定位草图（Positioned Sketch）】按钮，选择用户坐标系的 YZ 平面作为草图支持平面，进入草图设计环境。

在结构树中选择完整的前盖板轮廓草图“Sketch.2”，在【操作（Operation）】工具栏中单击【投影三维元素（Project 3D Elements）】按钮把“Sketch.2”中的曲线完整地投影到当前草图中，然后隐藏原来的草图“Sketch.2”。使用【轮廓线（Profile）】命令按图 6.31 所示的轮廓形状绘制，其中黄色显示的曲线为投影曲线。

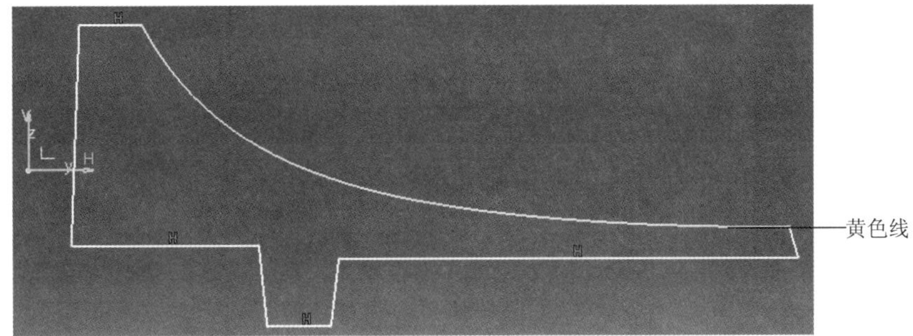

图 6.31

标注轮廓左上角顶点距纵轴的距离，数值由参数表达式“Dia_Hole /2 - Allowance_Machining ”驱动；以草图坐标系的纵轴为参考基准约束所有纵向倾斜的线段，倾角受参数“Drafting_Angle”驱动；标注投影线右侧端点距下面水平线的距离，数值由参数“Tb”驱动；标注左侧两水平平行线之间的距离，数值由参数“Len_Hole”驱动；标注最下方水平短线段的长度，数值为“10mm”；标注最下方水平短线段与其右侧水平线的距离，数值由参数表达式“Len_wearing_back + Allowance_Machining”驱动；标注最右下侧纵向短线段距纵轴的距离，数值由参数表达式“Dia_wearing_back /2 + Allowance_Machining”驱动；选择除轮廓左下角和右下角两个交点以外的其他交点，使用【圆角（Corner）】命令在这些交点处创建圆角，圆角半径受参数“Rmin”驱动；注意投影线在圆角处的多余部分要剪除掉；最后创建一条重合于草图纵坐标的中心线，完成后的后盖板轮廓草图如图 6.32 所示。

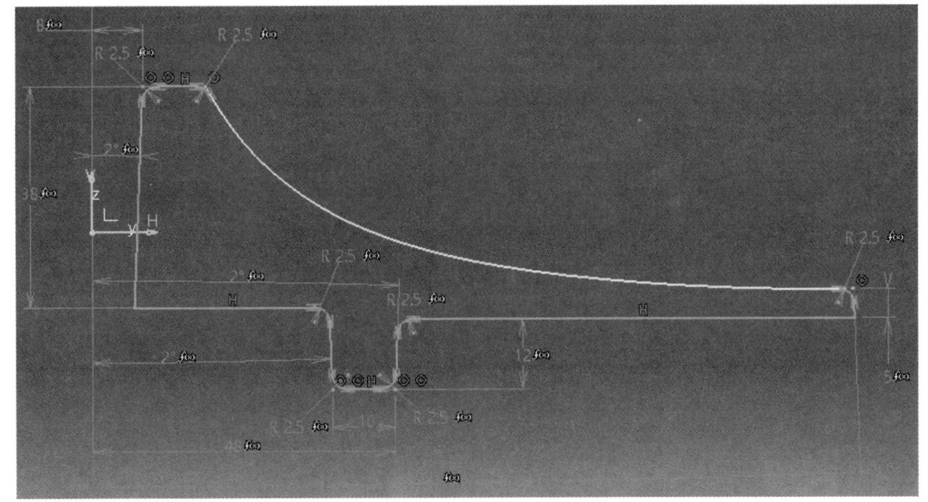

图 6.32

退出草图，在几何体“Back Plate”下使用【旋转轴（Shaft）】命令基于刚才绘制的草图创建旋转特征“Shaft.2”，这即是叶轮的后盖板。在属性工具栏中修改几何体“Back Plate”的显示颜色为土黄色，如图 6.33 所示。

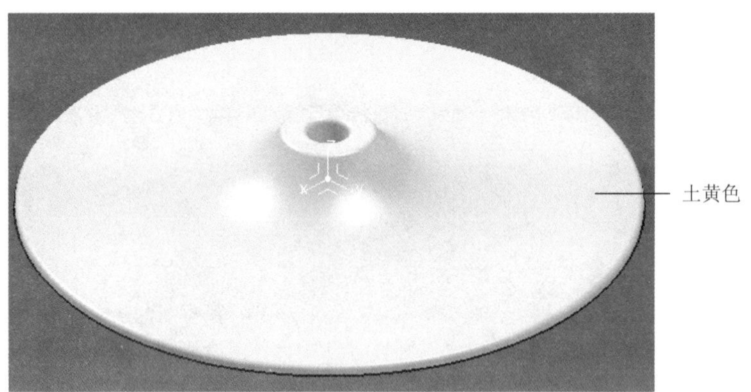

图 6.33

在【插入（Insert）】菜单中选择【几何体（Body）】，新建一个几何体并重新命名为“Blades”。隐藏窗口中的所有特征，仅显示叶片基本轮廓曲面“Fill.1”。在【基于曲面的特征（Surface-Based Features）】工具栏中单击【加厚曲面（Thick Surface）】按钮，在弹出的如图 6.34 所示的【加厚曲面定义（Thick Surface Definition）】对话框中，在【待偏移对象（Object to offset）】处选择叶片基本轮廓曲面“Fill.1”；在【第一方向偏移量（First Offset）】和【第二方向偏移量（Second Offset）】处均以参数表达式“Ti /2”驱动赋值。

加厚后的叶片实体如图 6.35 所示，这只是叶片的基本雏形，还需要对其进一步处理才能得到需要的叶片外型。

图 6.34

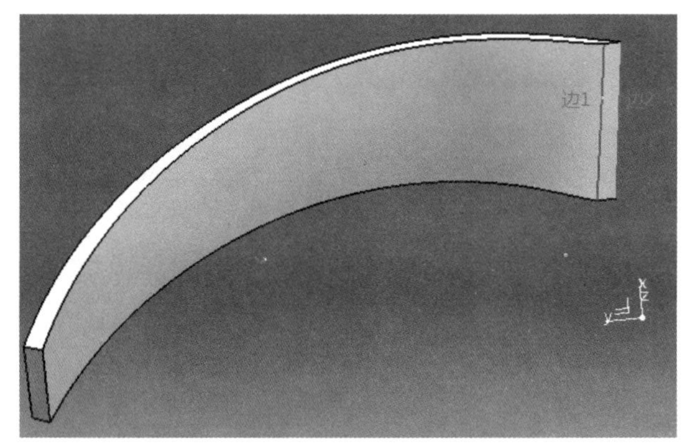

图 6.35

在工具栏中单击【倒角（Chamfer）】按钮，在弹出的如图 6.36 所示的【倒角定义（Chamfer Definition）】对话框中，选择图 6.35 中所示的“边 1”，则“边 1”会被显示在【倒角对象（Objects to chamfer）】处；在【模式（Mode）】右侧的下拉列表中选择【长度 1/角度（Length 1/Angle）】模式；【长度 1（Length 1）】的输入值使用参数表达式“Ti /2.5”驱动；【角度（Angle）】的值输入“60deg”；通过【反向（Reverse）】复选框调整使倒角的短边沿着叶片厚度方向。

重复倒角操作，选择图 6.35 中所示的“边 2”；选择【长度 1/角度（Length 1/Angle）】模式；【长度 1（Length 1）】的输入值使用参数表达式“Ti /2.5”驱动；【角度（Angle）】的值输入“75deg”；通过【反向（Reverse）】复选框调整使倒角的短边沿着叶片厚度方向。倒角后的叶片迎水边如图 6.37 所示。

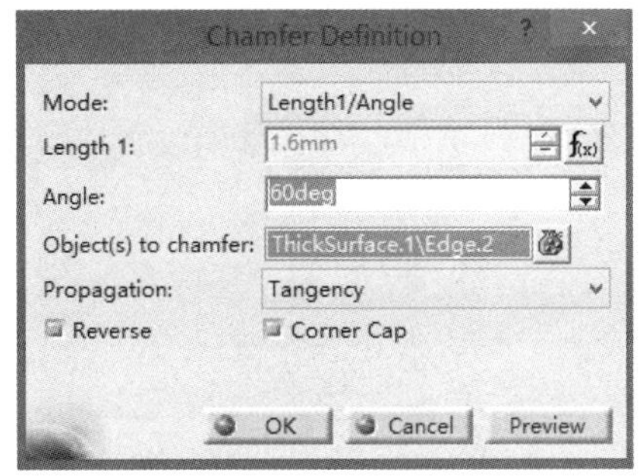

图 6.36

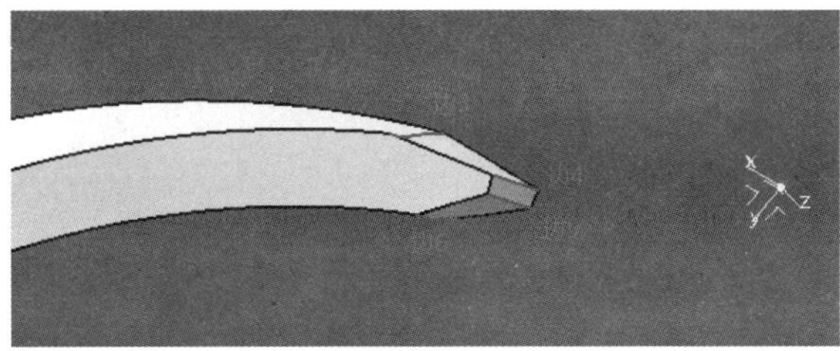

图 6.37

选择图 6.37 中的“边 3”和“边 6”，在工具栏中单击【圆角（Fillet)】命令，倒圆角半径使用参数表达式“Rmax /3”驱动。再选择图 6.37 中的“边 4”和“边 5”，在工具栏中单击【圆角（Fillet)】按钮，倒圆角半径值输入“1mm”，得到如图 6.38 所示的叶片迎水边形状。

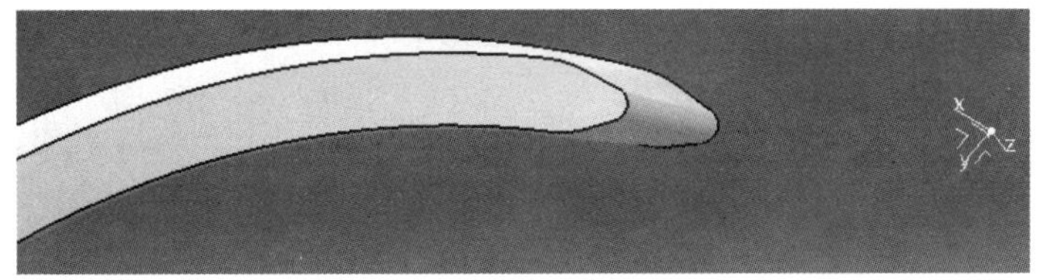

图 6.38

隐藏其他所有特征，仅显示倒圆角后的叶片实体特征和叶轮内腔修剪曲面“Trim.1”，其位置关系如图 6.39 所示。

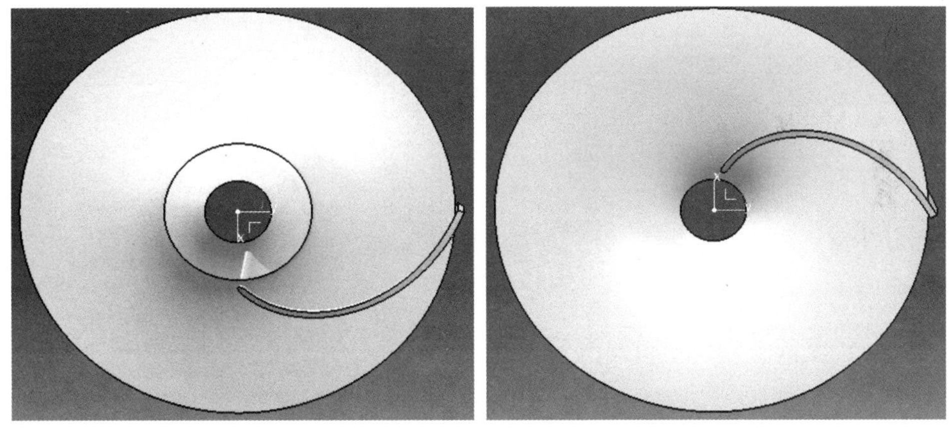

图 6.39

在【基于曲面的特征（Surface-Based Features)】工具栏中单击【分割（Split)】按钮，在【分割定义（Split Definition)】对话框中，选择曲面“Trim.1”，通过单击图形上的黄色高亮显示的箭头调整分割后需要保留材料的方向。分割完成后，隐藏曲面“Trim.1”，仅显示叶片实体，其外型如图 6.40 所示。

选择图 6.40 中的“边 7”，在工具栏中单击【圆角（Fillet)】按钮，倒圆角半径使用参数表达式“Rmax”驱动。再选择图 6.40 中的“边 8”，在工具栏中单击【圆角（Fillet)】按钮，倒圆角半径值输入“1mm”，得到如图 6.41 所示的单个叶片的最终外型。

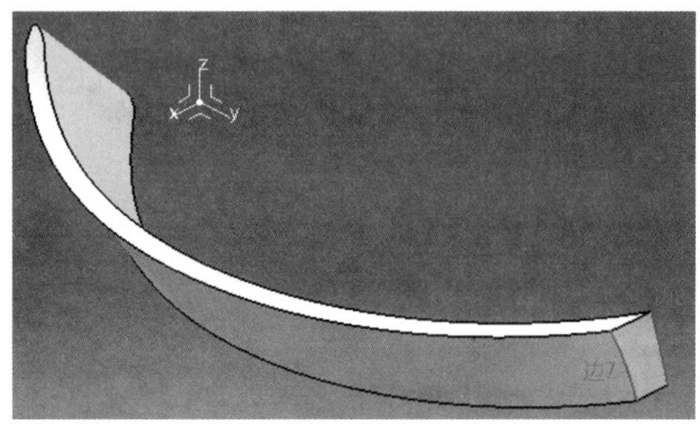

图 6.40

图 6.41

在【特征变换（Transformation)】工具栏中单击【圆形阵列（Circular Pattern)】按钮，在弹出的如图 6.42 所示的【圆形阵列定义(Circular Pattern Definition)】对话框中，在【参数(Parameters)】右侧的下拉列表中选择【均布阵列（Complete crown)】;【实例数（Instances)】的值由参数“N”驱动；在【参考元素（Reference element)】处选择用户坐标系的 Z 轴；在【阵列对象（Object to Pattern)】处右击选择【当前实体（Current Solid)】。操作完成后，得到如图 6.43 所示的所有叶片排布情况。

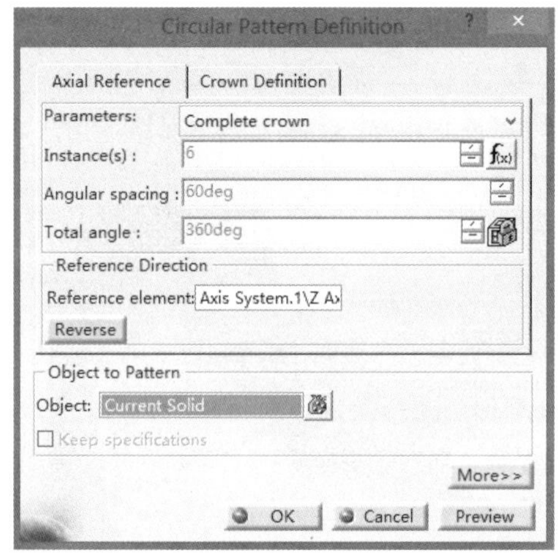

图 6.42

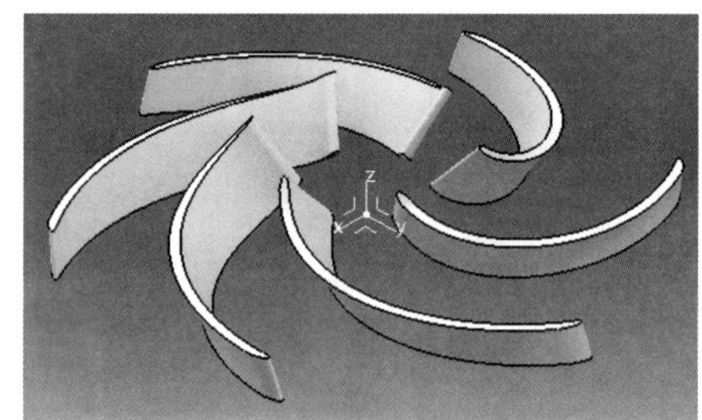

图 6.43

显示含有实体特征的几何体“Front Plate”、“Back Plate”、“Blades”及空几何体“PartBody”。右击几何体“Front Plate”，采用如图 6.44 所示的布尔运算【装配（Assemble)】的方式把几何体“Front Plate”装配在几何体“PartBody”中。采用同样的方式分别把几何体“Back Plate”和“Blades”装配进几何体“PartBody”中。

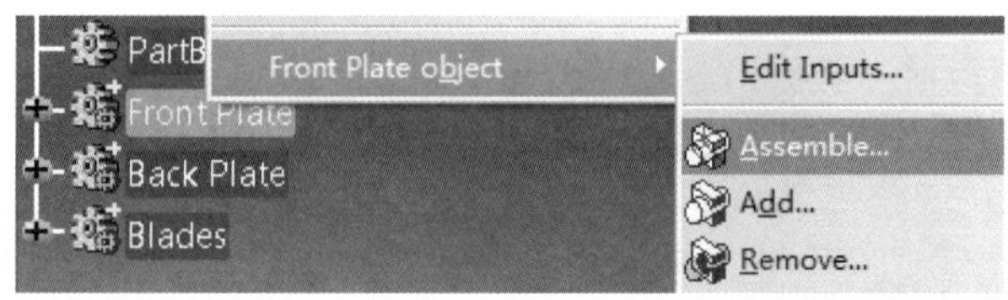

图 6.44

在布尔运算后的几何体“PartBody”下，单击工具栏中的【圆角（Fillet)】按钮，在弹出的如图 6.45 所示的【边圆角定义(Edge Fillet Definition)】对话框中，在【选择模式(Selection mode)】右侧的下拉列表中选择【相交（Intersection)】模式；再在【圆角对象（Objects to fillet)】处选择叶轮后盖板实体特征；最后使用参数“Rmin”驱动【半径（Radius)】。这就创建了叶片与后盖板之间的铸造工艺圆角。

至此，完成了叶轮铸坯三维参数化模型的创建，如图 6.46 所示。

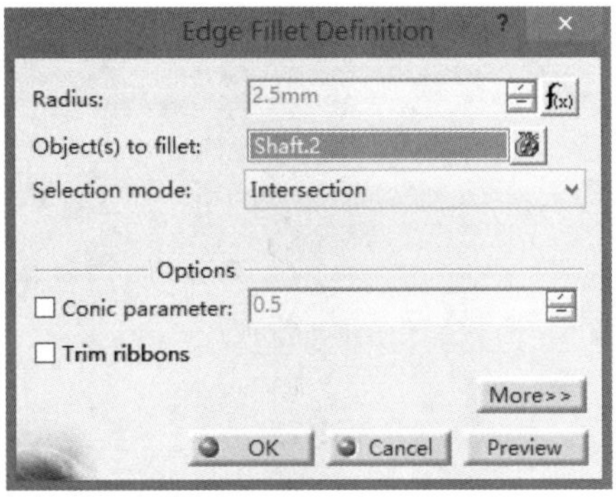

Edge Fillet Definition
Radius: 2.5mm
Object(s) to fillet: Shaft.2
Selection mode: Intersection
Options
Conic parameter: 0.5
Trim ribbons
More>>
OK　Cancel　Preview

图 6.45

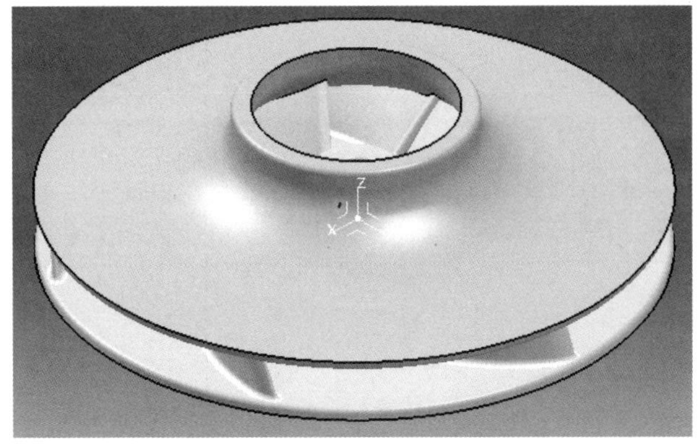

图 6.46

其结构树如图 6.47 所示，其中包括用户坐标系、参数集、关系集、几何图形集、含布尔运算的几何体等。

在实际的水泵叶轮设计中，相关的设计参数多达上百个，建模过程也较复杂，这里仅仅为了便于理解实例的操作过程，所以才做了很多简化，例如叶片迎水边的设计、叶片几何形状的设计、前后盖板的外型设计等等。从中也可以看出，如果无法重用已有的设计，每次都需要基于很多的设计参数重复建模，将会是一个庞大的工作量，且如果是多人协作任务，考虑到设计工程师的经验、个性等因素，也很难保证模型的一致性，这对产品的设计质量提出了严峻的挑战。而这，都将是 CATIA 体现其知识工程强大之处的有力佐证。

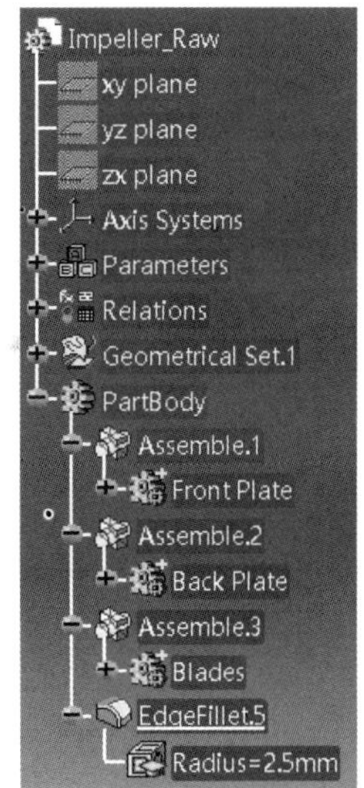

图 6.47

6.3　创建并保存叶轮的 Power Copy

将上一节中创建的零件设计文档“Impeller_Raw”以新的名字“Impeller_Raw_PowerCopy”另存为一份到文件夹中，接下来的操作将基于新保存的文档“Impeller_Raw_PowerCopy”。

在第 4.5 节中曾介绍过，如果需要让用户参数在创建 PowerCopy 的时候能被选择发布，则需要把包含用户参数的【参数集（Parameters)】和包含参数驱动关系的【关系集（Relations)】都放在目标对象下。同时，也需要把包含部分建模过程的【几何图形集（Geometrical Set)】放在目标对象下，尤其是【几何图形集（Geometrical Set)】里包含了许多会作为输入元素的特征。而用户坐标系一般也是输入元素的重要参考特征，所以也需要被放在目标对象下。

首先右击用户坐标系“Axis System.1”，在弹出的菜单中选择“Axis System.1 object”子菜单中的【变更几何图形集（Change Geometrical Set）】命令，选择几何图形集“Geometrical Set.1”作为用户坐标系“Axis System.1”新的存放位置；右击几何图形集“Geometrical Set.1”，在弹出的菜单中选择【变更几何图形集（Change Geometrical Set）】命令，然后选择几何体“PartBody”作为几何图形集“Geometrical Set.1”新的存放位置；选择【参数集（Parameters）】和【关系集（Relations）】，右击并在弹出的菜单中选择【剪切（Cut）】命令，再右击几何体“PartBody”并在弹出的菜单中选择【粘贴（Paste）】命令，把【参数集（Parameters）】和【关系集（Relations）】放在几何体“PartBody”下。操作后新的模型结构树如图 6.48 所示。

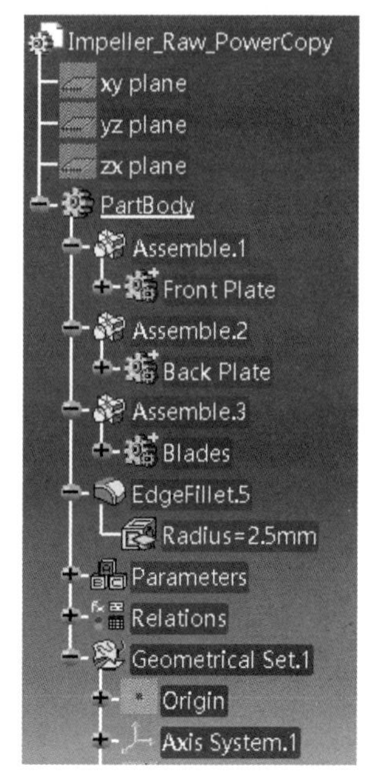

图 6.48

提　示

【参数集（Parameters）】和【关系集（Relations）】有时通过剪切、粘贴的办法移动目标位置可能会导致模型更新错误，实际上在【知识工程顾问（KWA）】环境下，可以通过重新在目标位置创建【参数集（Parameters）】和【关系集（Relations）】，然后使用【重新排序（Reorder）】的功能将原来集合中的参数和关系式移到新的集合中，这里暂不作展开，详细介绍请参考 8.1 节的内容。

然而，如果基于图 6.48 所示的结构树创建 PowerCopy 的话，在调用此 PowerCopy 的时候，被重用的将不是一个完整的叶轮模型，包含前盖板、叶片、后盖板的各个几何体将会独立地挂在结构树下。这是由于 PowerCopy 是基于特征级别的操作，所以把各几何体通过布尔运算直接挂在某一几何体下就直接创建 PowerCopy 的话，这些布尔运算作为特征，其下面包含的几何体和其内部特征将可以在调用此 PowerCopy 时被重用，然而在内部这些几何体布尔运算特征之间做的操作特征（如此例中叶片和后盖板之间的倒圆角特征）将不会被包含在创建的 PowerCopy 中。这就需要在这些布尔运算及其平行操作特征的上层再插入一个布尔运算特征，而重新插入一个新的几何体的目的就是把所有需要被重用的特征都最终挂在一个特征里。

使用 Shift 键同时选择图 6.48 所示结构树中的布尔运算特征“Assemble.1”、“Assemble.2”、“Assemble.3”和圆角特征“EdgeFillet.5”，然后如图 6.49 所示在其右键菜单中选择【插入进新的几何体（Insert In New）】，即会将所选择的所有特征插入进一个新的几何体，且该几何体将取代被插入特征在结构树中的位置，完成后把这个新的几何体改名为“Impeller”，二次调整后的结构树如图 6.50 所示。此例中 Assemble.4 即是最上层的那个包含所有几何体的布尔运算特征。

提　示

在图 6.48 所示的状态下，如果想新建一个几何体然后使用布尔运算装配到几何体“PartBody”下，将会出现报错，这时可以将工作对象定义到“PartBody”下的某个布尔运算，然后再用布尔运算的方法把新建的几何体装配到几何体“PartBody”下，最后再把之前的布尔运算通过【重新排序（Reorder）】的功能放在新建几何体中，这样的操作较直接选择既有特征然后再选择右键菜单命令【插入进新的几何体（Insert In New）】的操作麻烦不少。

读者可以尝试按图 6.48 所示的结构树创建 PowerCopy，体会下其中的差别。

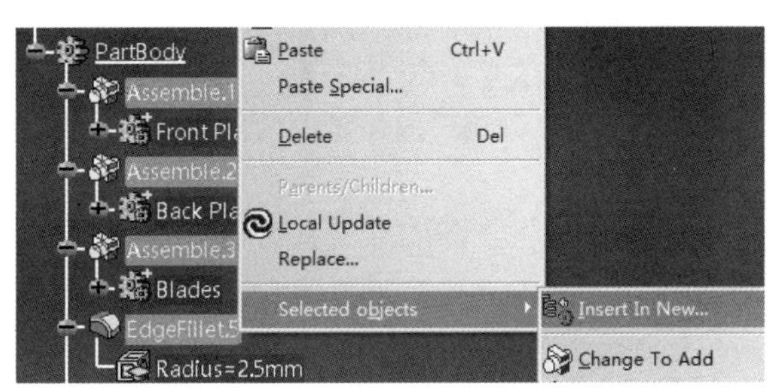

图 6.49

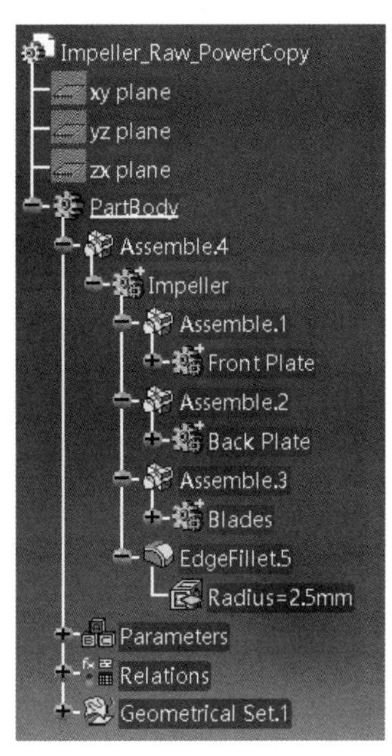

图 6.50

调整完成结构树后，接下来开始创建叶轮完整模型的 PowerCopy 特征。根据 4.2 节中内容的介绍，在零件窗口选择【插入（Insert）】菜单展开项中的【知识模板（Knowledge Template）】，在其下级展开菜单中选择【超级副本（Power Copy）】命令。在弹出的【超级副本定义（Powercopy Definition）】对话框中，在【定义（Definition）】页面下为该 PowerCopy 重命名为“PowerCopy_Impeller”，然后选择结构树中的布尔运算特征“Assemble.4”，则会在定义窗口中显示输入元素，如图 6.51 所示。

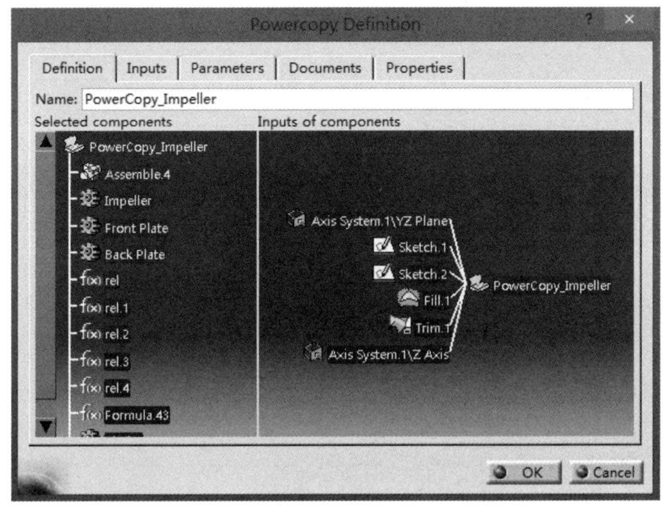

图 6.51

为简化输入元素，在窗口右侧的【输入元素（Inputs of components)】区域单击默认的输入元素，仅保留参考点“Origin”作为唯一的输入元素即可，如图 6.52 所示。

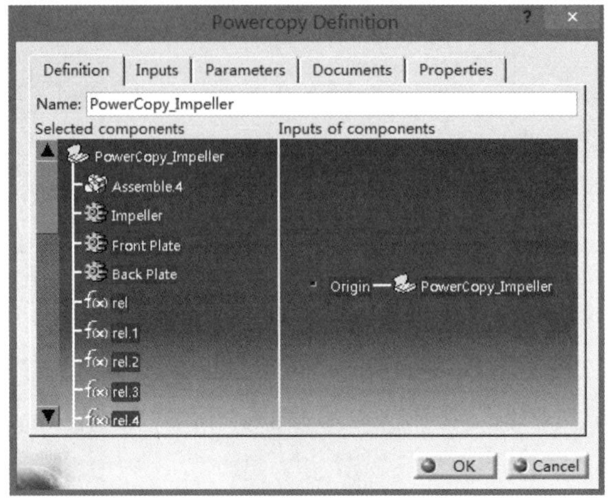

图 6.52

**提　示**

在单击默认的输入元素时，有时可能会增加新的输入元素，这时不用管，只管单击那些“没用的”默认元素，最后仅剩下所需要的输入元素即可。

在【超级副本定义（Powercopy Definition)】对话框中，切换到【参数（Parameters)】选项卡，在参数区域显示了当前所有可用参数。但是，当看完所有参数时却没有发现任何在结构树中【参数集（Parameters)】中的用户定义的参数，这需要重新返回【定义（Definition)】选项卡，然后在结构树中选择【参数集（Parameters)】，然后再回到【参数（Parameters)】选项卡，即可在参数区域找到用户定义的设计参数，如图 6.53 所示。

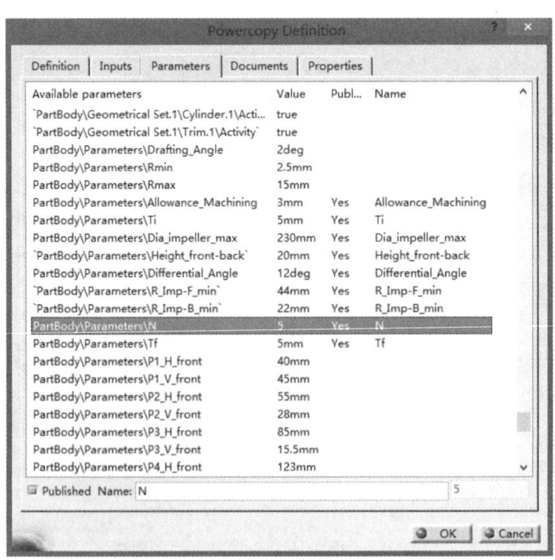

图 6.53

选择某些想要在调用PowerCopy时可以被编辑输入的参数，然后在对话框下方选择【发布（Published）】复选框，并在名称区域修改参数名称。然后确认操作关闭定义窗口，则新建的“PowerCopy_Impeller”特征将显示在结构树中。

等轴测显示叶轮模型，然后参考 5.1 节末尾介绍的方法截取如图 6.54 所示的叶轮三维图片，以用作 PowerCopy 特征及后面 UserFeature 在库中的预览图。需要注意的是，为防止预览图显示失真，在截图时尽量保证图片是近似于正方形的，且保持较小的尺寸。

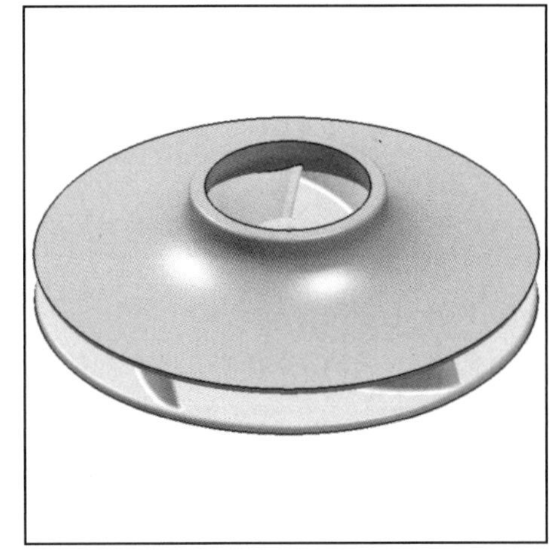

图 6.54

保存包含 PowerCopy 的零件设计文档“Impeller_Raw_PowerCopy”，然后在零件设计窗口选择【插入（Insert）】菜单展开项中的【知识模板（Knowledge Template）】，在其下级展开菜单中选择【保存进库（Save in Catalog）】命令。

在【库保存（Catalog save）】对话框中，选择【创建一个新的库（Create a new catalog）】项，为新库指定一个合适的保存路径，然后创建一个名为“Catalog_Impeller”的新库。即完成了对“PowerCopy_Impeller”特征的保存。

关闭零件设计文档“Impeller_Raw_PowerCopy”，打开库文件“Catalog_Impeller”，将左侧的结构树依次展开，直到看到“PowerCopy”【章节（Chapter）】下一个名为“1 input”的【族（Family）】，如图 6.55 所示。

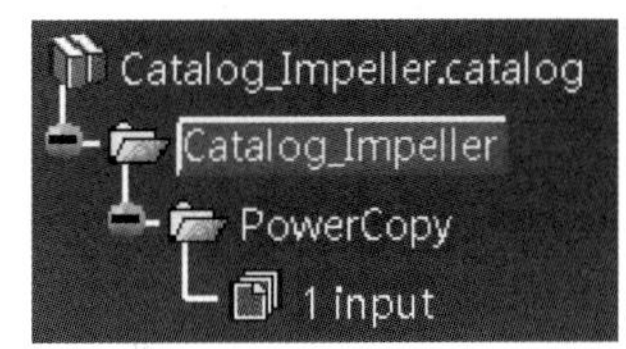

图 6.55

双击名为“1 input”的【族（Family）】，在右侧的窗口中选择【预览（Preview）】页面，在默认的预览图区域右击，在所选对象的展开菜单中选择【定义（Definition）】，则会弹出如图 6.56 所示的【描述定义（Description Definition）】窗口。在【预览（Preview）】选项卡中选择图 6.54 所示的特征图片，返回【描述定义（Description Definition）】窗口，确认操作并关闭窗口，则选择的图片会显示为“PowerCopy_Impeller”特征的预览图。

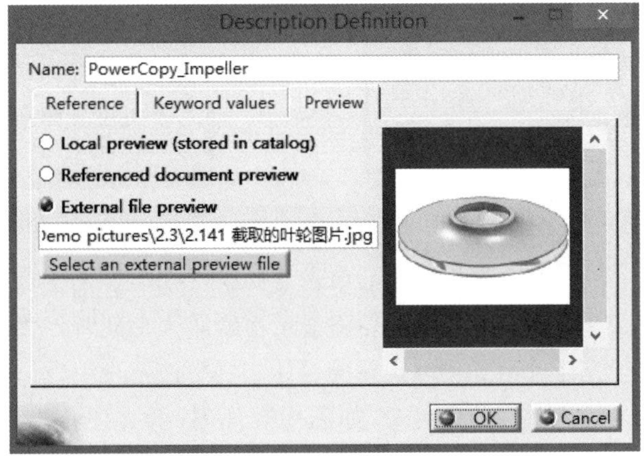

图 6.56

保存以上操作，关闭库文件。

6.4　调用叶轮的 Power Copy

参考 4.4 节中的操作，新建一个 Part 文档，并在空间中创建一个任意点“Point.1”（因为 6.3 节中创建的 Power Copy 特征的输入元素就是一个点），假设所创建的任意点“Point.1”的空间坐标是（0,100,0）。

单击【工具（Tool）】工具栏中的【库浏览器（Catalog Browser）】按钮，打开【库浏览器（Catalog Browser）】对话框，通过窗口右上角的【浏览其他库（Browser another catalog）】按钮可以找到上一节所保存的库文件“Catalog_Impeller”，这时库浏览器窗口的左侧小窗口便会出现“Power Copy”章节，依次双击“Power Copy”章节、“1 input”特征族，直至看见“PowerCopy_Impeller”，双击该 PowerCopy 特征，在弹出的如图 6.57 所示的【插入对象（Insert Object）】对话框中根据窗口的输入提示，在绘图窗口中选择点“Point.1”作为输入元素。

当输入元素选择完成后，在创建 PowerCopy 时发布的参数就可以通过对话框中的【参数（Parameters）】按钮进行编辑了。单击【参数（Parameters）】按钮，在弹出的【参数（Parameters）】对话框中，输入新的设计参数如图 6.58 所示。

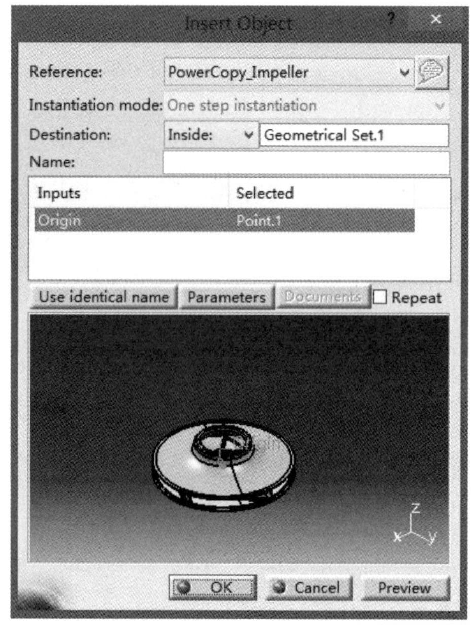

图 6.57

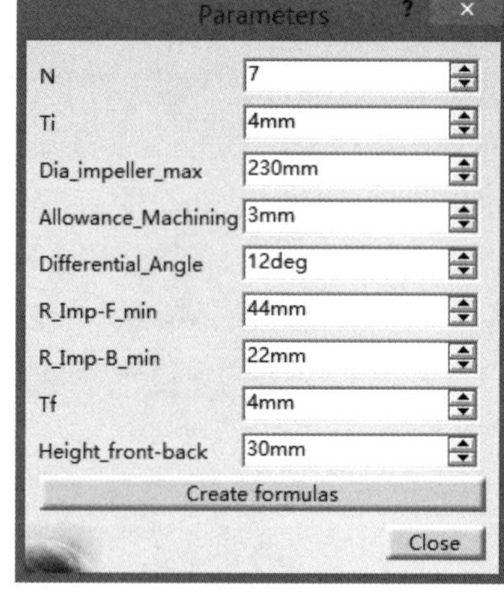

图 6.58

关闭【参数（Parameters）】对话框，然后单击【确认（OK）】按钮确认操作并关闭【插入对象（Insert Object）】对话框，则新设计的叶轮将显示在绘图区，同时相关的设计参数和关系式都在结构树中。这些参数和设计关系式可以在新的设计文档中被再次编辑，叶轮相关的各部分特征都清晰地以布尔运算的方式显示在结构树中，如图 6.59 所示。为方便看清新设计叶轮的叶片数量，图中对叶轮前盖板设置了透明显示。

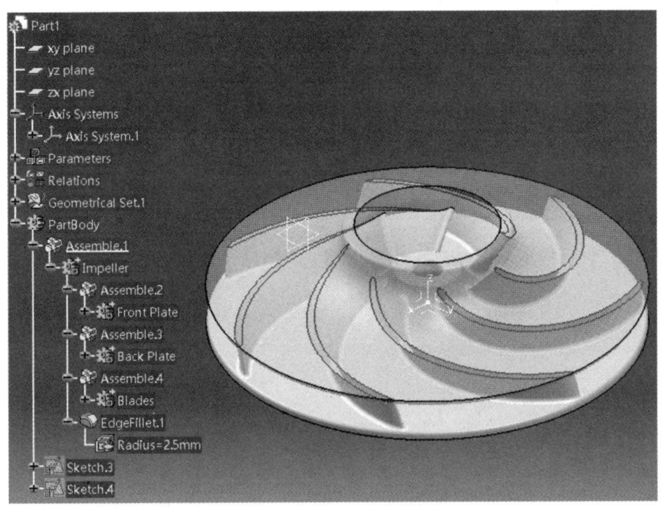

图 6.59

6.5　创建并保存叶轮的 UF

将 6.3 节中使用的零件设计文档"Impeller_Raw_PowerCopy"以新的名字"Impeller_Raw_ UDF"另存为一份到文件夹中，接下来的操作将基于新保存的文档"Impeller_Raw_UDF"。

先删除结构树中的"PowerCopy"特征；参考 6.3 节中使用的方法或后面 8.1 节中介绍的方法将包含用户参数的【参数集（Parameters）】和包含参数驱动关系的【关系集（Relations）】移动到几何体"Impeller"内；然后新建一个【几何图形集（Geometrical Set）】并修改其名称为"UDF_Input"，将几何图形集"Geometrical Set.1"内的点"Origin"移动到新建的几何图形集"UDF_Input"中；修改前和修改后零件文档的结构树对比如图 6.60 所示，其中左侧为修改前的结构树、右侧为修改后的结构树。

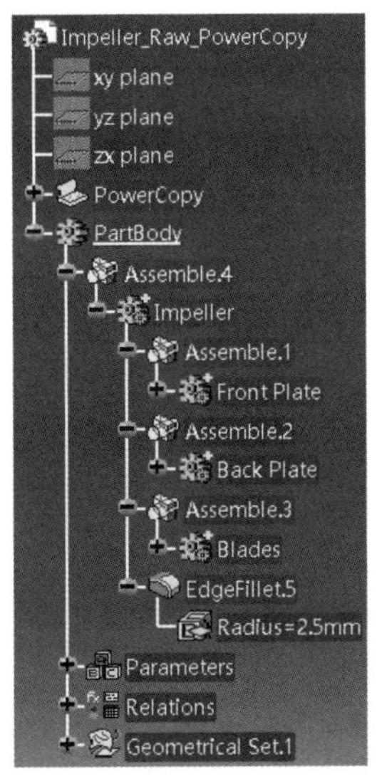

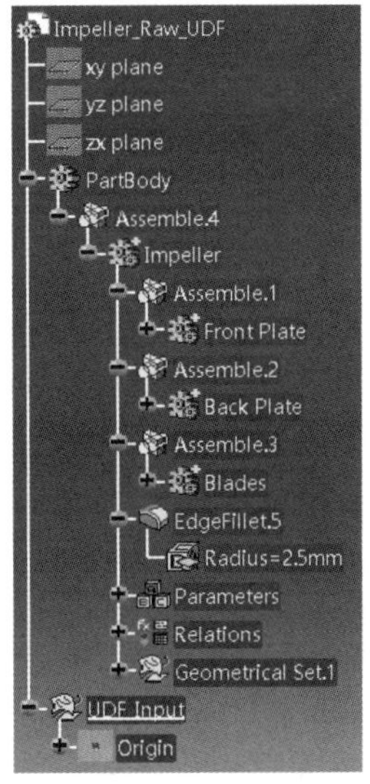

图 6.60

在零件窗口选择【插入（Insert）】菜单展开项中的【知识模板（Knowledge Template）】，在其下级展开菜单中选择【用户特征（UserFeature）】命令。在弹出的【用户特征定义（UserFeature Definition）】对话框中，在【定义（Definition）】选项卡中为该 UDF 重命名为“UDF_Impeller”，然后选择结构树中的布尔运算特征“Assemble.4”，则会在定义窗口中显示输入元素，如图 6.61 所示。

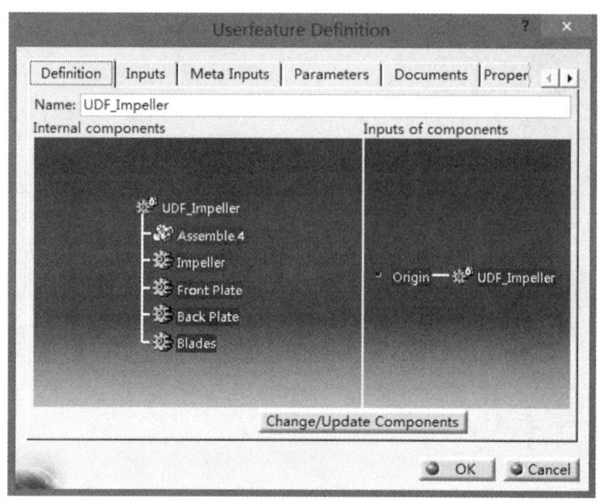

图 6.61

在【用户特征定义（UserFeature Definition）】对话框的【参数（Parameters）】选项卡中，选择需要后续使用的参数并选择【发布（Published）】。本例中发布参数叶片数量“N”及叶片的基本厚度“Ti”，如图 6.62 所示。

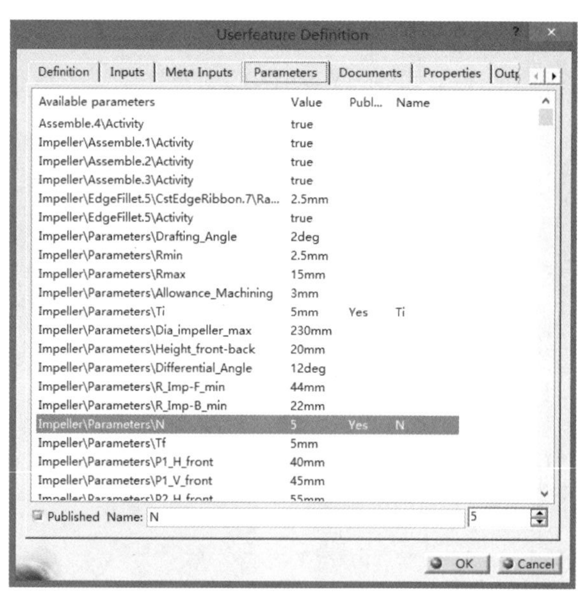

图 6.62

在【用户特征定义（UserFeature Definition）】对话框的【属性（Properties）】选项卡中，在【插入模式（Instantiation Mode）】区域选择默认的【带保护的黑盒子（Black Box Protected）】模式，

设置完成后关闭定义窗口，则新建的用户特征“UDF_Impeller”将显示在结构树中，如图 6.63 所示。

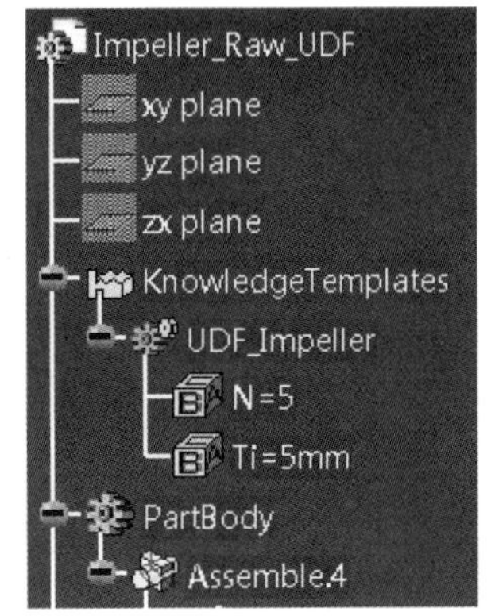

图 6.63

保存文件，然后在零件设计窗口中选择【插入（Insert）】菜单展开项中的【知识模板（Knowledge Template）】，在其下级展开菜单中选择【保存进库（Save in Catalog）】命令，将用户特征“UDF_Impeller”保存到已有的库文件“Catalog_Impeller”中。

6.6　调用叶轮的 UDF

新建一个 Part 文档，并在空间中创建一个任意点“Point.1”，在零件设计窗口中选择【插入（Insert）】菜单展开项中的【通过选择进行实例化（Instantiate From Selection）】，然后切换到包含用户特征“UDF_Impeller”的零件文档“Impeller_Raw_UDF”对话框中，在其结构树中选择用户特征“UDF_Impeller”，操作即自动跳回当前新建的零件设计文档，并弹出如图 6.64 所示的【插入对象（Insert Object）】对话框，根据输入区域的提示在绘图窗口中选择点“Point.1”，然后可以编辑在创建用户特征时发布的参数，本例中修改参数“N”的值为 7，修改参数“Ti”的值为 4mm。确认操作后，即在绘图区域生成了一个带 7 个叶片的叶轮模型，并在结构树中显示出一个不含任何建模过程的用户特征“UDF_Impeller.1”，如图 6.65 所示。

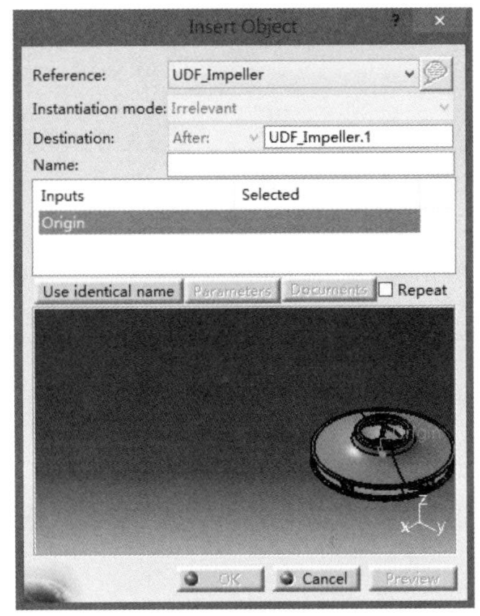

图 6.64

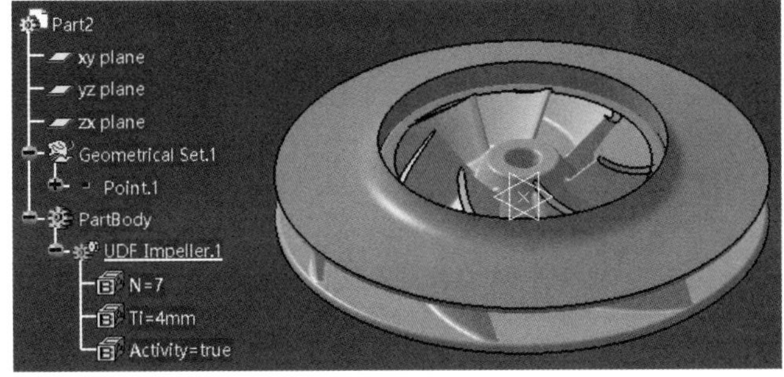

图 6.65

在图 6.65 中，细心的读者可能会发现使用用户特征实例化插入的叶轮模型与前面几节中创建的叶轮模型在吸入口区域有所不同，在确认操作正确的情况下，可以双击结构树中 UDF 特征下的参数“Activity”，将其值改为“false”（即使当前的 UDF 特征处于非激活状态），再使用同样的操作将其值改为“true”，即可在绘图区显示正确的叶轮模型了，如图 6.66 所示。

图 6.66

本实例讲述了如何使用 PowerCopy 和 UDF 快速设计叶轮，读者可尝试根据 ISO 2858 或者 EN 733 完成水泵壳体的参数化设计，并快速重用该设计以完成标准规定范围的各种型号单级离心泵壳体的快速设计。

实际上，对于一个完整设计文档的重用，PowerCopy 或者 UserFeature 这些基于特征级别的设计重用不是很合适，而更具针对性的是知识工程中的 Product Knowledge Template（PKT）模块。

CATIA

第 7 章 参数化驱动在 CAD 与 CAE 联合中的作用

根据上一章的内容，可以快速地实现叶轮的设计重用，即可以根据必要的输入元素快速地设计完成一个新叶轮的结构设计，而无须再次重复繁琐复杂的建模过程。然而一个好的设计一般不是一次性简单地定义些参数就可以完成的，经验再丰富的设计工程师通常情况下也很难一次性就完成最优的设计。

在 CAE 技术普及之前，一般都是先做初版设计，然后根据初版设计制作功能样件，通过功能样件的测试结果，再对初版设计进行优化，如此反复数次或多次才能得到较优的设计方案。而在 CAE 技术得到广泛普及的今天，各种借助于计算机强大计算能力的仿真或优化软件可以有效地减少功能样件或原型件的制作，并且可以通过增加迭代次数实现更优的方案设计，大大节省了设计成本并缩短开发周期，且提高了设计的质量。

而技术的进步不会停滞于此，在 CAD 和 CAE 技术普及初期，彼此互相独立，即在 CAD 中设计好三维结构后，再通过接口程序导入到 CAE 软件中进行网格划分和解析计算，随着计算机技术和性能的不断提升，越来越多的设计软件、测试软件体现了更加包容开放的态度，即这些软件之间可以实现互联。而互联的前提就是设计的参数化，且是可以被 CAD 和 CAE 都认可的参数化设计。

同样作为达索旗下的软件，SIMULIA 仿真分析软件是目前工业界应用最为广泛的仿真软件之一。Abaqus 作为 SIMULIA 的主要产品之一，它与 CATIA 之间有着良好的互动接口：CATIA Associative Interface。借助该接口，CATIA 模型和其驱动参数一起都可以无缝地传入 Abaqus 软件中，驱动参数可以在两个软件之间双向驱动 CAD 模型和 CAE 模型，如图 7.1 所示。

下面我们将以 Abaqus 软件为基础，简单介绍基于参数的 CATIA CAD 模型与 FEA/CFD 联合设计仿真在流体应用类零部件设计过程中的应用。本章的内容重点是多软件联合辅助设计，所以以下内容仅限于简单实例和基本思想的介绍，希望能对读者有所启发。

在开始之前，先说明一下两个软件中的单位制。Abaqus 软件各参数是没有单位的，使用者需要自己保证输入数据单位制的统一；而 CATIA 中使用者可以定义显示单位。CATIA 采用不同的显示单位时，Abaqus 仅仅接收和传递参数的数值。因此同样是 30mm 的尺寸，当 CATIA 中显示单位是 mm 时，Abaqus 得到的模型尺寸是 30；当 CATIA 中显示单位是 cm 时，Abaqus 得到的模型尺寸是 3，如图 7.2 所示。

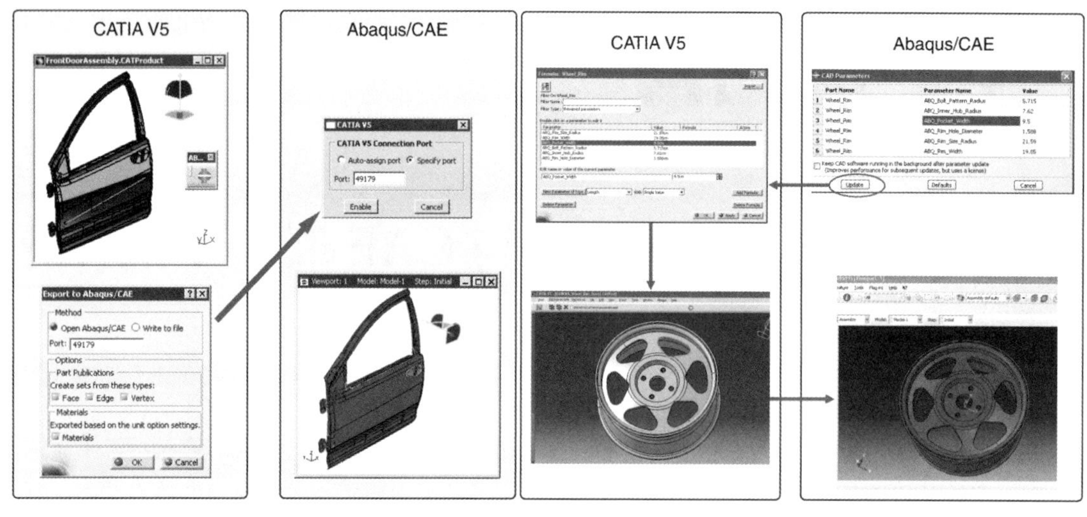

图 7.1

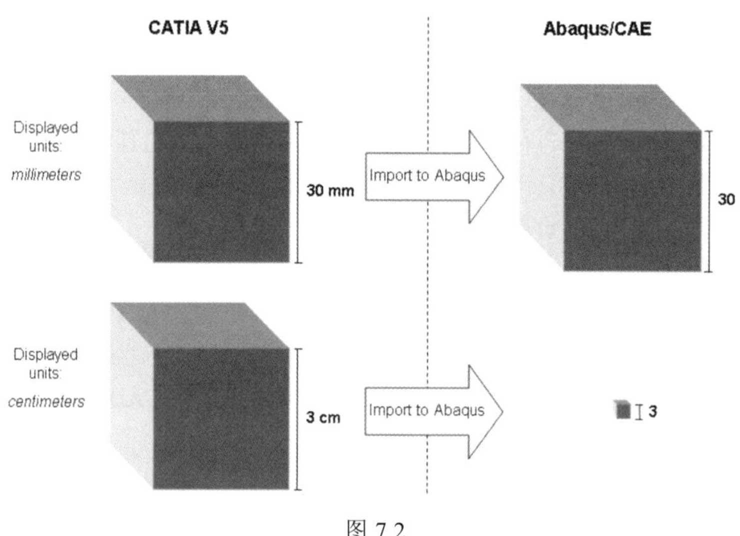

图 7.2

此外，为了实现 CATIA 和 Abaqus 之间的双向参数驱动，需要从 CATIA 2016 Associative Interface（需要配合 Abaqus 2016 和 CATIA V5 R25 使用）来启动 CATIA。

7.1 参数驱动设计与 FEA 的联合

在此我们以一个简单的三通管受压分析来说明 CATIA 和 Abaqus 结构分析之间的双向参数驱动设计与仿真过程。

1. 参数化模型

启动 CATIA，新建一个零件设计文档，并以“Pipe”为名保存。选择 XY Plane 平面作为草绘平面，以（0,0）为圆心画圆，直径为 120mm。单击【拉伸（Pad）】按钮，长度输入 80mm，选择【镜像拉伸（Mirrore extent）】，如图 7.3 所示。

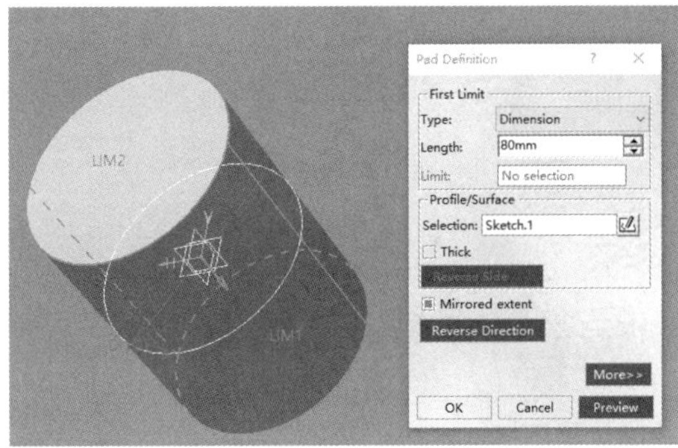

图 7.3

选择 YZ Plane 平面作为草绘平面，以（0,0）为圆心画圆，直径为 20mm。单击【拉伸（Pad）】按钮，长度输入 100mm，如图 7.4 所示。

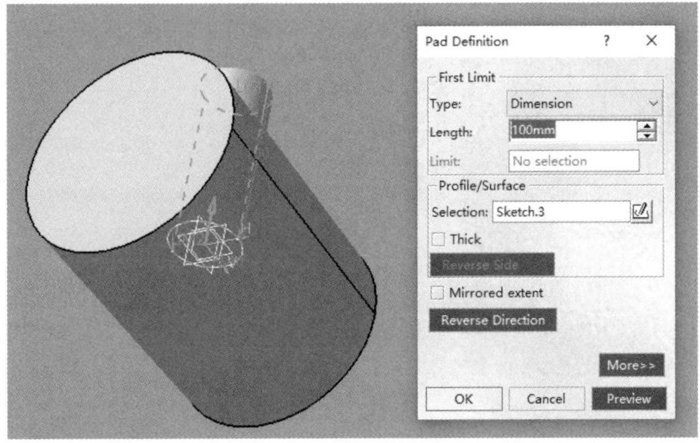

图 7.4

单击【抽壳（Shell)】按钮，指定内部厚度为 4mm，指定三个开口位置的实体面为【被移除面（Face to remove)】，如图 7.5 所示。

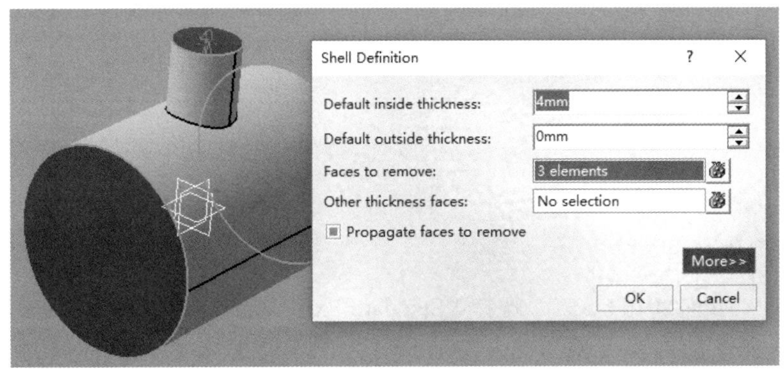

图 7.5

单击【圆角（Edge Fillet)】按钮，为管交接处加 5mm 圆角，最终 Pipe 部件的完成模型如图 7.6 左图所示。为了后续加载方便，再针对大小管径制作端盖，最终将模型装配起来，如图 7.6

右图所示，将模型保存为“Pipe_Assembly.CATProduct”。

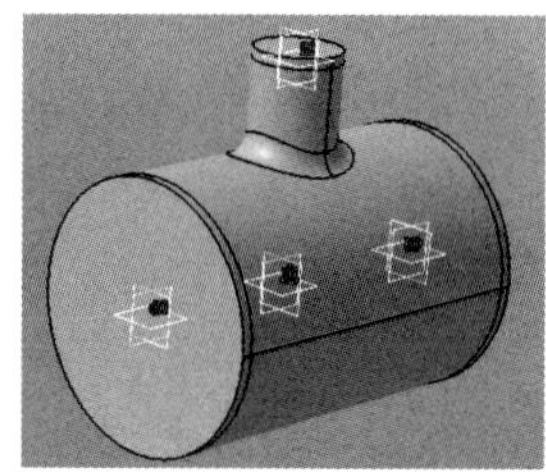

图 7.6

为了能让 Abaqus 识别来自 CATIA 模型的参数，参数需要特定的标识：参数名必须以“ABQ_”开始。为此，在工具栏中选择【公式（Formula)】按钮 f(x)，找到小管盖板部件的半径参数，改名字为“ABQ_Radius”，如图 7.7 所示。然后找到 Pipe 部件的小管半径参数，改名为“ABQ_R_SmallPipe”，如图 7.8 所示。至此 CATIA 模型准备完成。

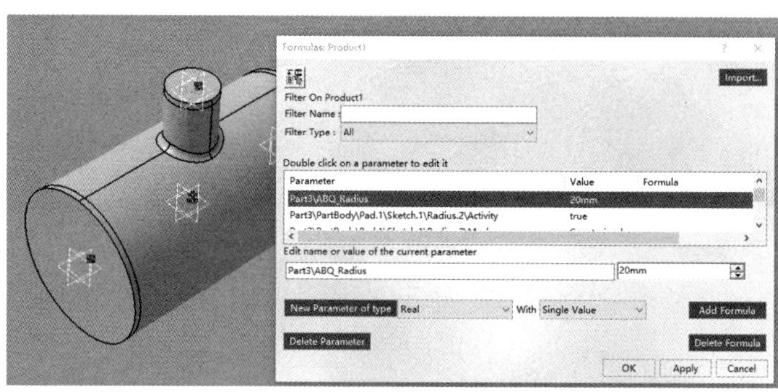

图 7.7

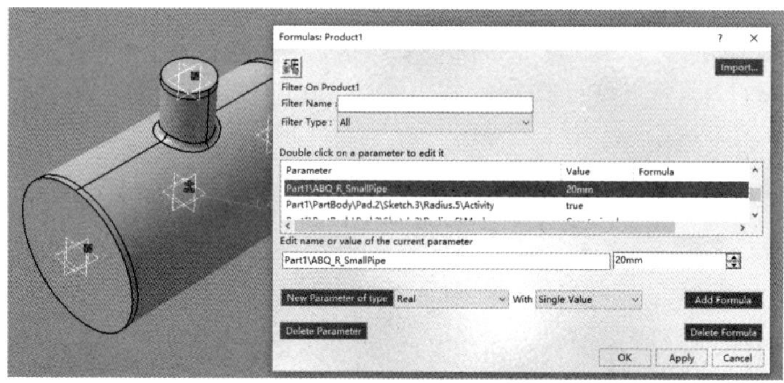

图 7.8

2. Abaqus 模型准备

首先启动“Abaqus 2016 CAE”，选择“Standard/Explicit Model”。切换到【Assembly】模块，在菜单栏依次选择【Tools】>【CAD Interfaces】>【CATIA V5】，如图 7.9 所示。选择【Auto-assign port】启动接口，Abaqus/CAE 信息区会提示 CATIA V5 connection port：49179，表示启动成功。

然后单击“CATIA 2016 Associative Interface”来启动 CATIA，从 CATIA 2016 Associative Interface 启动的 CATIA 会在菜单栏出现 Abaqus 菜单，如图 7.10 所示。

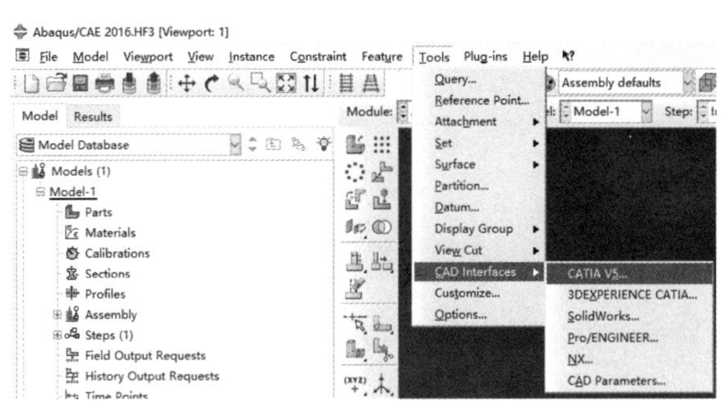

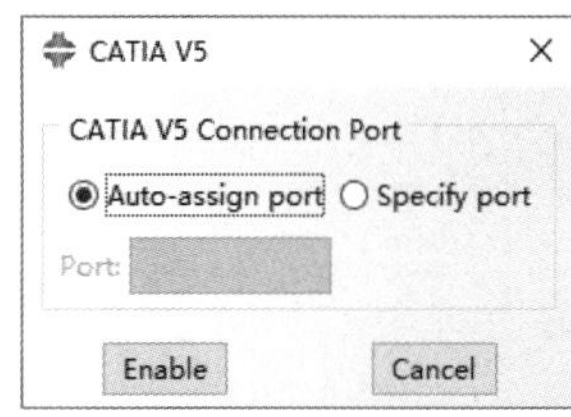

图 7.9

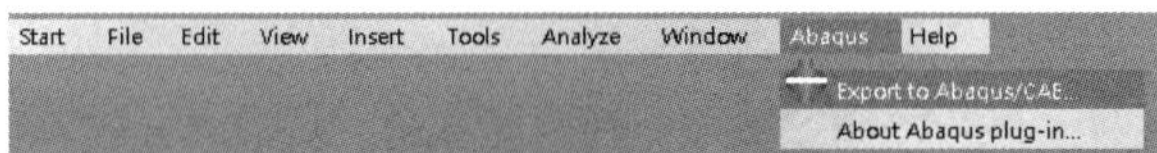

图 7.10

打开要导入的装配模型 Pipe_Assembly.CATProduct，然后选择菜单栏中的【Abaqus】>【Export to Abaqus/CAE】，在弹出的对话框中选择 Open Abaqus/CAE，然后单击【确定（OK）】按钮，此时当前的模型就会导入到 Abaqus 软件中，如图 7.11 所示。

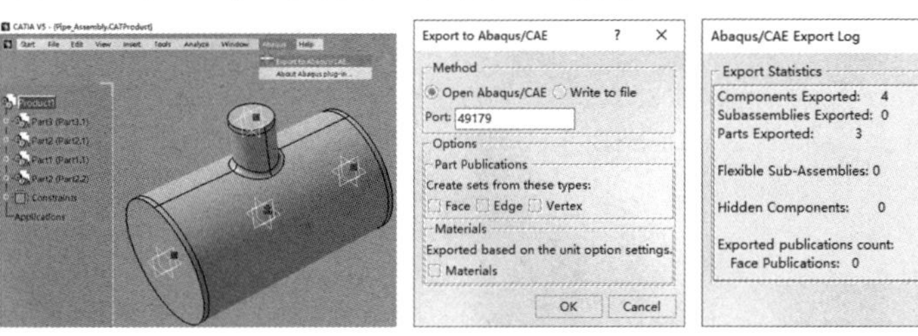

图 7.11

回到 Abaqus/CAE 环境中，可以看到装配模型已经被自动更新到 Abaqus/CAE 环境中了，如图 7.12 所示。

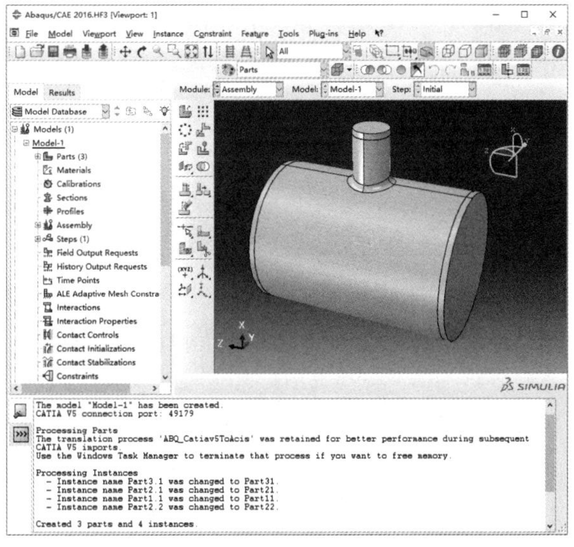

图 7.12

依次选择【Tools】>【CAD Interfaces】>【CAD Parameters】打开参数表，如图 7.13 所示，从图中我们可以看到只有以 ABQ_开始的参数会被自动传入 Abaqus 中。

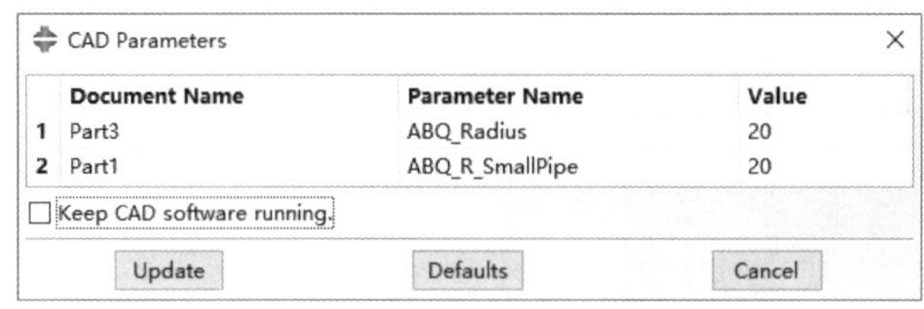

图 7.13

**提　示**

图 7.14 是在“Abaqus Assembly”模块下可以看到的装配体的所有传入参数；在 Part 模块下各部件中依次选择【Tools】>【CAD Interfaces】>【CAD Parameters】则仅能看到该部件的参数。

依据结构对称的特点，我们只需要取其中 1/4 来分析即可。因此我们需要对模型做一些切分处理，图 7.14 和图 7.15 展示了在 Abaqus 的 Part 模块中对三通管的切分过程。同样，盖板也需要做切分，最终的三通管和盖板都切分好之后，在 Assembly 中查看模型如图 7.16 所示。

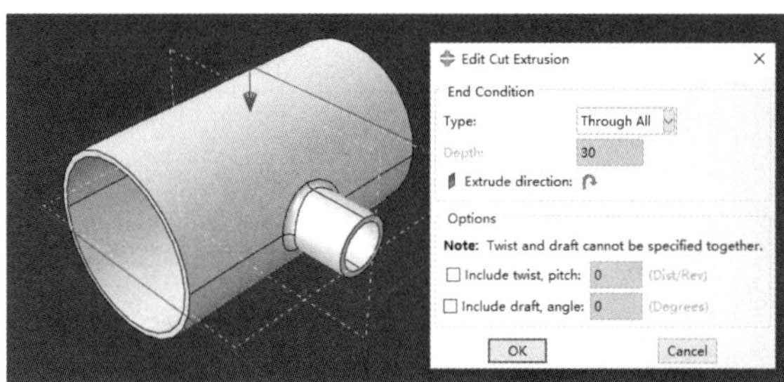

图 7.14

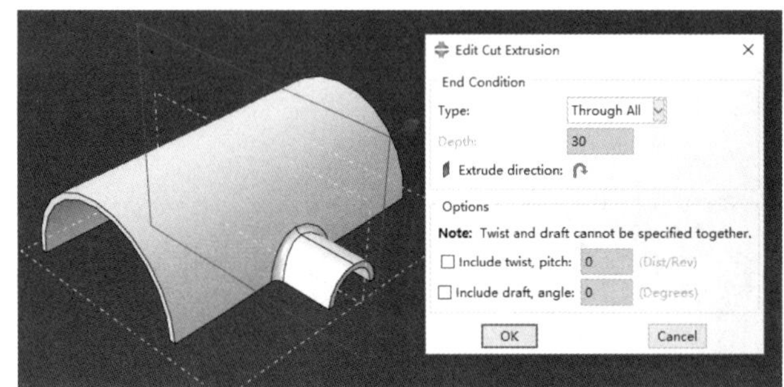

图 7.15

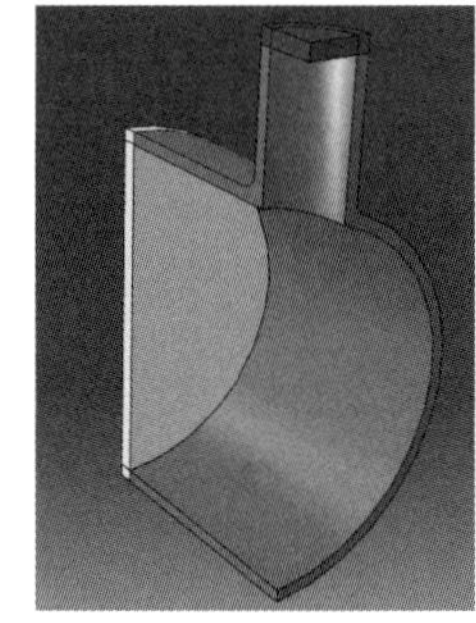

图 7.16

在 Property 模块中建立材料 Steel 和截面属性 Steel，并给三通管和端盖都赋予 Steel 截面属性，如图 7.17 所示。

在 Step 模块中建立静力分析载荷步。在 Interactation 模块中用【Tie】将盖板和三通管连接在一起，如图 7.18 所示。

在 Load 模块中，用【Create Load】工具建立 Pressure 载荷；用【Create Boundary Condition】工具分别建立对称边界条件和位移约束，如图 7.19 所示。

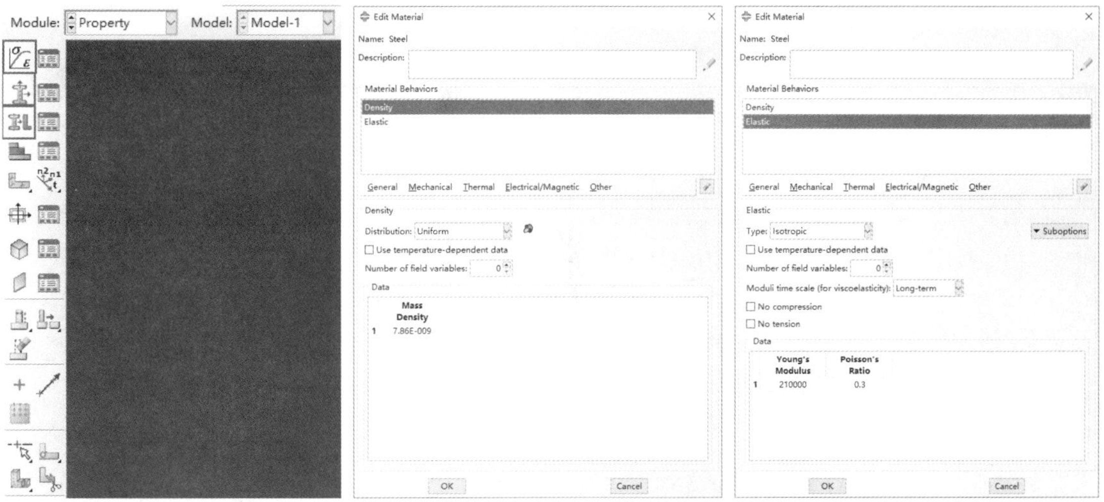

图 7.17

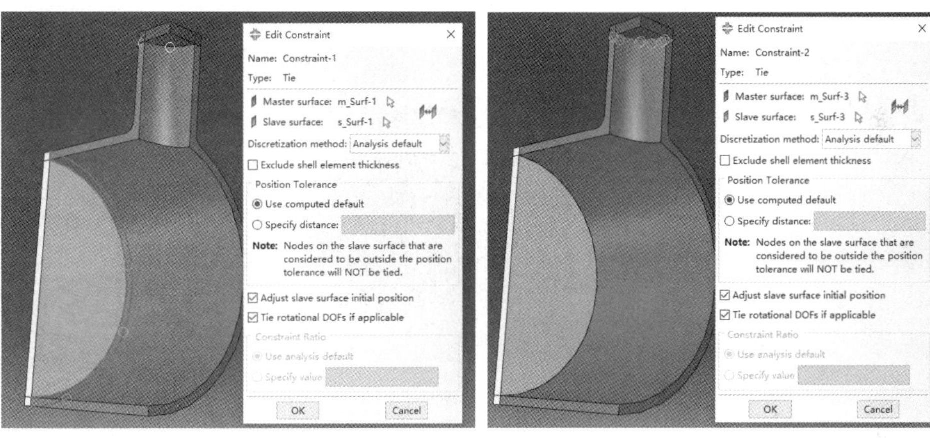

图 7.18

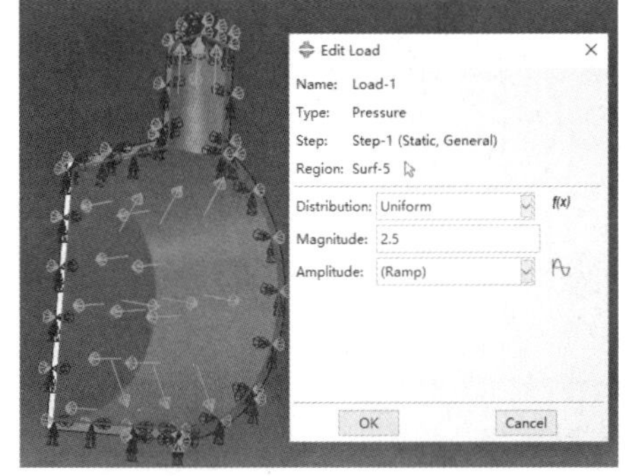

（a）Abaqus 中压力载荷建立

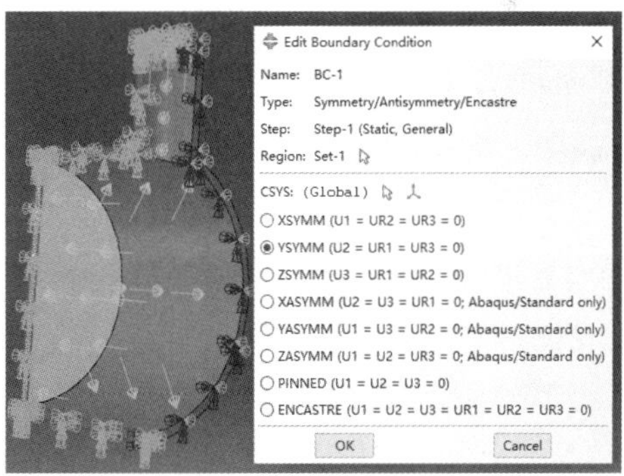

（b）Abaqus 中对称边界建立-Y 对称

图 7.19

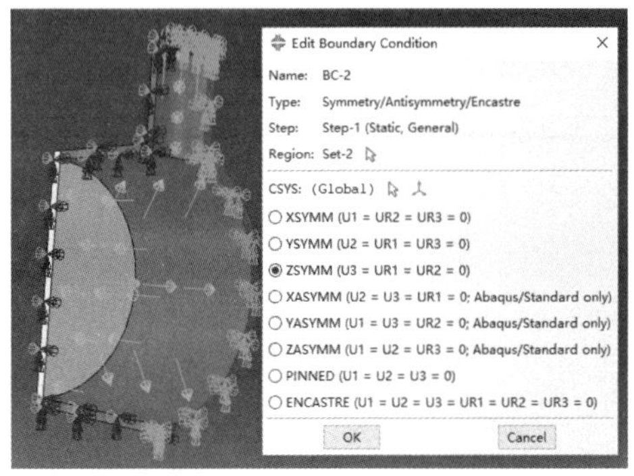

（c）Abaqus 中对称边界建立-Z 对称

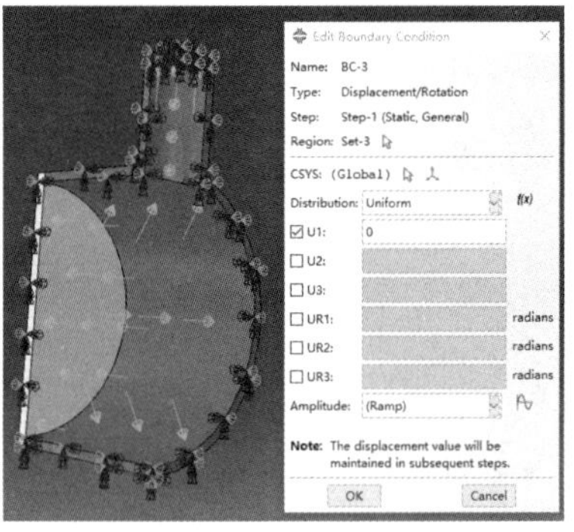

（d）Abaqus 中位移边界建立-X 约束

图 7.19（续）

在 Mesh 模块中，用【Seed Part】工具对部件布种，2.5mm；用【Assign Mesh Control】工具设定 Tet-Free 划分方法，最后单击【Mesh Part】工具对部件进行网格划分，如图 7.20 所示。

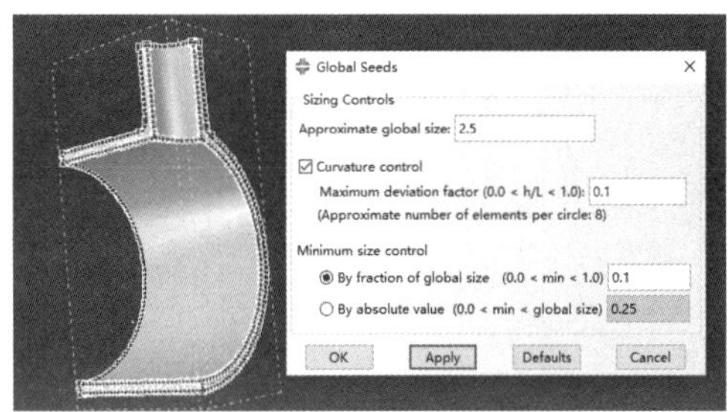

（a）Abaqus 中网格划分：布种

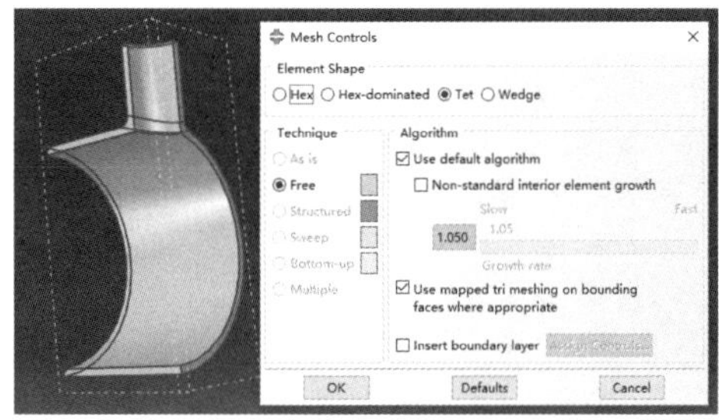

（b）Abaqus 中网格划分：方法

图 7.20

在 Job 模块中，建立分析任务“Job-1”，然后保存 CAE 文件为“Pipe_1.cae”。

3．参数的双向更新

将 CAE 文件另存为“Pipe_2.cae”。

切换到 Assembly 模块，依次选择【Tools】>【CAD Interfaces】>【CAD Parameters】，在“CAD Parameters”界面将两个参数从 20 修改为 30，如图 7.21 所示。

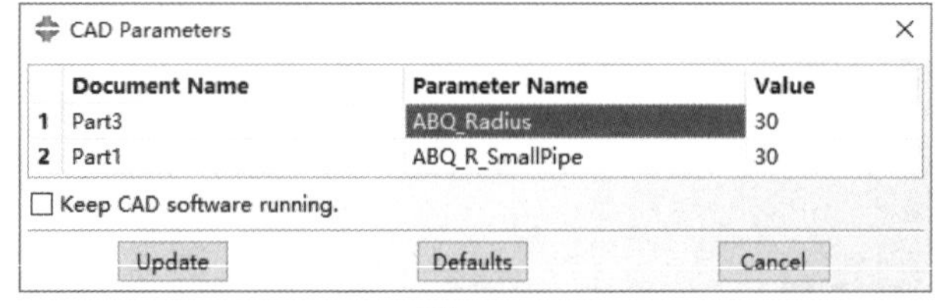

	Document Name	Parameter Name	Value
1	Part3	ABQ_Radius	30
2	Part1	ABQ_R_SmallPipe	30

图 7.21

然后单击【Update】按钮，更新模型，结果如图 7.22 所示。可以看到 Abaqus 中来自 CATIA 的原始模型尺寸已经被顺利更新，以前抑制掉的大端盖部件在导入后显示出来，需要手动抑制或者删除；在 Abaqus 中做的盖板模型切分位置还是原始状态，需要手动更新一下，修改切分草绘图中圆的尺寸后结果如图 7.23 所示；更新过的 Part 的网格也需要手动更新，如图 7.24 所示。

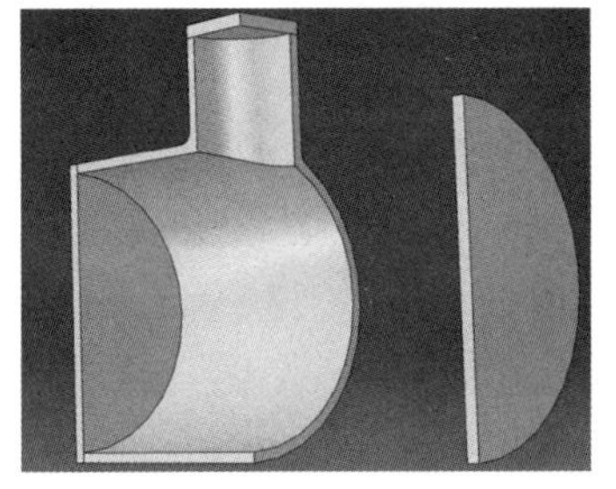
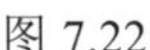
图 7.22

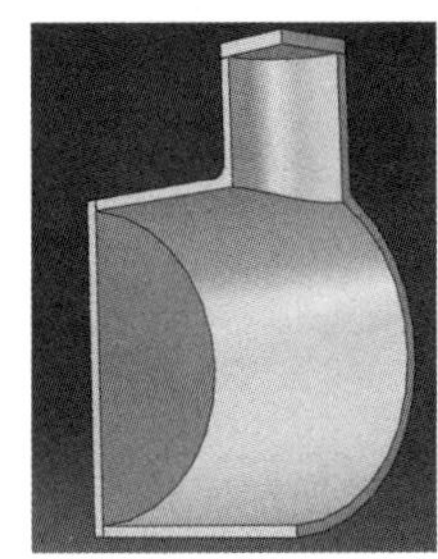
图 7.23

图 7.24

如果我们去 CATIA 中查看原始的模型，会发现 CATIA 中模型和参数也都已经完成了更新，如图 7.25 所示。

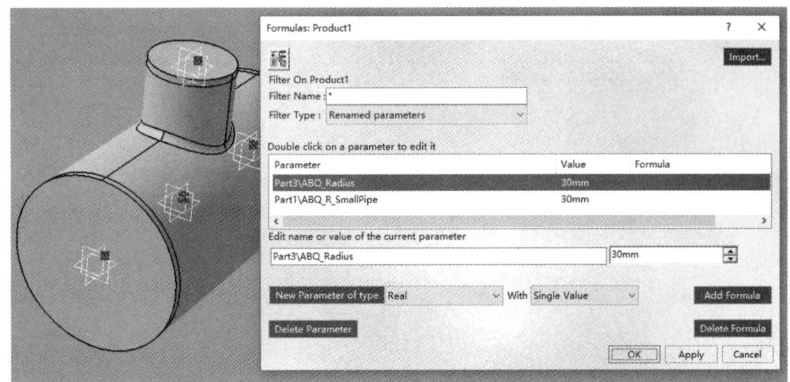

图 7.25

在 Job 模块中，建立分析任务，然后保存 CAE 文件为“Pipe_2.cae”。

按照同样的流程，将图 7.25 中两个驱动参数修改为 10mm，做相应的更新后保存为“Pipe_0.cae”。

4．计算结果对比

将上述三个模型分别提交计算，提取三通管位置的应力结果如图 7.26 所示。

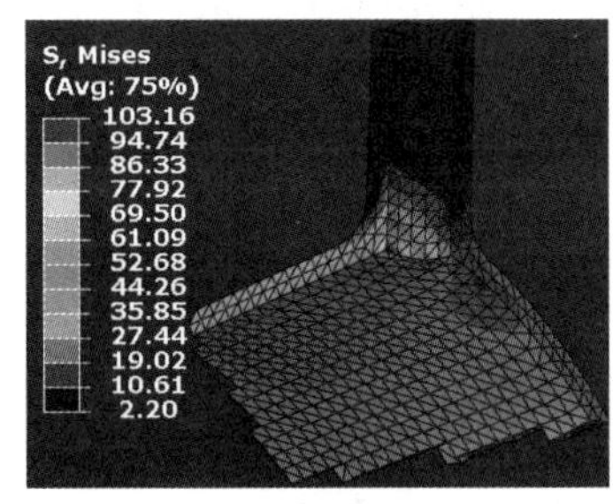

R=10 的应力结果

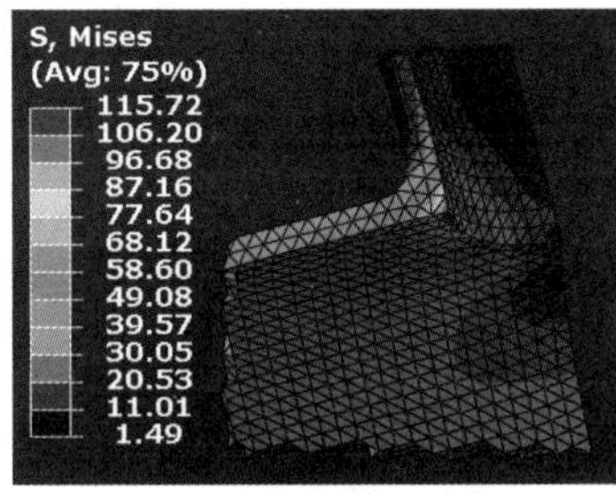

R=20 的应力结果

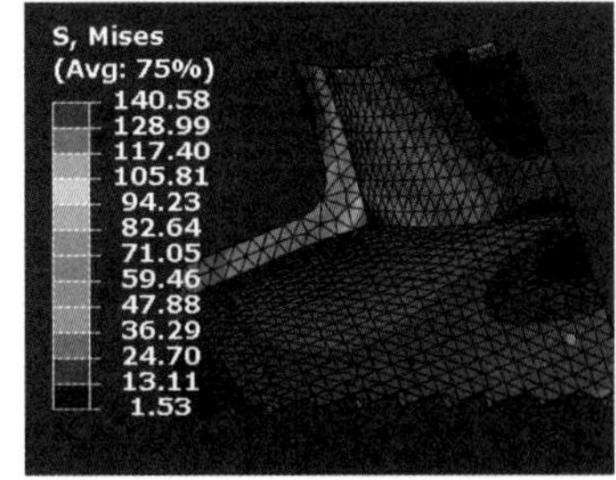

R=30 的应力结果

图 7.26

参考材料力学中对薄壁圆管应力的计算，主管路直径 D=120mm，厚度 t=4mm，内压力 P=2.5Mpa，此时 von Mises 等效应力为 34.67Mpa（轴向应力 S1=2*P*D/t =18.75Mpa；周向应力 S2=4*P*D/t =37.5Mpa；径向应力 S3=−P=−2.5Mpa）。旁路管的存在使得应力在两个管交接处有集中现象。图 7.27 所示是三通管应力与旁路管径的关系。利用 CATIA 和 Abaqus 双向驱动的模型我们可以很快地确定某个管径下真实的应力情况，为设计提供相应的依据。

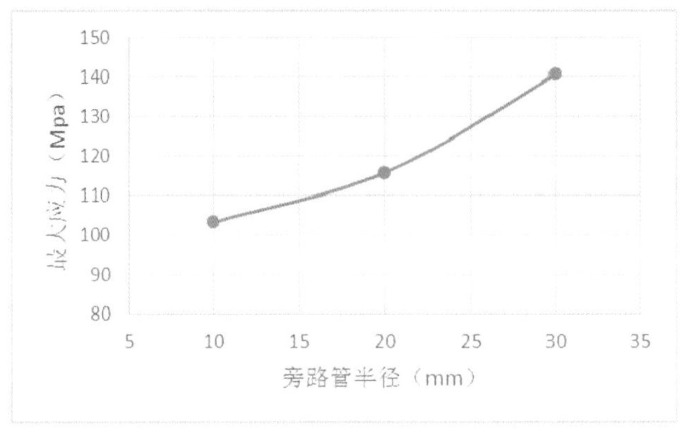

图 7.27

7.2　参数驱动设计与 CFD 的联合

上一节的内容是 CAD 与结构分析的联合实例，本节我们以一个弯管分析来说明 CATIA 和 Abaqus 流体分析之间的双向参数驱动设计与仿真过程。

1. 参数化模型

从 CATIA 2016 Associative Interface 启动 CATIA 新建一个零件设计文档，并以“CurvePipe”为名保存。选择 XY Plane 平面为绘图平面，草绘“Sketch.1”，以（0,0）为圆心画圆，直径为 50mm。退出草绘，再选择 ZX Plane 平面为绘图平面，草绘夹角为 100° 的曲线“Sketch.3”，如图 7.28 左图所示。选择【筋（Rib）】工具，Profile 选择“Sketch.1”，Center curve 选择“Sketch.3”，如图 7.28 右图所示。至此，我们已经完成了模型的建立过程，弯管的驱动参数如图 7.29 所示。

2. Abaqus 流体模型准备

启动 Abaqus 2016 CAE，选择 CFD Model。切换到【Assembly】模块，在菜单栏依次选择【Tools】>【CAD Interfaces】>【CATIA V5】。选择【Auto-assign port】启动接口，Abaqus/CAE 信息区会提示 CATIA V5 connection port：49179，表示启动成功。

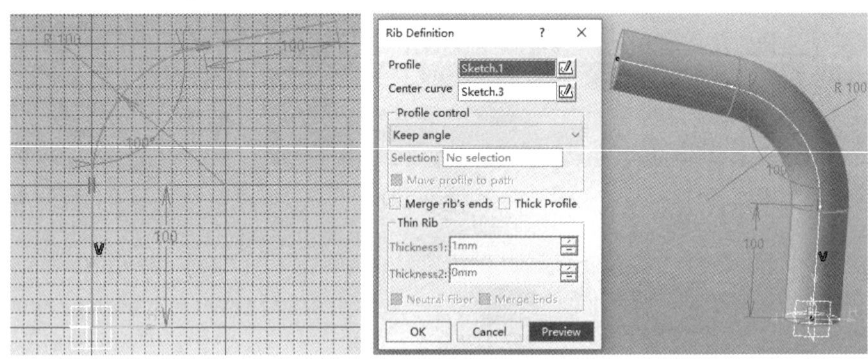

图 7.28

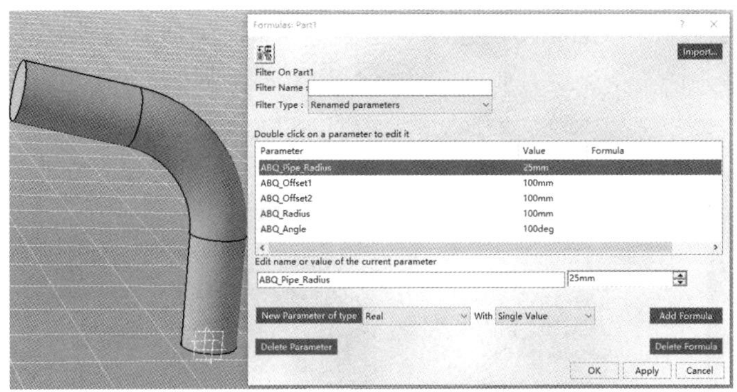

图 7.29

在 CATIA 中选择菜单栏中的【Abaqus】>【Export to Abaqus/CAE】，在弹出的对话框中选择“Open Abaqus/CAE”，然后单击【确定（OK）】按钮，此时当前的模型就会导入到 Abaqus 软件中。注意到与上一次不同：上一次我们导入的是装配模型，导入的模型会同时生成 Part 和 Assembly 以及其 Instances 部件；但本节导入的是部件模型，导入的模型只会出现在 Part 模块中，Assembly 下是空的，需要我们在 Assembly 模块下，手动从导入的 Part 部件建立其 Instance 实例部件。

在 Part 模块，选择【Tools】>【CAD Parameters】命令可以查看我们导入的参数信息，如图 7.30 所示。同样，只有以“ABQ_”开头的参数会被导入到 Abaqus 软件中。

CAD Parameters

	Document Name	Parameter Name	Value
1	Part1	ABQ_Angle	100
2	Part1	ABQ_Offset1	100
3	Part1	ABQ_Offset2	100
4	Part1	ABQ_Pipe_Radius	25
5	Part1	ABQ_Radius	100

☐ Keep CAD software running.

Update　　Defaults　　Cancel

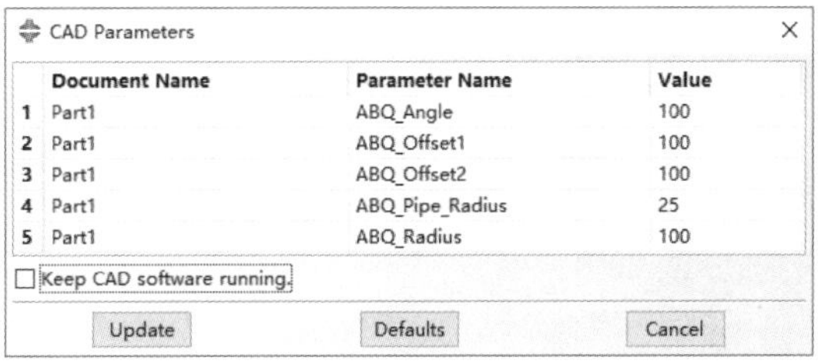

图 7.30

为了能划分出更好的网格，我们需要对弯管模型做一定的切分，如图 7.31 所示。

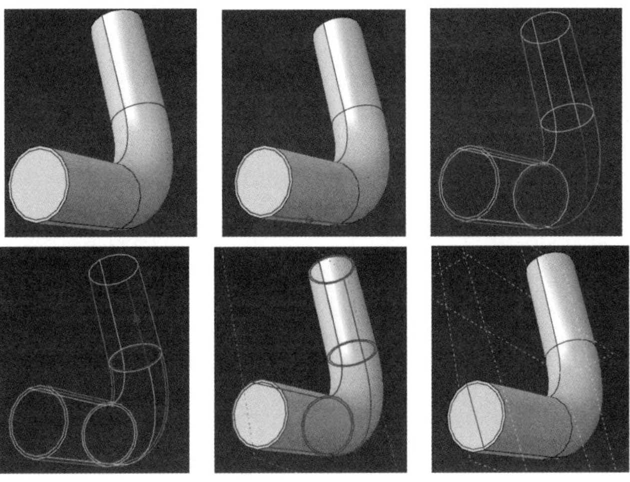

图 7.31

之后，选择【Tools】>【Geometry Edit】命令对模型进行简化处理，利用“Remove redundant entities”简化去掉圈出的几个无用几何点，如图 7.32 所示。

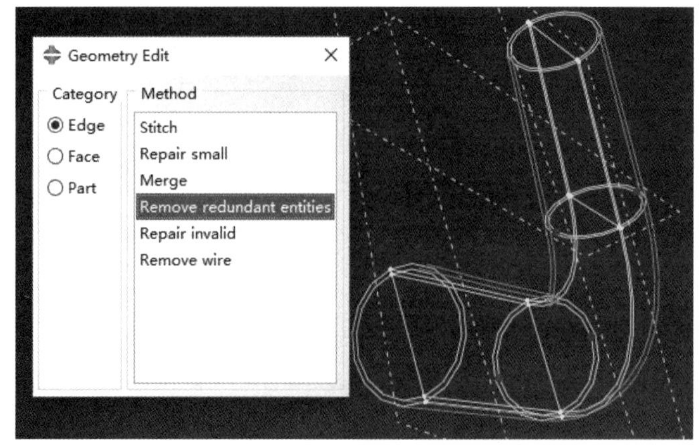

图 7.32

在 Property 模块中建立材料 fluid(具体密度和动力粘性参数如图 7.33 所示)和截面属性 fluid，并给弯管赋予 fluid 截面属性。

在 Step 模块中建立流体分析步，分析时间设定 0.2s，湍流模型选择“Spalart-Allmaras”，保留参数默认。输出控制中按照每 0.02s 输出一次计算结果，如图 7.34 所示。

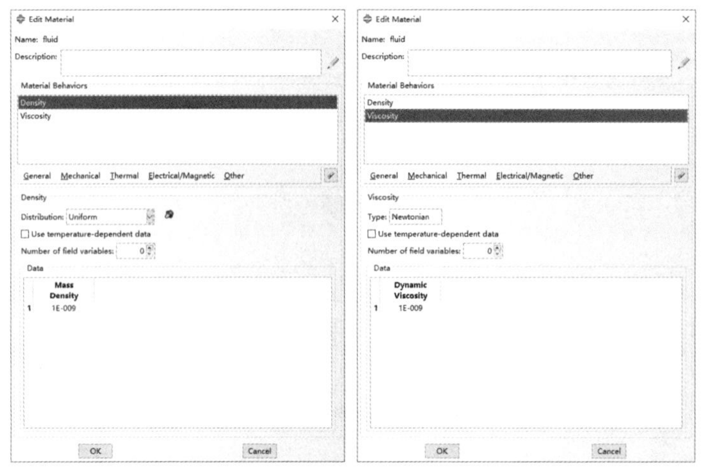

图 7.33

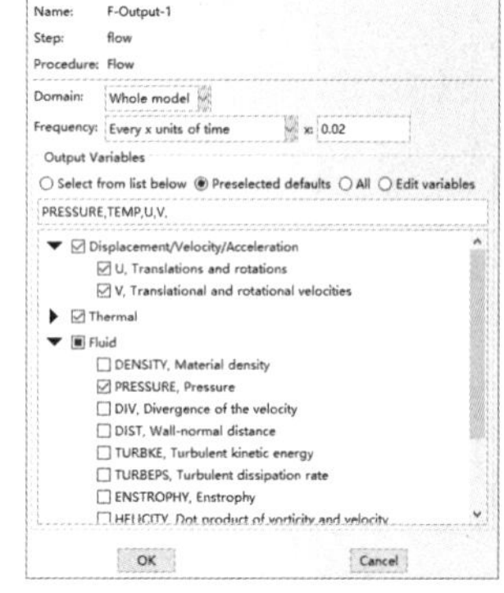

图 7.34

在 Load 模块建立三种边界条件：壁面的约束 wall；进口的速度边界为 500mm/s；运动涡粘度为 0.01；出口的压力边界 0.16Mpa。另建立一个初始计算条件：整个模型的运动涡粘度为 0.01，如图 7.35 所示。

在 Mesh 模块中，用【Assign Mesh Control】工具选择整个模型，选择“Hex-Sweep-Medial axis”划分算法；如图 7.36 所示对弯管轴线和周向设定单元数目控制；对切分出的流体边界区域，采用尺寸渐变的方式给定单位数目，最终的网格如图 7.36 所示。

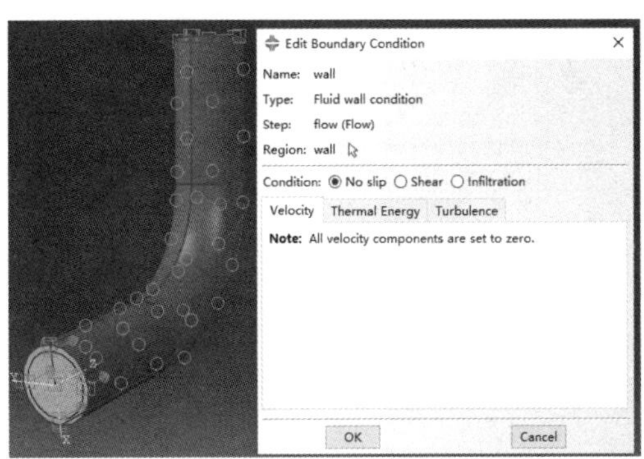
Edit Boundary Condition
Name: wall
Type: Fluid wall condition
Step: flow (Flow)
Region: wall
Condition: No slip Shear Infiltration
Velocity Thermal Energy Turbulence
Note: All velocity components are set to zero.
OK
Cancel

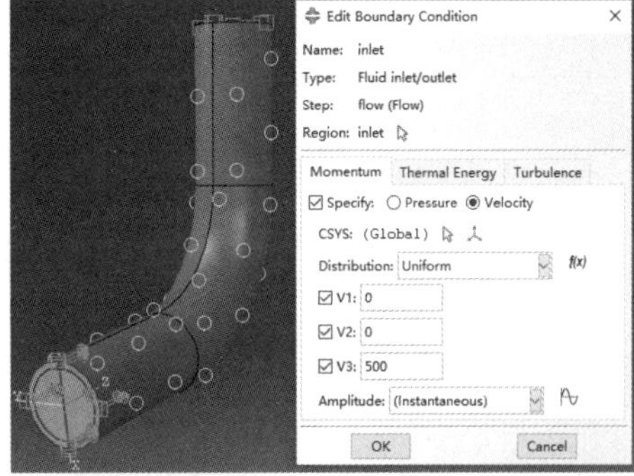
Edit Boundary Condition
Name: inlet
Type: Fluid inlet/outlet
Step: flow (Flow)
Region: inlet
Momentum Thermal Energy Turbulence
Specify: Pressure Velocity
CSYS: (Global)
Distribution: Uniform
f(x)
V1: 0
V2: 0
V3: 500
Amplitude: (Instantaneous)
OK
Cancel

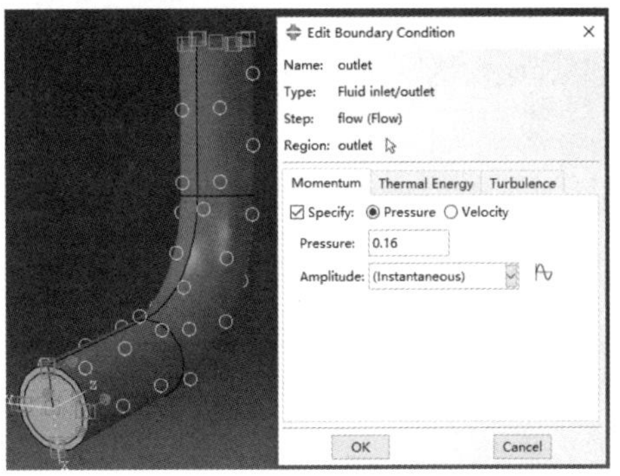
Edit Boundary Condition
Name: outlet
Type: Fluid inlet/outlet
Step: flow (Flow)
Region: outlet
Momentum Thermal Energy Turbulence
Specify: Pressure Velocity
Pressure: 0.16
Amplitude: (Instantaneous)
OK
Cancel

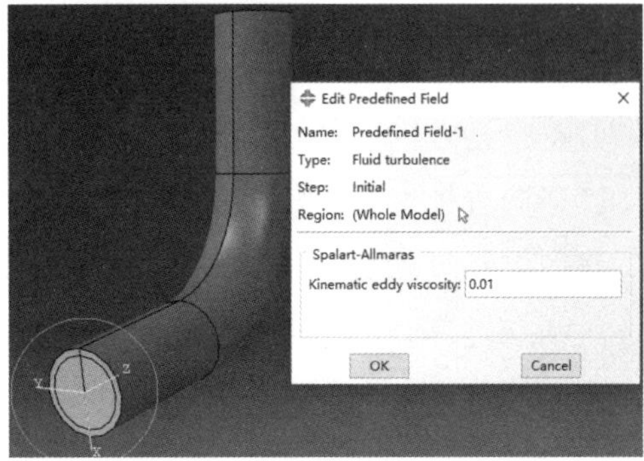
Edit Predefined Field
Name: Predefined Field-1
Type: Fluid turbulence
Step: Initial
Region: (Whole Model)
Spalart-Allmaras
Kinematic eddy viscosity: 0.01
OK
Cancel

图 7.35

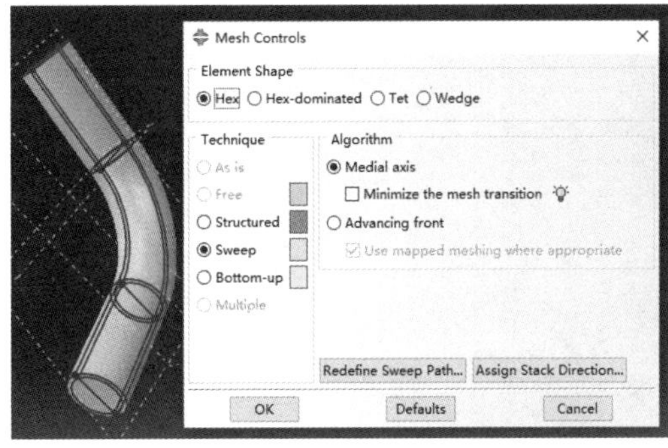
Mesh Controls
Element Shape
Hex Hex-dominated Tet Wedge
Technique
As is
Free
Structured
Sweep
Bottom-up
Multiple
Algorithm
Medial axis
Minimize the mesh transition
Advancing front
Use mapped meshing where appropriate
Redefine Sweep Path...
Assign Stack Direction...
OK
Defaults
Cancel
Local Seeds
Basic Constraints
Method
By size
By number
Bias
None Single Double
Sizing Controls
Number of elements: 24
Set Creation
Create set with name: Edge Seeds-1
OK Apply Defaults Cancel

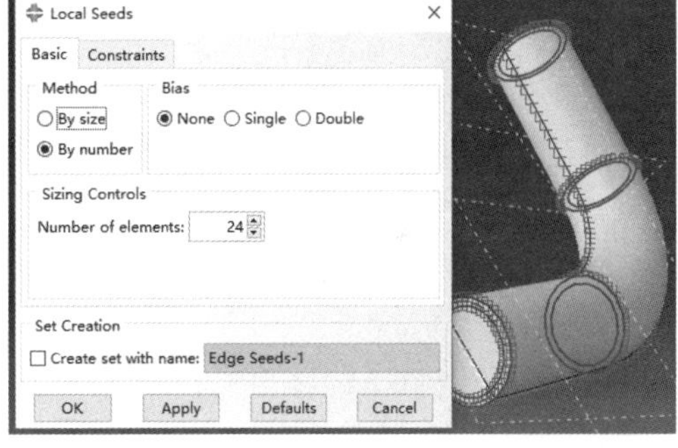
Local Seeds
Basic Constraints
Method
By size
By number
Bias
None Single Double
Sizing Controls
Number of elements: 15
Set Creation
Create set with name: Edge Seeds-1
OK Apply Defaults Cancel
Local Seeds
Basic Constraints
Method
By size
By number
Bias
None Single Double
Sizing Controls
Number of elements: 3
Bias ratio (>=1): 2
Flip bias: Select...
Set Creation
Create set with name: Edge Seeds-1
OK Apply Defaults Cancel

图 7.36

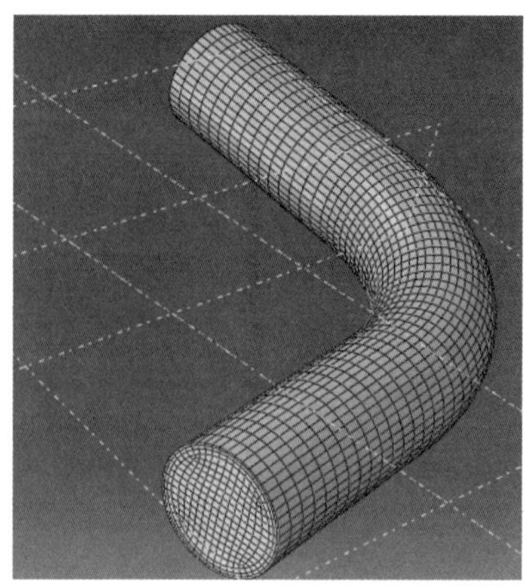

图 7.36（续）

至此，流体分析模型建立完成。在 Job 模块创建分析任务“Hose_CFD”。

3. 参数的双向更新

与结构分析过程类似，我们可以在 Abaqus 里面更新模型参数来完成分析的迭代。在 Assembly 模块下，依次选择【Tools】>【CAD Interfaces】>【CAD Parameters】，在“CAD Parameters”界面将两个参数从 100 修改为 200，如图 7.37 所示，然后单击【Update】按钮。

CAD Parameters

	Document Name	Parameter Name	Value
1	Part1	ABQ_Angle	100
2	Part1	ABQ_Offset1	200
3	Part1	ABQ_Offset2	200
4	Part1	ABQ_Pipe_Radius	25
5	Part1	ABQ_Radius	100

☐ Keep CAD software running.

Update　　Defaults　　Cancel

图 7.37

此时，可以看到 Abaqus 和 CATIA 中的模型都同时更新了，如图 7.38（左）所示为 Abaqus 更新后的效果，图 7.38（右）所示为 CATIA 更新后的效果。

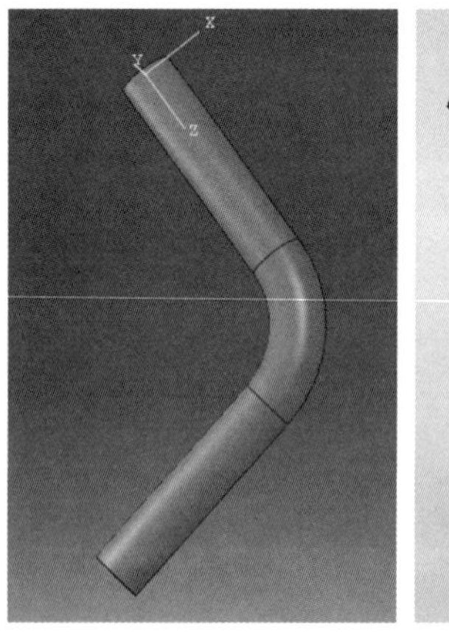 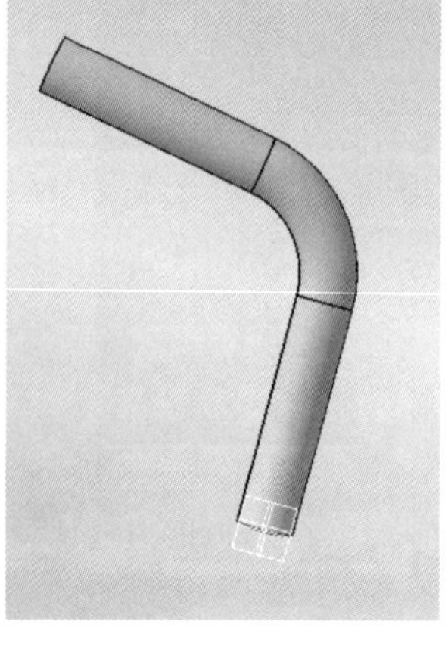

图 7.38

检查其他模块中的设置，除网格外都是正确的。由于尺寸变化，网格划分需要手动更新一下，如图 7.39 所示。

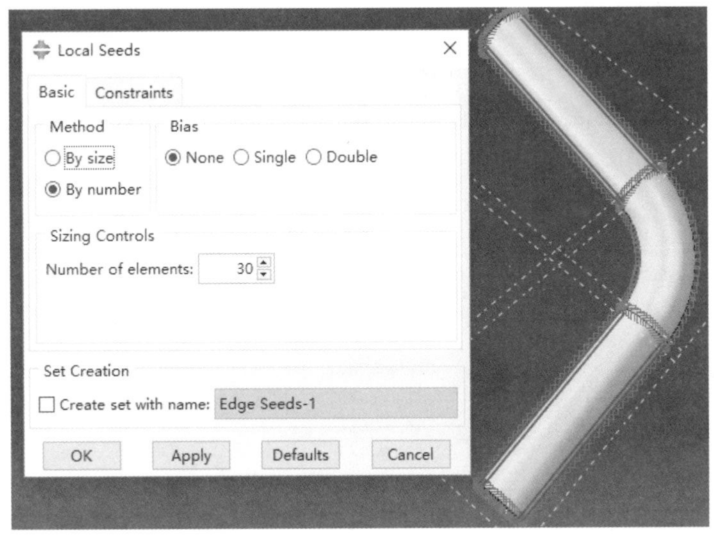

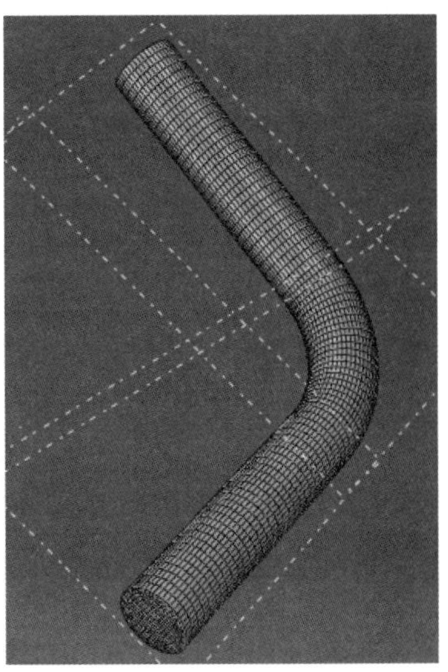

图 7.39

4. 计算结果对比

上面两个模型不同参数下计算的速度场分布如图 7.40 所示。

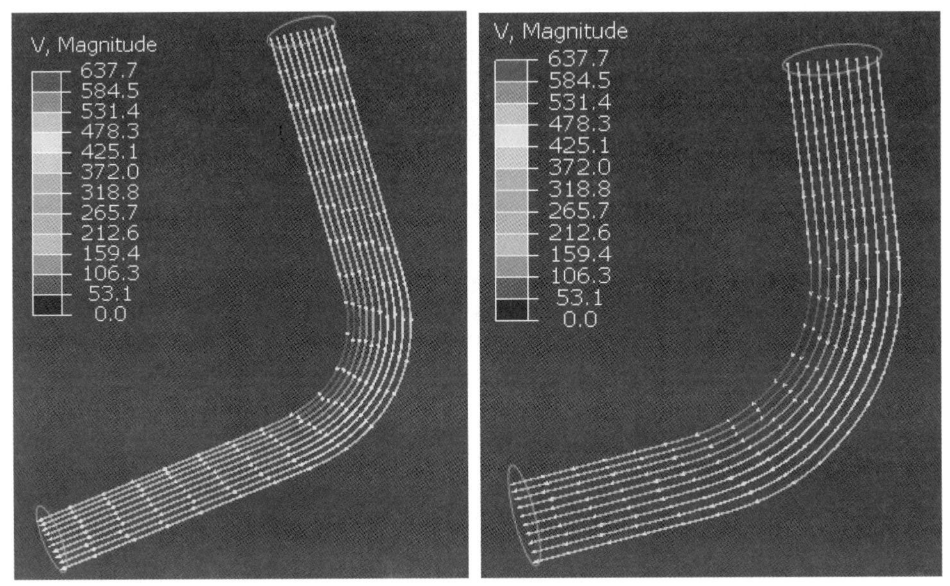

图 7.40

从本章的两个例子我们看到，通过参数驱动的模型，配合两个软件之间的接口，我们可以快速更新 CATIA 和 Abaqus 的模型和计算设置，完成设计和计算的迭代。

通过本篇内容的学习会发现，原本一个十分繁杂的建模过程可以通过设计重用的方法，快速“克隆”出新的设计，而这样的高效操作对研发效率的提升是显而易见的。其实，提升的又岂止是效率呢？还有统一的设计格式、更低的人为错误率、更好的可维护性与继承性等。

而这，只是 CATIA 知识工程优势的冰山一角……

DS CATIA

第三篇

KWA 常用命令

第一篇介绍了参数化设计的基本知识，包括初始环境设置、参数和关系式的创建、设计表的创建和使用，并通过标准凸缘联轴器的实例练习了参数化驱动建模及零件库的创建、使用和维护；在第一篇学习内容的基础上，第二篇重点介绍了超级副本(Powercopy)和用户特征(UserFeature)的创建、保存、调用，并通过螺纹特征和水泵叶轮的实例练习了超级副本（Powercopy）和用户特征（UserFeature）这两个特征快速重建的命令。学至此处已算是行至知识工程的城门之下，而本篇将带领你正式“入门”。

本篇选取汽车上必不可少的零件——轮速传感器为例，介绍规则（Rule）和检查（Check）命令的创建及使用，再以汽车上常见的一类橡胶零件——波纹管式橡胶套为例，介绍响应（Reaction）命令的使用，最后再介绍列表（List）和循环（Loop）命令是如何更好地控制模型的。通过本篇的学习，读者将能够对模型中的参数、关系和公式进行归纳、梳理，并能设计出具备一定“智能”或嵌入了设计知识的模型。

请注意，本篇学习内容需要 CATIA 知识工程顾问（Knowledge Advisor）模块的许可证，即 KWA License。

CATIA

第 8 章 参数集和关系集

本章将介绍如何新建参数集和关系集，并对已经创建的参数进行重新归纳、排序，这将增强模型的可读性和逻辑性，便于模型的维护和使用。

本章知识要点

- 创建参数集和关系集
- 添加注释或链接
- 重新调整参数、关系式至新的参数集和关系集

8.1 创建参数集和关系集

在第二篇的 4.5 节中，当需要把零件文档中结构树中的参数集移动到几何体“PartBody”内时，使用的是【剪切（Cut）】和【粘贴（Paste）】命令，完成了把【参数集（Parameters）】和【关系集（Relations）】两个节点放进几何体“PartBody”中的操作。一般情况下，一旦参数被引用或关系被用于模型创建后，再把参数或关系式剪切，则会引起模型的更新错误，如果使用【复制（Copy）】和【粘贴（Paste）】命令把原参数集和关系集粘贴到新的位置，再把原来的参数集和关系集删除或清空的方法，由于同时存在两组同名的参数和关系式，容易混淆了不同位置的同名参数和关系式。KWA 模块下的【添加参数集（Add Set of Parameters）】按钮和【添加关系集（Add Set of Relations）】按钮将帮助用户简化参数和关系式的归纳、排序工作。

在 CATIA 中打开 4.1 节所创建的参数模型文档“Thread_Master”，以新的文件名“Thread_Master_NewSet”另存，以下操作将在此零件文档中进行。

在【开始（Start）】菜单下依次选择【知识工程（Knowledgeware）】、【知识工程顾问（Knowledge Advisor）】，如图 8.1 所示，然后进入 CATIA 的【知识工程顾问（Knowledge Advisor）】模块。

通过【工具（Tool）】菜单下的【自定义（Customize）】命令进入【自定义（Customize）】窗口，然后在【开始菜单（Start Menu）】页面下把常用的模块加入到收藏夹中，便于以后快速访问，如图 8.2 所示。

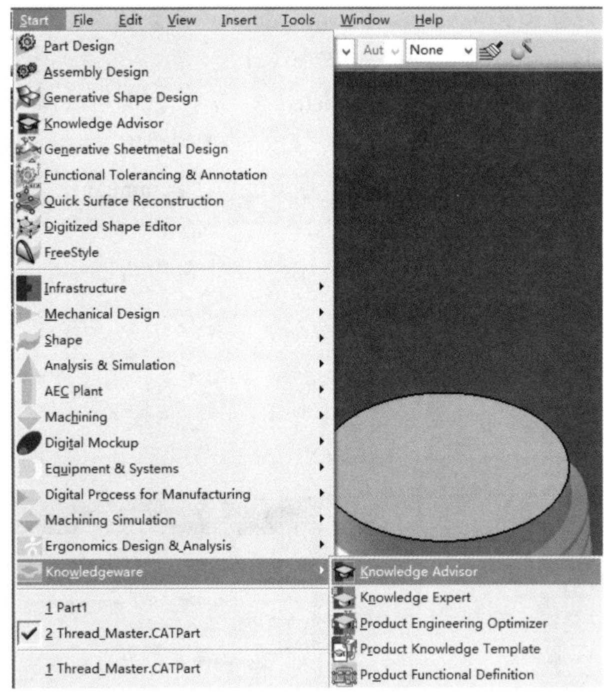

图 8.1

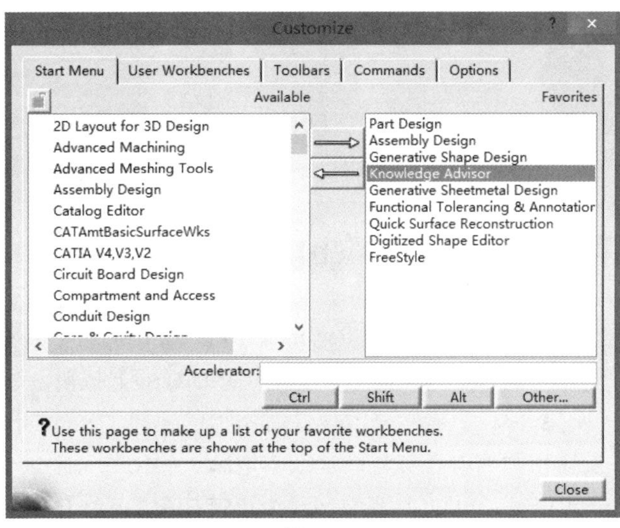

图 8.2

在【知识工程顾问（Knowledge Advisor）】模块中，有一个名为【组织知识（Organize Knowledge）】的工具栏。它包含【添加参数集（Add Set of Parameters）】按钮、【添加关系集（Add Set of Relations）】按钮、【参数浏览器（Parameters Explorer）】按钮和【注释和链接（Comment & URLs）】按钮，如图 8.3 所示。

在结构树中选择几何体“PartBody”，然后在【组织知识（Organize Knowledge）】工具栏中选择【添加参数集（Add Set of Parameters）】命令，即在“PartBody”内创建了一个新的【参数集（Parameters）】Parameters.2；

图 8.3

使用同样的操作方法和【添加关系集（Add Set of Relations)】命令，即可在“PartBody”内创建一个新的【关系集（Relations)】Relations.2，如图 8.4 所示。

右击新建的【参数集（Parameters)】Parameters.2，选择【属性（Properties)】(或按 Alt+Enter 组合键)，在其【属性（Properties)】对话框中，可对该【参数集（Parameters)】进行重命名和添加注释操作，本例中将原来的“Parameters.2”重命名为“Parameters”，在【注释（Comment)】处添加注释“NewParameterSet”，如图 8.5 所示。

同理，可以修改【关系集（Relations)】的属性，本例中将原来的“Relations.2”重命名为“Relations”。

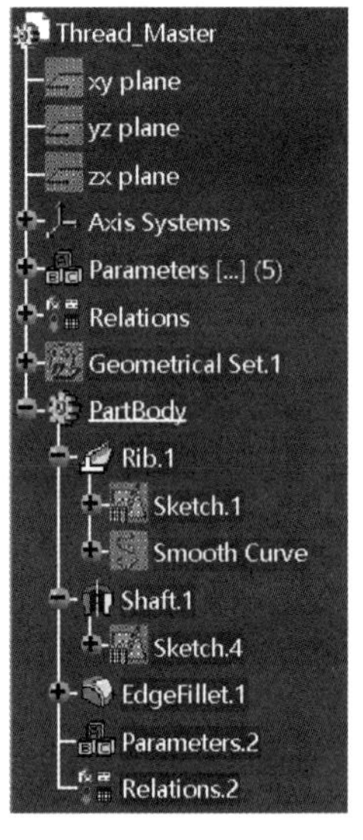

图 8.4

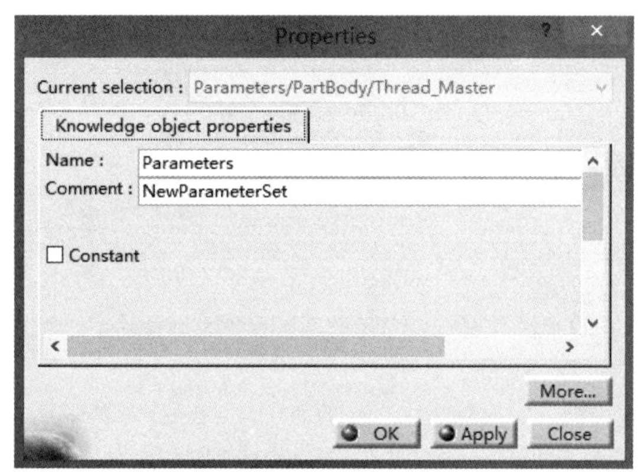

图 8.5

8.2 添加注释和链接（Comment & URLs)

在结构树中选择修改属性后的【参数集(Parameters)】Parameters，然后在【组织知识(Organize Knowledge)】工具栏中单击【注释和链接（Comment & URLs)】按钮，即可在弹出的【链接和注释（URLs & Comment)】窗口中看到修改属性时添加的注释“NewParameterSet”，同时还可以在 URL 区域添加和设计相关的参考资料网址或本电脑上的文件夹地址作为参考链接，本例中在 URL 处添加 http://www.baidu.com，并在添加时为该链接命名为“DesignReference”，如图 8.6 所示。

在以后的设计过程中，如果要参考该网址的资料，可以选择该【参数集（Parameters)】，然后在【组织知识（Organize Knowledge)】工具栏中单击【注释和联接（Comment & URLs)】按钮，在弹出的【链接和注释（URLs & Comment)】窗口中单击【访问（Go)】命令即可访问 URL 处的网址或本电脑的文件夹地址。更方便的是，为【参数集（Parameters)】添加【注释（Comment)】后，当把鼠标放在结构树中该【参数集（Parameters)】的位置时，会显示【注释（Comment)】里的内容，如图 8.7 所示。

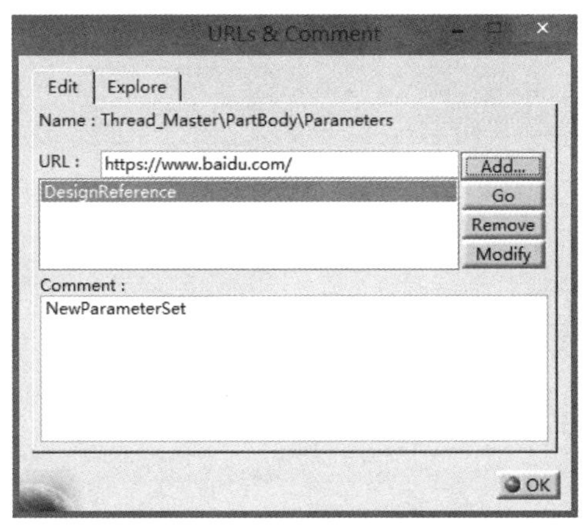

图 8.6

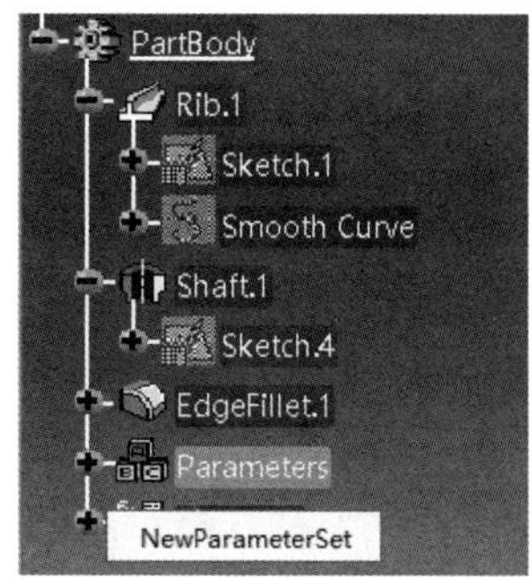

图 8.7

这里只是以【参数集（Parameters）】为例，实际上，可以为结构树中的所有元素添加【链接和注释（URLs & Comment）】，便于设计评审或交流时能快速找到相关材料。

8.3　重组参数和关系式

在零件文档“Thread_Master_NewSet”的结构树中展开原来的【参数集（Parameters）】“Parameters[...]”，右击该【参数集（Parameters）】，在右键菜单的最下方找到【参数集对象（Parameters object）】，并在其下一级菜单中选择【隐藏的参数（Hiddern Parameters）】命令（如图 8.8 所示），即会弹出如图 8.9 所示的【隐藏的参数（Hiddern Parameters）】对话框。

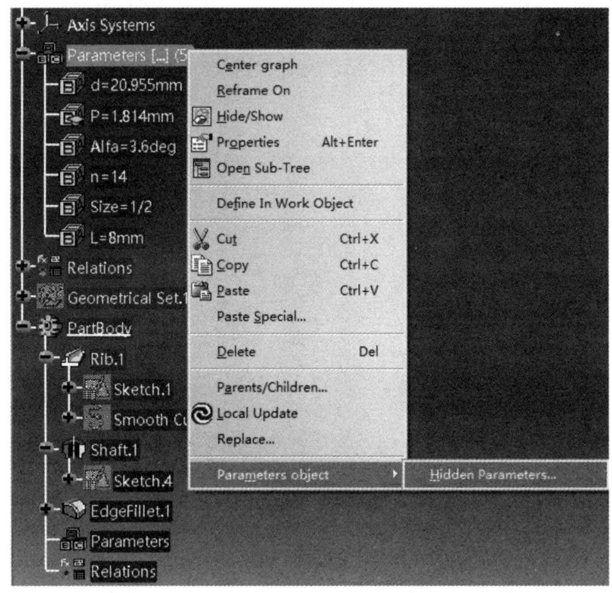

图 8.8

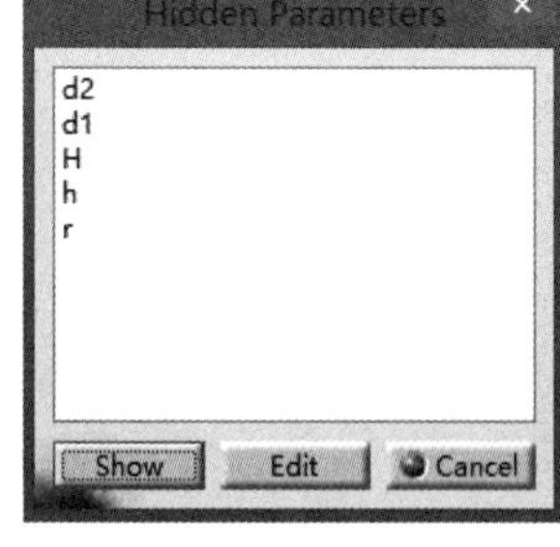

图 8.9

选择所有被隐藏的参数，然后单击对话框中的【显示（Show）】按钮，即可把所有被隐藏的参数显示在【参数集（Parameters）】中。本操作可参见 4.1 节中的关于隐藏和显示参数的介绍。

选择原【参数集（Parameters）】中的所有参数，右击所选的参数，在右键菜单中选择【选择的对象（Selected objects）】及其下一级命令【重新排序（Reorder）】（如图 8.10 所示），然后在结构树中选择上一节中新建在“PartBody”内的【参数集（Parameters）】“Parameters”，即会弹出如图 8.11 所示的【重新排序（Reorder）】对话框。

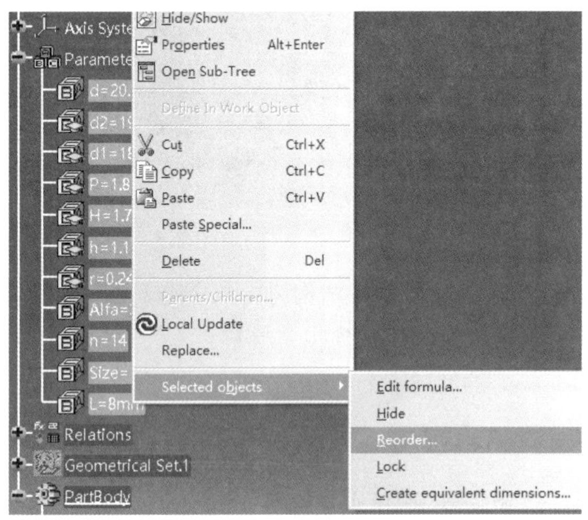

图 8.10

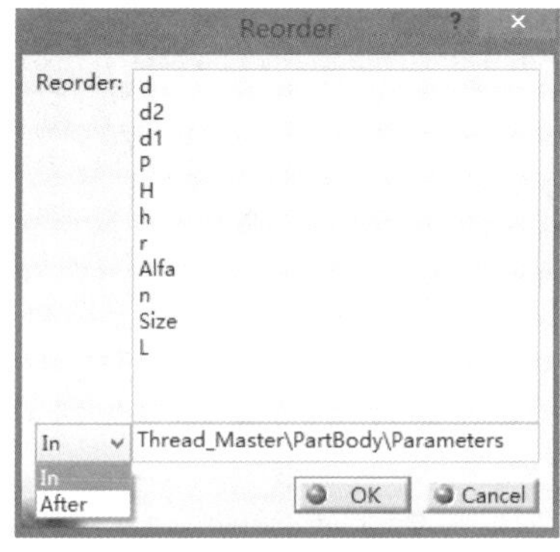

图 8.11

在【重新排序（Reorder）】对话框中，左下角有个下拉列表，可以选择把选中的参数是放在目标位置内[即选择【内部（In）】]或是放在目标位置后[即选择【之后（After）】]，本例中在下拉列表处选择【内部（In）】，即可把选择的所有待重新排序的参数放进新的位于“PartBody”内的【参数集（Parameters）】“Parameters”中，如图 8.12 所示。

提　示

【重新排序（Reorder）】命令在实体建模尤其是布尔运算时也会经常用到，可以根据设计需要对不同特征进行顺序上的调整。

同样，在同一【参数集（Parameters）】内部的各参数之间，亦可通过【重新排序（Reorder）】命令进行参数顺序上重新排列。

同理，在结构树中选择原【关系集（Relations）】中的所有关系式，通过右击菜单中的【重新排序（Reorder）】命令，选择位于“PartBody”内新建的【关系集（Relations）】“Relations”作为目标位置，即可把原【关系集（Relations）】中的所有关系式移到位于“PartBody”内新建的【关系集（Relations）】中，如图 8.13 所示，保存模型。

通过以上的操作，可以将参数和关系式“平和地”移到新的位置，且不会引起如【剪切（Cut）】和【粘贴（Paste）】命令可能导致的模型更新报错的问题。

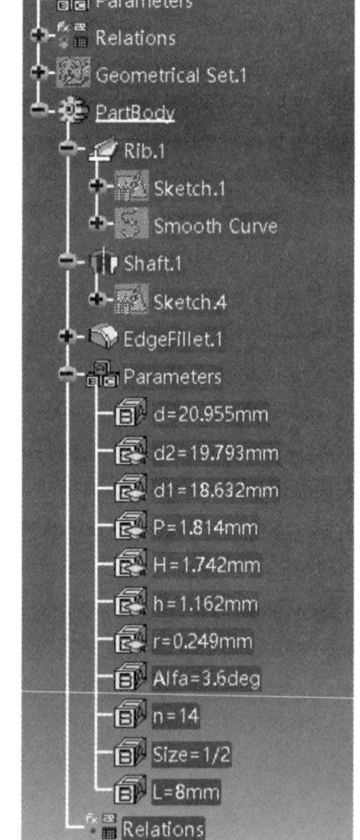

图 8.12

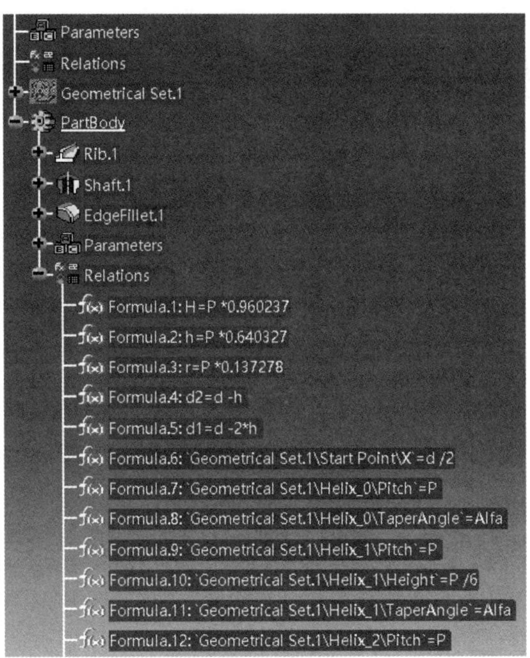

图 8.13

**提　示**

读者可以尝试对参数进行【剪切（Cut）】和【粘贴（Paste）】操作，观察模型的变化。

DS CATIA

第 9 章 知识工程顾问响应特征

本章将以轮速传感器为例，详细介绍规则（Rule）、检查（Check）在参数化模型中的应用。再以橡胶波纹套管为例，详细介绍响应（Reaction）的创建及不同的响应方式（Reaction Event）。

规则（Rule）如同一个操作指导，它通过条件语句定义了参数之间的关系，当激发条件满足时，便实时更新：

- 给参数赋值或添加驱动关系；
- 激活或取消激活某特征；
- 显示信息窗口；
- 运行宏程序；
- 以上操作所关联的几何元素（点、线、面）的更新。

局限的是规则（Rule）只能对控制设计状态的参数（Parameter）和特征（Feature）进行控制，无法控制一个操作动作（例如拖放鼠标、插入或移除某对象等），而要控制一个操作动作的话，就需要借助于响应（Reaction）。

检查（Check）可以告诉用户设定的条件是否满足，它不会改变所作用的文档内容，即对设计内容不作修改，仅作提示。

响应（Reaction）是指设定的规则对于激发事件（Event）的响应，事件是一系列可能的动作（Action），这些动作包括针对一般对象（如选中的特征或特征列表、参数等）的操作事件，如创建、删除、更新、拖放、属性变更、参数值变化等，还包括零部件的插入、替换操作。

响应（Reaction）和规则（Rule）有许多相似之处，亦有明显的不同之处，简单的理解就是规则（Rule）能实现的响应（Reaction）基本都可以实现，并且响应（Reaction）可以实现更复杂的控制。

本章知识要点

- 创建并使用规则（Rule）、检查（Check）、响应（Reaction）
- 理解规则（Rule）、检查（Check）、响应（Reaction）的语法逻辑
- 理解规则（Rule）与响应（Reaction）的差异

9.1 轮速传感器参数化建模

如图 9.1 所示为两种典型的汽车轮速传感器，左侧称为直插式轮速传感器，右侧称为线束式轮速传感器。其中，直插式轮速传感器主要由传感器头、安装法兰、连接器三部分组成；线束式轮速传感器主要由传感器头、安装法兰、线束三部分组成。

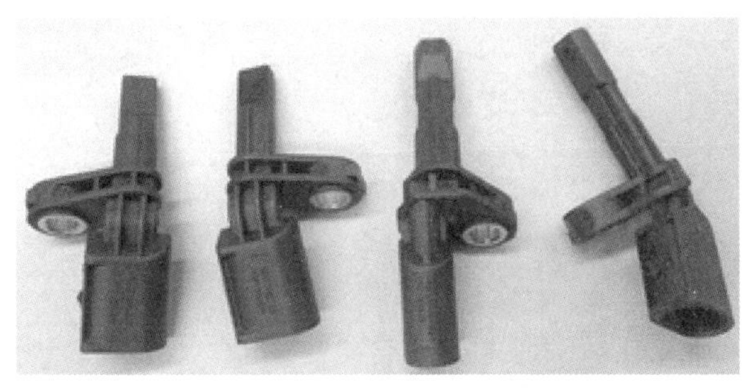
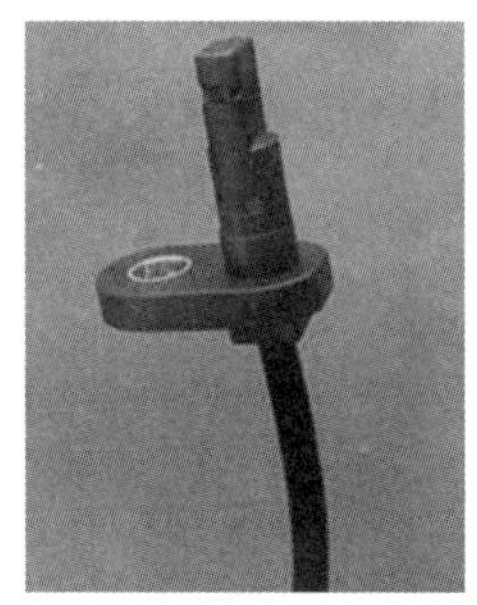

图 9.1

一般地，根据车身环境不同，传感器头的长度、安装直径、法兰安装孔尺寸、连接器接口或线束长短都可能会有所不同。以下将简化传感器的结构特征，对传感器进行参数化建模，期望的目标是可以创建一个传感器模板文件以快速生成基于不同安装需求的传感器设计模型。

新建一个 CATIA 零件（Part）文档，以“WSS”为名保存该零件。在【参考元素（Reference Elements)】工具栏中单击【点（Point)】按钮，创建一个坐标为（0,0,0）的点，并重命名该点为“Origin”。在【工具（Tools)】工具栏中单击【坐标系（Axis System)】按钮，创建一个以点“Origin”为坐标原点的用户坐标系，重命名该坐标系为“WSS_AxisSystem”，并把该坐标系设置为当前工作坐标系。隐藏结构树中的零件文档自带的三个坐标平面，如图 9.2 所示。

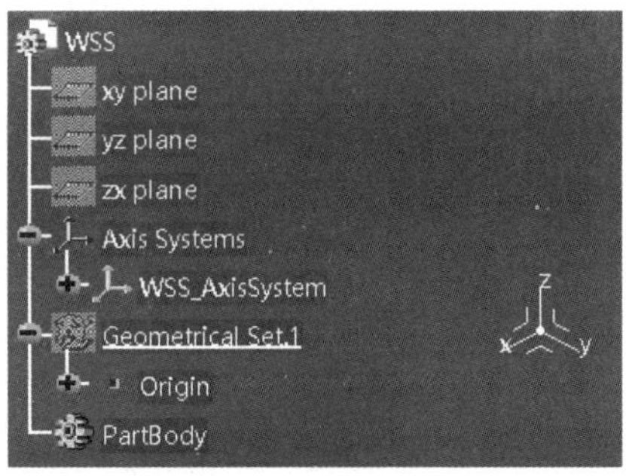

图 9.2

在【插入（Insert)】菜单下选择【几何体（Body)】命令，新建一个【几何体（Body)】，并重命名为“Flange”，此时，系统将自动设置【几何体（Body)】“Flange”为当前工作对象。在【知识（Knowledge)】工具栏中单击【公式（Formula)】按钮，创建五个【长度（Length)】类型的单值参数，这五个参数的名称、含义及初始值如下：

Flange_Thickness——法兰厚度，初始值=3mm；

Flange_Pitch——传感器头部中心距安装孔的中心距，初始值=20mm；

Flange_HoleDia——安装孔的直径，初始值=7mm；

Flange_ADia——法兰靠传感器头部一侧的半径，初始值=16mm；

Flange_BDia——法兰靠传感器安装孔一侧的半径，初始值=12mm。

选择坐标系“WSS_AxisSystem”的“YZ”平面，然后选择【定位草图（Positioned Sketch）】命令，进入草绘环境。绘制如图 9.3 所示的轮廓，并使用所创建的参数驱动草图中的各尺寸。

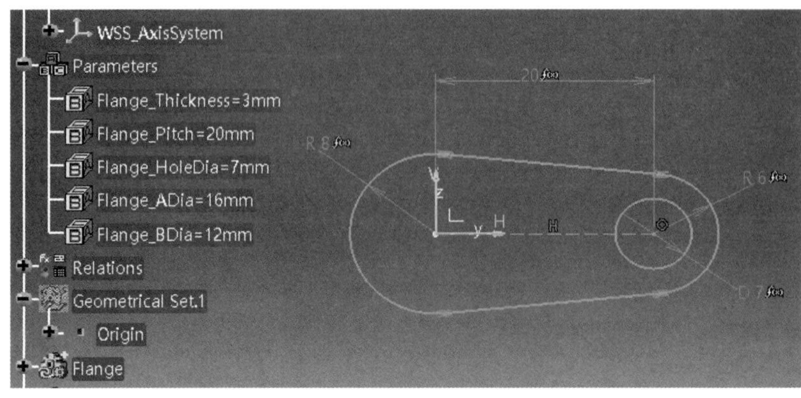

图 9.3

退出草图，使用该轮廓拉伸出实体特征，拉伸方向为 X 坐标轴负方向，拉伸厚度由参数“Flange_Thickness”驱动。

在【插入（Insert)】菜单下选择【几何体（Body)】命令，新建一个【几何体（Body)】，并重命名为“SensorHead”。在【知识（Knowledge)】工具栏中单击【公式（Formula)】按钮，创建五个【长度（Length)】类型的单值参数，这五个参数的名称、含义及初始值如下：

Head_Length——传感器头部总长度，初始值=40mm；

Head_Dia——传感器头部基础直径，初始值=10mm；

Head_AOffset——传感器头部一侧扁平面距中心轴线距离，初始值=3mm；

Head_BOffset——传感器头部另一侧扁平面距中心轴线距离，初始值=4mm；

Head_OffsetLength——传感器头部扁平段长度，初始值=18mm。

选择坐标系“WSS_AxisSystem”的“YZ”平面，然后选择【定位草图（Positioned Sketch）】命令，进入草绘环境。绘制如图 9.4 所示的基础圆轮廓，并使用参数“Head_Dia”驱动圆的直径尺寸。

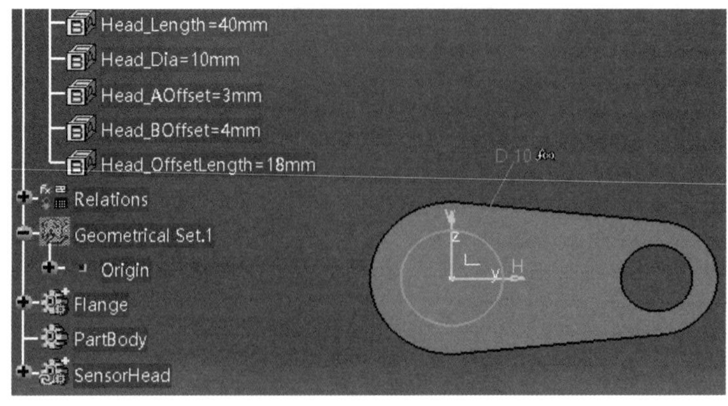

图 9.4

退出草图，使用该轮廓拉伸出实体特征，拉伸方向为 X 坐标轴正方向，拉伸长度由参数“Head_Length”驱动。

选择坐标系“WSS_AxisSystem”的“ZX”平面，然后选择【定位草图（Positioned Sketch）】命令，在【草图定位（Sketch Positioning）】对话框的下方，先选择【交换（Swap）】选项，再选择【H 轴反向（Reverse H）】选项，然后单击【确认（OK）】按钮进入草绘环境。绘制如图 9.5 所示的轮廓，并使用所创建的参数驱动草图中的各尺寸。

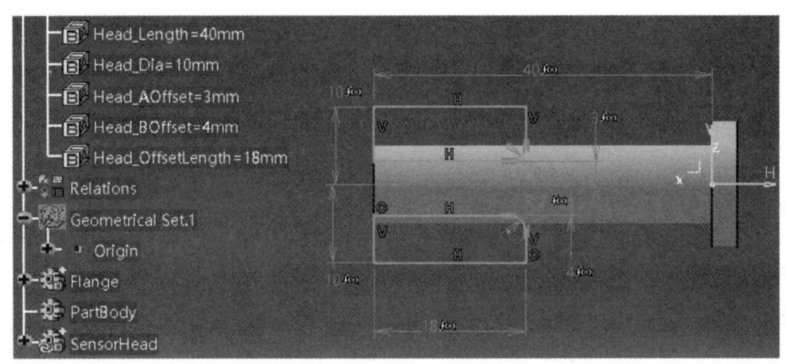

图 9.5

退出草图，使用该轮廓拉伸去除材料形成两侧的扁平面特征，拉伸方向为 Y 坐标轴双向对称，拉伸长度由参数“Head_Dia”驱动，得到如图 9.6 所示的模型。

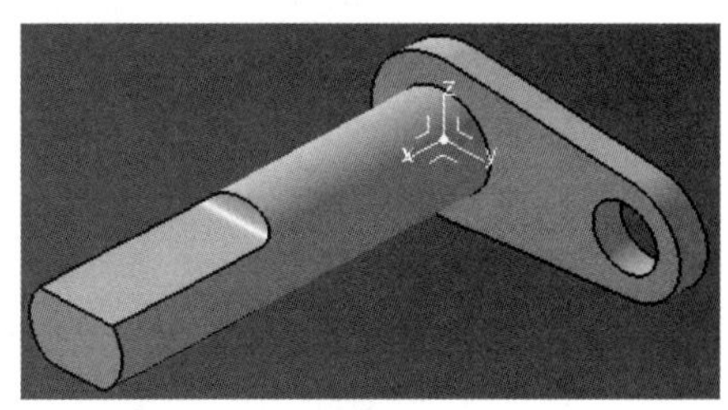

图 9.6

在【插入（Insert）】菜单下选择【几何体（Body）】命令，新建一个【几何体（Body）】，并重命名为“Connector”。在【知识（Knowledge）】工具栏中单击【公式（Formula）】按钮，创建五个【长度（Length）】类型、两个【角度（Angle）】类型的单值参数，这七个参数的名称、含义及初始值如下：

Connector_Offset —— 连接器根部中心距法兰中心的偏移距离，初始值=6mm；

Connector_Length —— 连接器长度，初始值=30mm；

Connector_Width —— 连接器接口部位宽度，初始值=18mm；

Connector_Height —— 连接器接口部位高度，初始值=10mm；

Connector_Thickness —— 连接器壳体厚度，初始值=1.5mm；

Connector_YBentAngle —— 连接器绕 Y 轴的弯曲角度，初始值=20deg；

Connector_XRotateAngle —— 连接器绕 X 轴的旋转角度，初始值=50deg。

定义当前工作对象至“Geometrical Set.1”或其他【几何图形集（Geometrical Set）】，在【参考元素（Reference Elements）】工具栏中单击【平面（Plane）】按钮，创建一个与坐标系“WSS_AxisSystem”的“YZ”平面平行且偏移距离等于参数“Flange_Thickness”的值，重命名该平面为“Connector_OffsetPlane”。使用【创成式外型设计（Generative Shape Design）】工作台下的【相交（Intersection）】按钮，选择“WSS_AxisSystem”的“XY”平面和刚创建的平面“Connector_OffsetPlane”相交，得到一条交线，重命名该交线为“Connector_Intersect_Line”。选择【平面（Plane）】命令，创建一个与平面“Connector_OffsetPlane”呈一夹角的平面，夹角大小由参数“Connector_YBentAngle”驱动，夹角轴线选择“Connector_Intersect_Line”，重命名该平

面为“Connector_BentPlane”。再使用【参考元素（Reference Elements）】工具栏中的【平面（Plane）】按钮，创建一个与平面“Connector_BentPlane”平行的平面，偏移方向为 X 坐标轴负方向，偏移距离由参数“Connector_Offset”控制，重命名该平面为“Connector_Datum”，隐藏平面“Connector_BentPlane”。

定义当前工作对象至“Connector”，选择【定位草图（Positioned Sketch）】命令，在【草图定位（Sketch Positioning）】对话框中，选择平面“Connector_Datum”为参考平面，在【原点（Origin）】区域的【类型（Type）】下拉列表中选择【投影点（Projection point）】，在【参考（Reference）】区域选择点“Origin”为参考点，单击【确认（OK）】按钮进入草绘环境。绘制如图 9.7 所示的轮廓，并使用所创建的参数驱动草图中的相关尺寸。

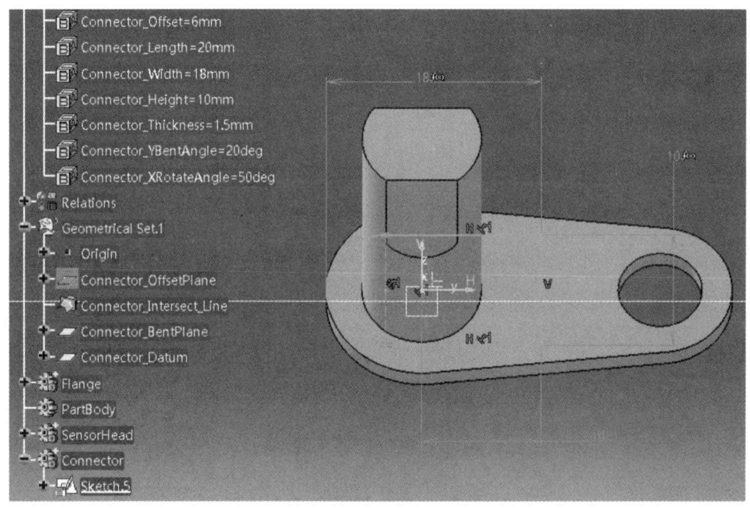

图 9.7

退出草图，使用该轮廓拉伸出连接器的基础特征，拉伸方向为 X 坐标轴负方向，拉伸长度由参数“Connector_Length”驱动，得到如图 9.8 所示的模型。

单击【修饰特征（Dress-Up Features）】工具栏中的【壳（Shell）】按钮，选择连接器特征的上端面作为移除面，壳体厚度由参数“Connector_Thickness”驱动，得到如图 9.9 所示的模型。

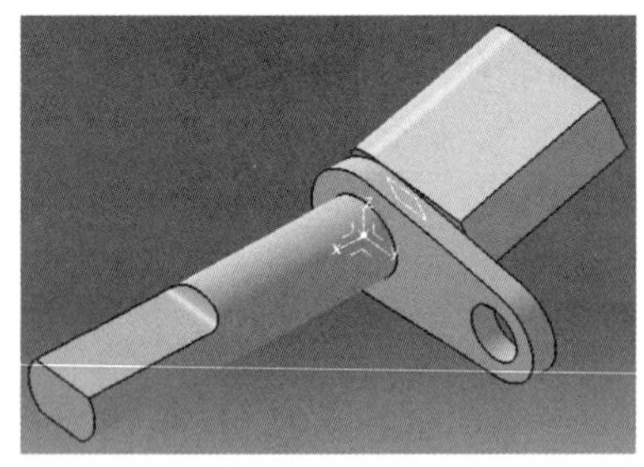

图 9.8

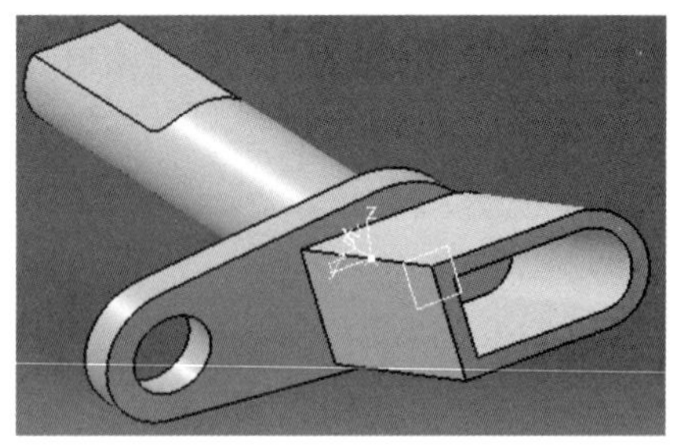

图 9.9

选择【定位草图（Positioned Sketch）】命令，在【草图定位（Sketch Positioning）】对话框中，选择“WSS_AxisSystem”的“ZX”平面为参考平面，先选择【交换（Swap）】选项，再选择【H 轴反向（Reverse H）】选项，然后单击【确认（OK）】按钮进入草绘环境。绘制如图 9.10 所示的连接区域的轨迹线。其中，水平构建线与“H 轴”重合且右端点与平面“Connector_OffsetPlane”重合；右侧的构建线与平面“Connector_Datum”垂直且左端点与平面“Connector_Datum”重合，中间的连接线使用圆弧分别连接两个构建线并与两条构建线相切。

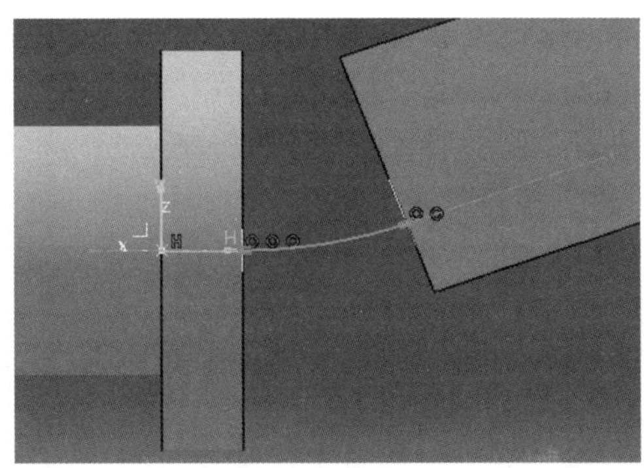

图 9.10

使用【创成式外型设计（Generative Shape Design）】工作台下的【相交（Intersection）】命令，选择“Connector_OffsetPlane”平面和刚创建的连接区域轨迹线相交，得到一交点，重命名为“Connector_Intersect_Point”。选择【线框（Wireframe）】工具栏中的【圆（Circle）】按钮，选择点“Connector_Intersect_Point”作为中心点，选择平面“Connector_OffsetPlane”作为支持平面，半径由参数公式“0.5*Head_Dia/2”驱动，创建一个整圆。

定义当前工作对象至“Connector”，使用【筋（Rib）】命令，选择图 9.10 所示的草图作为轨迹，选择平面“Connector_OffsetPlane”上创建的整圆作为轮廓，完成从法兰特征到连接器特征之间的过渡区域特征的创建，如图 9.11 所示。

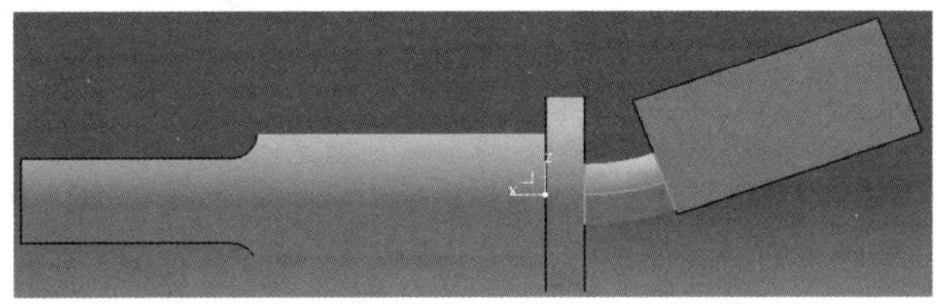

图 9.11

提 示

在实际设计工作中，修修改改是不可避免的，甚至需要调整特征的建模顺序。例如，本例中图 9.11 所示的连接器特征与中间过渡特征的连接已经到了极限，这时可以返回连接器特征的草图中适当调整连接器特征的位置，以更好地匹配设计；又或先绘制过渡区域特征再绘制连接器特征。本例仅为演示软件的功能，暂不对此设计进行优化修改。

在实际设计工作中，如图 9.11 所示的连接区域一般都需要考虑连接强度，根据设计和工艺需求，一般会增加加强筋特征，本例为简化操作，未对此处进行合理的加强设计，请读者知悉。

在【变换特征（Transformation Features）】工具栏中单击【旋转（Rotation）】按钮，将几何体“Connector”中的当前实体绕坐标系“WSS_AxisSystem”的 X 轴旋转某一角度，角度值由参数“Connector_XRotateAngle”驱动控制。

先后定义工作对象至几何体“Connector”、“Flange”、“SensorHead”，对各几何体下的特征进行必要的圆角处理。然后定义工作对象至几何体“PartBody”，依次右击几何体“Flange”、“SensorHead”、“Connector”，在右键菜单中选择布尔运算的【装配（Assemble）】命令把各几何体“装配”到几何体“PartBody”中。选择【圆角（Fillet）】命令，在【选择模式（Selection mode）】的下拉菜单中选择【相交（Intersection）】，并在结构树中选择几何体“Flange”的布尔运算特征“Assemble.1”（即所有与“Assemble.1”特征相交的锐边都会被倒圆角），完成倒圆角后的传感器模型如图 9.12 所示，保存模型。

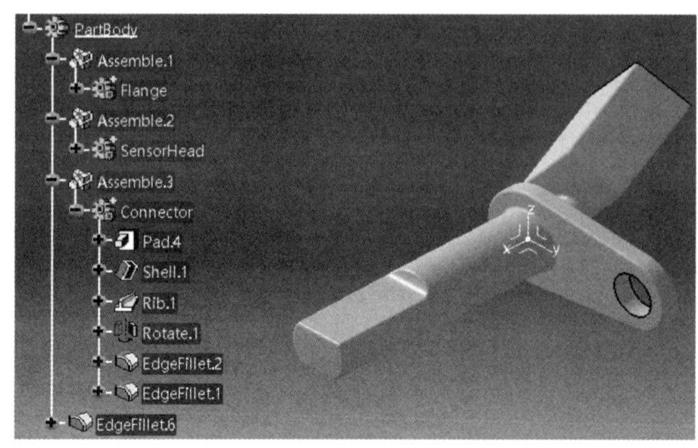

图 9.12

将“WSS”文档另存为“WSS_Master”，在“Connector”的布尔运算特征“Assemble.3”上右击，在展开的菜单中选择【取消激活（Deactivate）】命令，将布尔运算特征“Assemble.3”取消激活，得到如图 9.13 所示的只有法兰特征和传感器头部特征的模型。

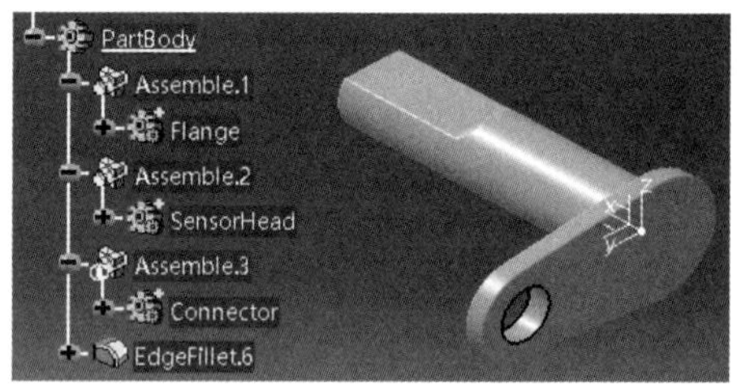

图 9.13

提　示

在对布尔运算特征使用【取消激活（Deactivate）】命令时需要特别注意，选择了“Deactivate all children”将同时【取消激活（Deactivate）】“该布尔运算特征以下各级特征”。

在【插入（Insert）】菜单下选择【几何体（Body）】命令，新建一个【几何体（Body）】，并重命名为“Cable_Connection”，单击【知识（Knowledge）】工具栏中的【公式（Formula）】按钮，创建三个【长度（Length）】类型的单值参数，这三个参数的名称、含义及初始值如下：

Cable_Length —— 线束长度，初始值=60mm；

Cable_Dia —— 线束直径，初始值=4mm；

Cable_Offset —— 线束与法兰过渡区域包胶长度，初始值=5mm。

选择【定位草图（Positioned Sketch）】命令，在【草图定位（Sketch Positioning）】对话框中，选择“WSS_AxisSystem”的“ZX”平面为参考平面，先选择【交换（Swap）】选项，再选择【H 轴反向（Reverse H）】选项，然后单击【确认（OK）】按钮进入草绘环境。绘制如图 9.14 所示的轮廓。

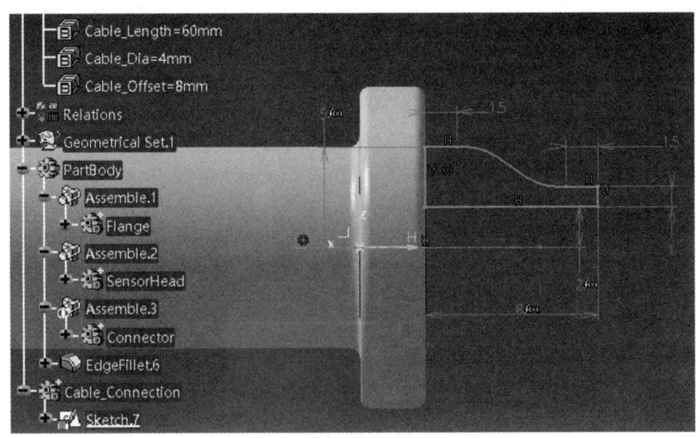

图 9.14

退出草图，选择【轴（Shaft）】命令，使用刚创建的截面轮廓创建一个旋转特征，该旋转特征即是线束与法兰连接的过渡区域特征。

选择平面“Connector_OffsetPlane”为参考平面，选择【定位草图（Positioned Sketch）】命令，进入草绘环境，创建如图 9.15 所示的截面轮廓。

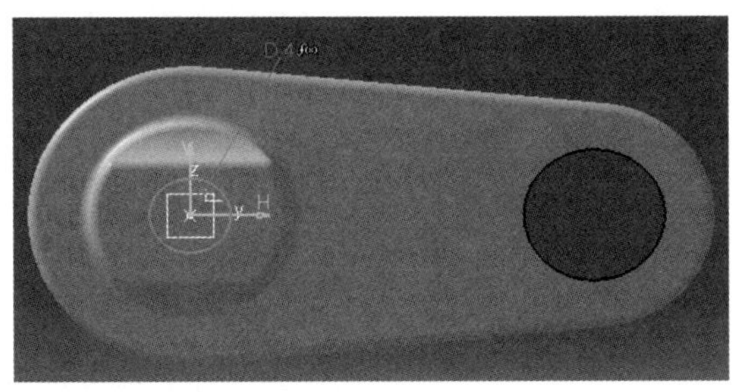

图 9.15

退出草图，选择【凸台（Pad）】命令，使用刚创建的截面轮廓创建一个拉伸特征，拉伸方向为 X 轴的负方向，拉伸长度由参数“Cable_Length”驱动控制。

右击几何体“Cable_Connection”，在右键菜单中选择布尔运算的【装配（Assemble）】命令把几何体“Cable_Connection”“装配”到几何体“PartBody”中，布尔运算特征“Assemble.4”即出现在结构树中。右击“Assemble.4”并在展开的菜单中选择【重新排序（Reorder）】命令，把“Assemble.4”调整到“Assemble.3”之后、圆角特征 EdgeFillet.6 之前，重新定义工作对象至几何体“PartBody”，完成后的线束式轮速传感器模型如图 9.16 所示。

通过【开始（Start）】菜单将 CATIA 工作环境切换到【知识工程顾问（Knowledge Advisor）】模块，选中结构树中的参数集“Parameters”，然后单击【添加参数集（Add Set of Parameters）】按钮，即在参数集“Parameters”下创建了一个新的参数集“Parameters.1”，重命名该新建的参数集为“Parameters_Flange”。按照同样的操作方法，在参数集“Parameters”下继续创建三个新的参数集，并依次分别重命名为“Parameters_Head”、“Parameters_Connector”、“Parameters_Cable”。通过右击菜单中的【重新排序（Reorder）】命令将参数集“Parameters”下原来的参数按参数名称分别归纳到新的四个参数集“Parameters_Flange”、“Parameters_Head”、“Parameters_Connector”、“Parameters_Cable”里，重新排序归纳后的参数集如图 9.17 所示。

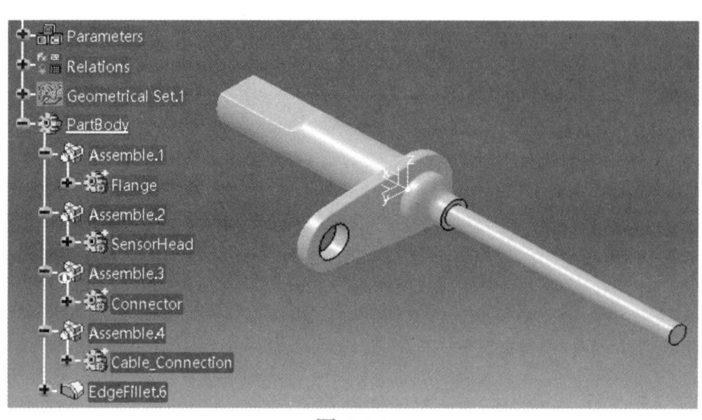

图 9.16

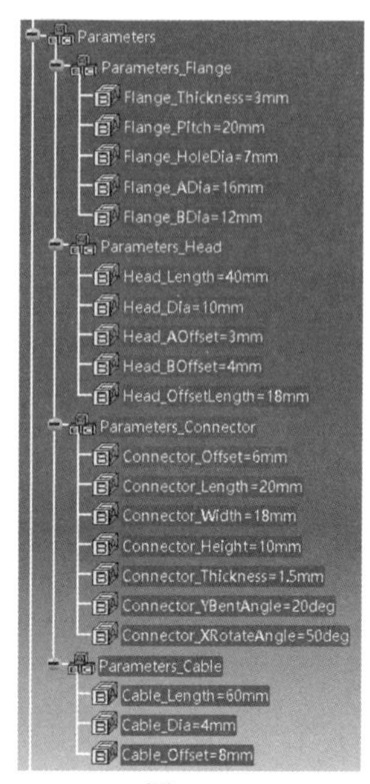

图 9.17

选中结构树中的关系集“Relations”，然后单击【添加关系集（Add Set of Relations)】按钮，即在关系集“Relations”下新建了一个新的关系集“Relations.1”，重命名该新建的关系集为“Formulas”。使用【重新排序（Reorder)】命令将关系集“Relations”下原来的关系式归纳到新的关系集“Formulas”里面，重新排序归纳后的关系集如图 9.18 所示（由于关系式太多，下图中仅截取部分关系式）。

重新归纳后的模型结构树如图 9.19 所示，所有的参数被分类放置、所有的关系式被集中放置、所有的建模特征最终通过布尔运算特征置于几何体“PartBody”之中，整个结构树看起来非常简洁、清晰，便于读图和后续维护。至此，一个简化的轮速传感器模型就基本建立完成了，保存模型以备后续使用。

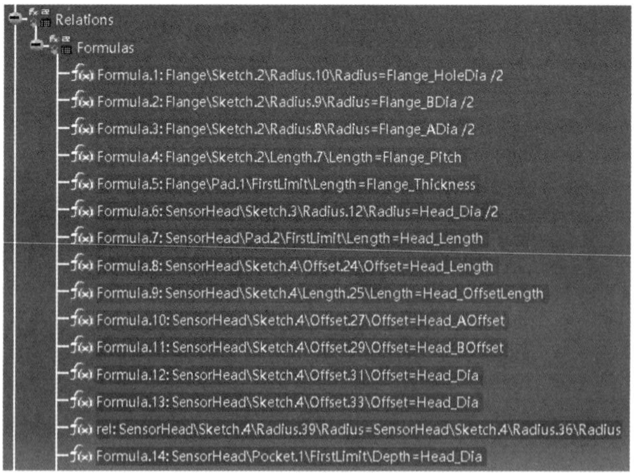

Relations
Formulas
Formula.1: Flange\Sketch.2\Radius.10\Radius=Flange_HoleDia /2
Formula.2: Flange\Sketch.2\Radius.9\Radius=Flange_BDia /2
Formula.3: Flange\Sketch.2\Radius.8\Radius=Flange_ADia /2
Formula.4: Flange\Sketch.2\Length.7\Length=Flange_Pitch
Formula.5: Flange\Pad.1\FirstLimit\Length=Flange_Thickness
Formula.6: SensorHead\Sketch.3\Radius.12\Radius=Head_Dia /2
Formula.7: SensorHead\Pad.2\FirstLimit\Length=Head_Length
Formula.8: SensorHead\Sketch.4\Offset.24\Offset=Head_Length
Formula.9: SensorHead\Sketch.4\Length.25\Length=Head_OffsetLength
Formula.10: SensorHead\Sketch.4\Offset.27\Offset=Head_AOffset
Formula.11: SensorHead\Sketch.4\Offset.29\Offset=Head_BOffset
Formula.12: SensorHead\Sketch.4\Offset.31\Offset=Head_Dia
Formula.13: SensorHead\Sketch.4\Offset.33\Offset=Head_Dia
rel: SensorHead\Sketch.4\Radius.39\Radius=SensorHead\Sketch.4\Radius.36\Radius
Formula.14: SensorHead\Pocket.1\FirstLimit\Depth=Head_Dia

图 9.18

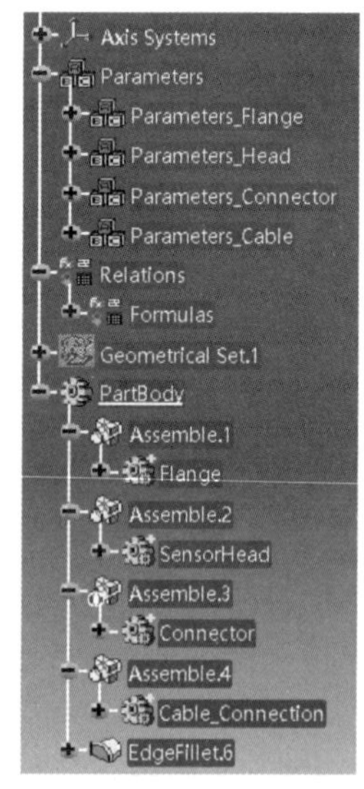

图 9.19

9.2　规则（Rule）在传感器模型中的应用

打开模型“WSS_Master”，以文件名“WSS_Master_Rule-Check”另存到文件夹中。新建一个布尔类型的参数，修改参数名为“DirectSensor”，默认值为“true”，如图 9.20 所示。

切换 CATIA 的工作环境至【知识工程顾问（Knowledge Advisor)】模块，在如图 9.21 所示的【响应特征（Reactive Feature)】工具栏中，总共有四个按钮，依次是【选择（Selection)】、【规则（Rule)】、【检查（Check)】、【响应（Reaction)】。

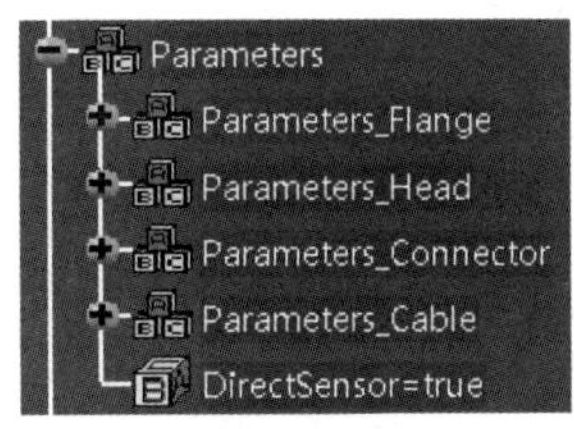

图 9.20

图 9.21

【选择（Selection)】和常规的选择功能类似，这里不作过多介绍，以下将介绍【规则（Rule)】、【检查（Check)】和【响应（Reaction)】命令。

单击【规则（Rule)】按钮，在弹出的如图 9.22 所示的【规则编辑器（Rule Editor)】预定义对话框中可以编辑以下内容。

- 【规则名称（Name of Rule）】：本例中修改规则名称为“Rule_SensorTypeSelection”。
- 【描述（Description）】：本例中保持系统默认的由“计算机名+创建时间”构成的描述。
- 【目标位置（Destination）】：即该规则将被放置于哪里，本例中保持系统默认的放在结构树的第一级关系集“Relations”下面。

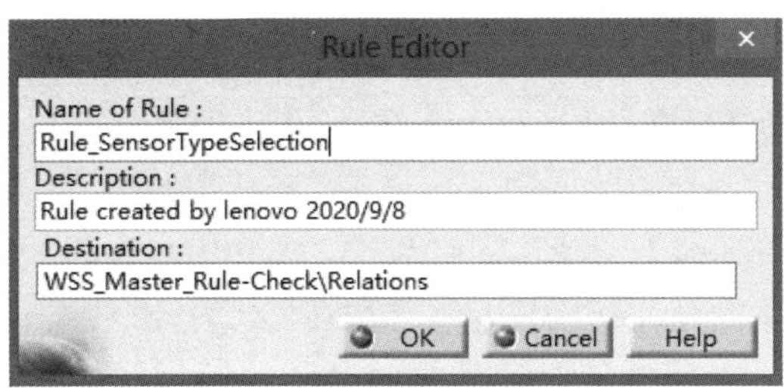

图 9.22

单击【确认(OK)】按钮，跳转到规则“Rule_SensorTypeSelection”的【规则编辑器(Rule Editor)】编辑窗口，在窗口上部的编辑区中输入以下代码后如图 9.23 所示。

```
/*Rule created by lenovo 2020/9/8*/
if DirectSensor == true
{
   PartBody\Assemble.3\Activity =true
   PartBody\Assemble.4\Activity=false
}
else
{
   PartBody\Assemble.3\Activity =false
```

```
    PartBody\Assemble.4\Activity =true
}
```

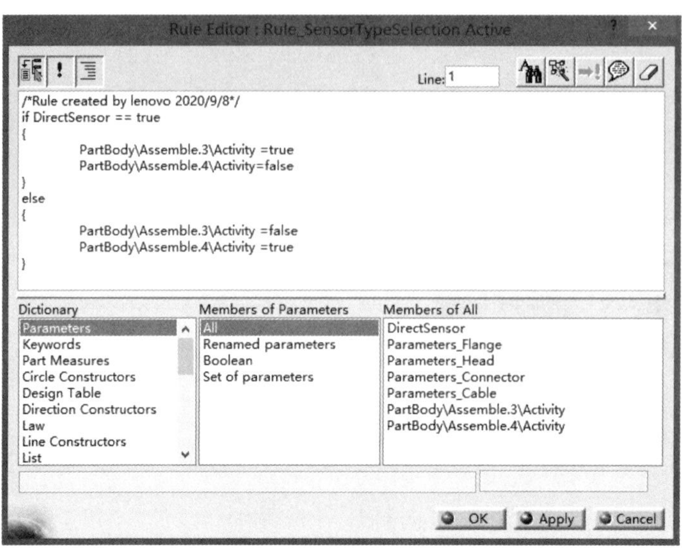

图 9.23

单击【确认（OK)】按钮，关闭【规则编辑器（Rule Editor)】对话框，即在结构树的关系集“Relations”下新建了规则特征“Rule_SensorTypeSelection”。此时，根据规则中的定义，模型中应该显示的是“直插式轮速传感器”模型，而不再是“线束式轮速传感器”模型，但是绘图窗口中显示的“直插式轮速传感器”模型很可能如图 9.24 所示，未显示出几何体“Connector”部分的模型特征。这时，请在结构树中展开布尔运算特征“Assemble.3”以下的各级特征，会发现几何体“Connector”部分的模型没有显示的原因是其下面的所有特征都已经处于【取消激活(Deactivate)】状态，这是因为在前面创建线束特征的时候，为了视图方便，对布尔运算特征“Assemble.3”进行了【取消激活（Deactivate)】操作，同时选择了“Deactivate all children”选项，即取消激活“Assemble.3”以下的所有特征。选择这些被【取消激活（Deactivate)】的特征，在右键菜单中选择【激活（Activate)】命令，同时选择“Activate all children”选项，即可把这些特征以及这些特征下面带的草图及几何构建元素都激活，此时，“直插式传感器”模型即可完整显示出来。

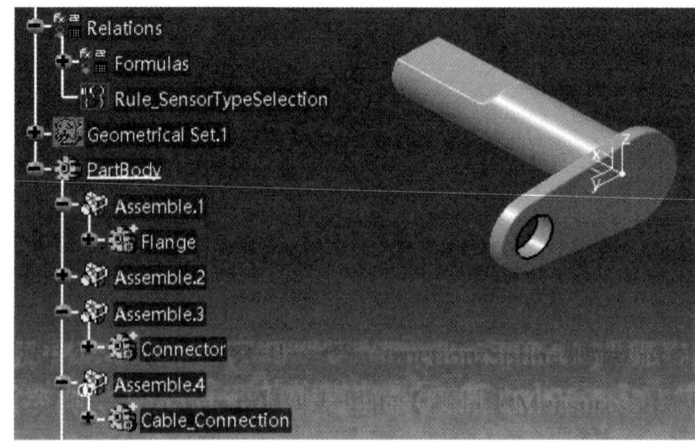

图 9.24

尝试双击结构树中的参数“DirectSensor”，并修改其值为“false”，绘图窗口中的模型会变红，单击【确认（OK）】按钮确认修改参数，传感器模型即由“直插式”结构自动变成了“线束式”结构。同样地，如果把参数“DirectSensor”的值改回“true”又可以只显示“直插式传感器”的模型，这就实现了“直插式”和“线束式”模型的顺利切换。

**提　示**

如果确认修改参数后，模型依然呈红色待更新状态但未自动更新，说明软件设置时未设置零件模型的“自动更新”，可在依次选择【工具（Tools）】、【选项（Options）】，在【选项（Options）】对话框左侧依次选择【基础结构（Infrastructure）】、【零件基础结构（Part Infrastructure）】，在【选项（Options）】对话框右侧【基本设置（General）】选项卡中间区域的【更新（Update）】设置处选择【自动的（Automatic）】，即可设置零件模型自动更新。

新建的【规则（Rule）】特征是如何实现“直插式传感器”和“线束式传感器”的切换的呢？下面就详细分析下【规则编辑器（Rule Editor）】编辑窗口中的代码。

```
/*Rule created by lenovo 2020/9/8*/
```

这是一个注释语句，注释语句的结构为“/* abc */”，其中“/* */”是注释符，由外部的一对“反斜杠”和内部的一对“星号”组成，中间的“abc”是注释内容。

```
if DirectSensor == true
{
    PartBody\Assemble.3\Activity =true
    PartBody\Assemble.4\Activity=false
}
else
{
    PartBody\Assemble.3\Activity =false
    PartBody\Assemble.4\Activity =true
}
```

这是一组完整的条件语句，即当关键词 if 后面的条件（DirectSensor == true）满足时，执行该条件后的语句，即

```
{
    PartBody\Assemble.3\Activity =true
    PartBody\Assemble.4\Activity=false
}
```

这两条语句表示的是【激活（Activate）】布尔运算特征“Assemble.3”，且【取消激活（Deactivate）】布尔运算特征“Assemble.4”。

当关键词 if 后面的条件（DirectSensor == true）不满足时，执行 else 后面的语句，即

```
{
    PartBody\Assemble.3\Activity =false
    PartBody\Assemble.4\Activity =true
}
```

这两条语句表示的是【取消激活（Deactivate）】布尔运算特征“Assemble.3”，且【激活（Activate）】布尔运算特征“Assemble.4”。

if 语句是常用的判断语句，其后面可以有 else if 或 else 语句形成判断分支，需要注意的是，else if 和 else 无法放在 else 后面，即如果语句中存在 else 语句则必须以 else 语句结尾。If 语句可以进行嵌套使用，将在后面的案例中进行演示。

从以上的【规则（Rule)】代码中可以看到，if 和 else 后面待执行的语句都放在一对英文字符的“大括号”符号内，且每个“大括号”符号单独一行，以便于阅读、维护和调试所写的代码。

**提　示**

读者可尝试删除代码中“else”及其后的语句，看来回变换参数“DirectSensor”的值时模型会如何更新变化，这将有助于对代码的理解。

也可尝试把参数“DirectSensor”改成“CableSensor”，当该参数值为“true”时表示当前的模型为“线束式传感器”，读者可思考这时规则里的语句该如何修改才能让显示的模型与判断逻辑一致。

判断条件的表达式中如果要表达“参数等于某值”，需要注意“等于”是用符号“==”表示，即使用两个“=”符号；如果要表达“参数不等于某值”，需要注意“不等于”是用符号“<>”表示，要注意和赋值运算符“=”的差别。

如图 9.25 所示，【规则编辑器（Rule Editor)】对话框由几大块组成，最上面一排为代码编写“辅助功能区”，中上部空白区域为“代码编辑区”，中下部区域为“功能选择区”。

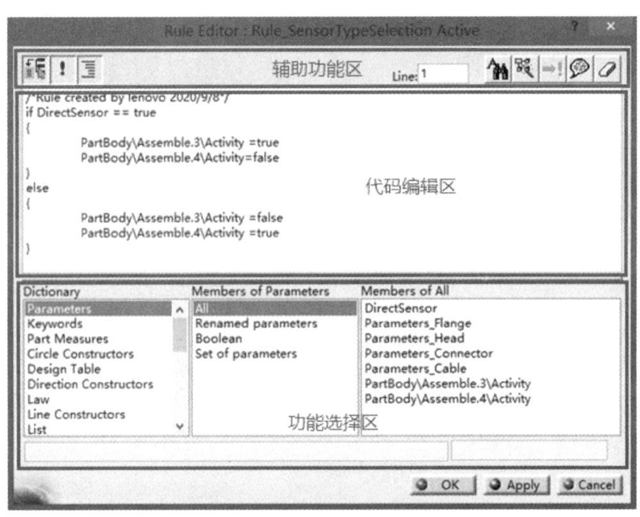

图 9.25

在“辅助功能区”，各辅助功能的介绍如下。

【增量式（Incremental)】：按下该按钮后，如果在模型的结构树中选中某一特征，则在功能选择区会出现和该被选择特征相关的第一级参数，其他参数则都不会被显示，这在实际使用过程中是非常有用的，尤其对于复杂的、多特征的模型，建议将此按钮默认按下。

【语法状态监测（SyntaxWarning)】：按下该按钮后，会在绘图窗口的右下角出现提示，例如把规则“Rule_SensorTypeSelection”代码中的 else 最后一个字母“e”删除，变成“els”，则 CATIA 绘图窗口右下角即会显示如图 9.26 所示的“语法错误提示”，如果把“els”再改回“else”，在 CATIA

绘图窗口右下角会提示“No syntax error”，即无语法错误。建议将此按钮默认按下，帮助用户实时察看代码是否有语法问题。

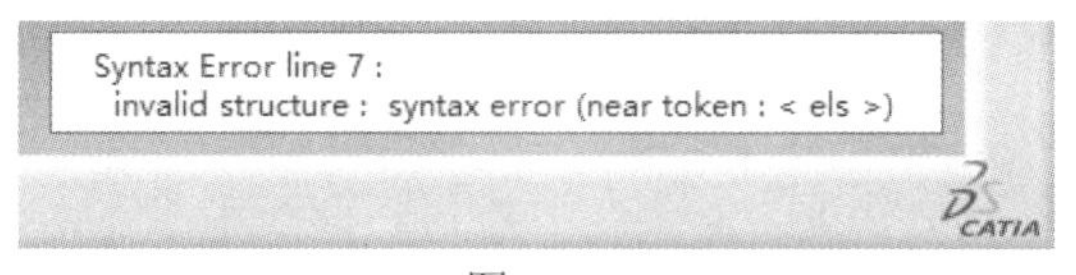

图 9.26

【缩进（Indent）】：按下此按钮允许对代码内容进行自动缩进操作。

【所在行指示（Line Indication）】Line: 8 ：提示当前光标所在行。

【查找和替换（Find & Replace）】：即在代码中进行特定目标的查找和替换操作。

【语言浏览器（Language Browser）】：在结构树中选择一个特征或任一元素，单击此按钮允许用户查找对所选择对象的代码操作方法。

【语法错误指示（Syntax Error Indication）】：指示有语法错误的行，有时候指向的行号并不是实际包含错误的行号，而是该行号前后相关的某一行，例如读者可以把规则“Rule_SensorTypeSelection”代码中的某个“大括号”符号删除，观察提示的行号。

【链接和注释（URL & Comment）】：可以为代码添加链接和注释。

【擦除（Erase）】：擦除“代码编辑区”的所有内容，该功能不建议使用。

中间“代码编辑区”即编写代码的地方，默认在编辑区最上面一行会有系统创建的注释，注明该【规则（Rule）】由“谁”在“何时”创建，这个“谁”即“计算机名”、“何时”即该【规则（Rule）】被创建的计算机系统时间。

“功能选择区”由【字典（Dictionary）】、及其展开成员组成，例如选中【字典（Dictionary）】里的【参数（Parameters）】，则右边会出现【关键字成员（Members of Keywords）】一栏，如果选中【字典（Dictionary）】里的【关键字（Keywords）】，则右边会出现【参数成员（Members of Parameters）】。

【字典（Dictionary）】通过提供一系列的参数或函数功能来帮助用户更容易地编写规则代码，在字典中选择参数或函数功能时，右侧成员列表中的参数或函数功能可以通过双击被选中写入代码中，需要注意的是，对于函数功能，双击会把函数的格式自动写入代码中，但是函数内的语句仍需要用户输入。

**提　示**

如果要对某一特征进行操作，可以在结构树中选择该特征，然后在“功能选择区”的【字典（Dictionary）】区域选择【参数（Parameters）】，其右侧的成员展开列表中就会显示和所选特征相关的参数，这是一个非常有用的操作，可以为用户节省大量的代码编写时间及手工输入带来错误的风险。例如，规则“Rule_SensorTypeSelection”代码中的语句“PartBody\Assemble.3\Activity =true”，等号“=”前面的部分都是通过选择结构树中的特征然后双击功能选择区的参数成员插入代码中的，用户只需手工写入“=true”或“=false”这些简单语句成分即可。

通常传感器生产商会根据传感器的结构特点将其模具分成几部分，如传感器头部模具、连接器模具、中间连接区域模具，这样做的好处是当某些项目共用传感器头部或共用连接器设计时，就可以重复使用已经做好的模具，只需重开新设计部分的模具即可，既节约成本又省时间，还利于生产管理，一举多得。

例如，本例中根据传感器头部的长度和安装直径来检查某新项目中用到的设计是否可以与现有设计共用平台、共用模具，如果与现有设计平台可共用，则弹出消息框提示设计者。

在零件文档“WSS_Master_Rule-Check”中新建长度类型参数“Head_RibDia”，赋初始值“11.5mm”，把该参数【重新排序（Reorder)】至参数集“Parameters_Head”内。

在【插入（Insert)】菜单下选择【几何体（Body)】命令，新建一个【几何体（Body)】，并重命名为“Head_Rib”。选择坐标系“WSS_AxisSystem”的“YZ”平面，然后选择【定位草图（Positioned Sketch)】命令，进入草绘环境。绘制如图 9.27 所示的轮廓，并使用所创建的参数驱动草图中的各尺寸。

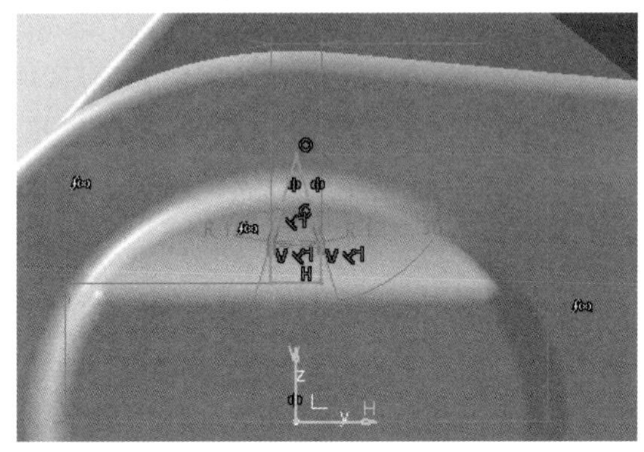

图 9.27

其中：

筋底部距中心的距离的驱动公式为 Head_Dia/2 – 2mm；

筋顶部距中心的距离的驱动公式为 Head_RibDia/2。

退出草图，选择【凸台（Pad)】命令，使用刚创建的截面轮廓创建一个拉伸特征，拉伸方向为 X 轴的正方向，拉伸长度为固定值 15mm。

为便于制图和观察当前几何体内的特征，先隐藏几何体“PartBody”，只显示当前工作的几何体“Head_Rib”。

提　示

还可以单击【工具（Tools）】工具栏中的【仅当前几何体（Only Current Body）】按钮，只显示当前工作的几何体（或几何图形集）里的特征。

选择坐标系“WSS_AxisSystem”的“ZX”平面，然后选择【定位草图（Positioned Sketch)】命令，在【草图定位（Sketch Positioning)】窗口的下方，先选择【交换（Swap)】选项，再选择【H 轴反向（Reverse H)】选项，然后单击【确认（OK)】按钮进入草绘环境。绘制如图 9.28 所示的轮廓，并使用所创建的参数驱动草图中的各尺寸。

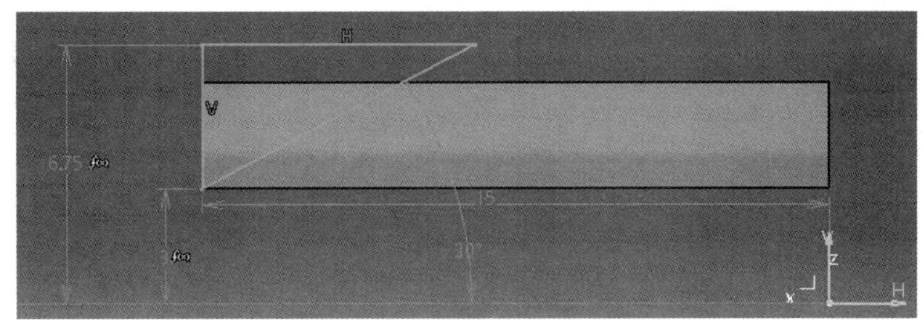

图 9.28

其中：

倒角三角形底部距中心的距离的驱动公式为 Head_Dia/2 – 2mm；

倒角三角形顶部距中心的距离的驱动公式为 Head_RibDia/2+1mm；

倒角三角形端部距筋起始面距离为支撑筋拉伸长度，即 15mm。

退出草图，选择【槽（Pocket）】命令，使用刚创建的截面轮廓创建一个拉伸去除材料特征，拉伸方向为 Y 轴对称拉伸，拉伸长度为 5mm。使用【圆角（Fillet）】命令，选择导向角的两个锐边进行倒圆角操作，圆角大小为 0.2mm。使用【圆周阵列（Circular Pattern）】命令将创建的筋特征绕坐标系“WSS_AxisSystem”的“X”轴均布阵列，总实例数为三个，完成后的筋特征如图 9.29 所示。使用【重新排序（Reorder）】功能将新产生的关系式移至关系集“Formulas”内。

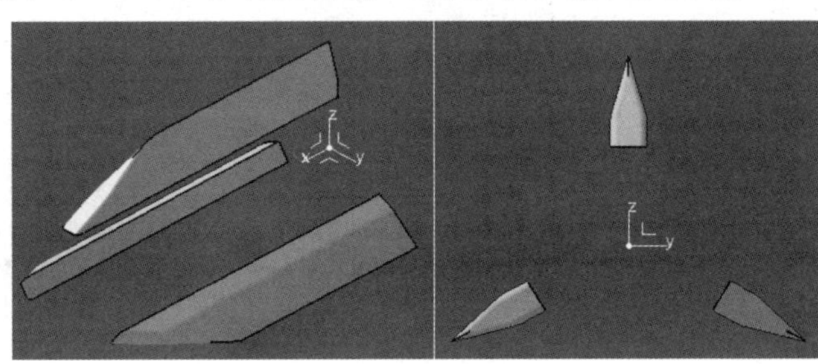

图 9.29

使用布尔运算操作，将几何体“Head_Rib”【装配（Assemble）】到几何体“PartBody”内，这时结构树中就会生成布尔运算特征“Assemble.5”。选择【圆角（Fillet）】命令，并在【选择模式（Selection mode）】处选择【相交（Intersection）】，然后在结构树中选择布尔运算特征“Assemble.5”，即可在“筋”与“传感器头部”特征之间相交处生成圆角特征。完成后的传感器模型如图 9.30 所示，保存模型。

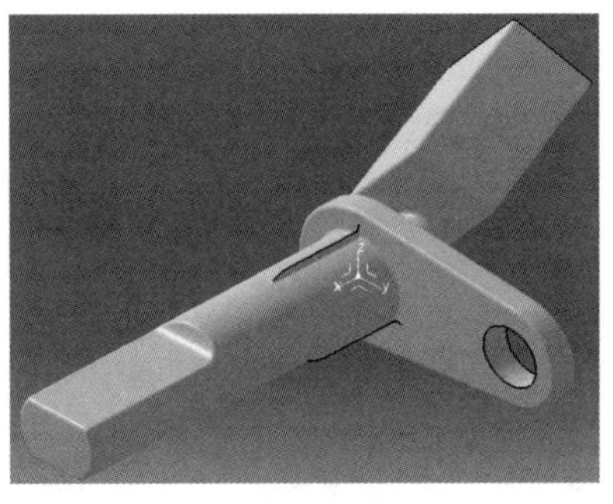

图 9.30

提　示

在类似的传感器设计时，一般传感器主体部分的结构都设计成相同的，根据客户安装孔的大小不同，只须调整支撑筋的外接圆直径甚至长度即可，这样既可以减少设计和生产工艺的验证时间，又可以很好地匹配客户安装环境。

9.3　检查（Check）在传感器模型中的应用

切换到【知识工程顾问（Knowledge Advisor）】模块，在【响应特征（Reactive Feature）】工具栏中选择【检查（Check）】命令，在弹出的【检查编辑器（Check Editor）】预定义对话框中可以编辑【检查名称（Name of Check）】、【描述（Description）】及【目标位置（Destination）】，这和【规则编辑器（Rule Editor）】预定义对话框几乎一样。本例中修改【检查名称（Name of Check）】为“Check_SensorType”。单击【确认（OK）】按钮后，弹出如图 9.31 所示的【检查编辑器（Check Editor）】对话框，在代码编辑区中输入以下代码：

```
“DirectSensor == true”
```

在【提示信息（Message）】处输入以下语句：

```
“Sensor model is NOT “Direct” type now.”
```

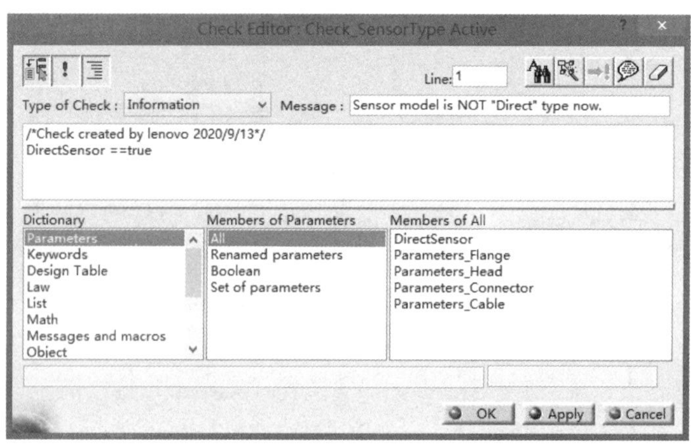

图 9.31

【检查编辑器（Check Editor）】的编辑窗口与前面介绍的【规则编辑器（Rule Editor）】编辑窗口几乎一样，不同的是在最上面的“辅助功能区”与“代码编辑区”之间增加了两处变化。其一，增加了【检查类型（Type of Check）】及其下拉选项；其二，增加了【提示信息（Message）】。

【检查类型（Type of Check）】共分为【静默（Silent）】、【提醒（Information）】和【警告（Warning）】三类。【静默（Silent）】是指当【检查（Check）】代码内设置的条件满足或不满足，都不会有任何消息提示；【提醒（Information）】是指当【检查（Check）】代码内设置的条件不满足时，软件会弹出【提醒（Information）】信息对话框，如图 9.32 所示；【警告（Warning）】是指当【检查（Check）】代码内设置的条件不满足时，软件会弹出【警告（Warning）】信息对话框，如图 9.33 所示。

【提示信息（Message）】是当【检查（Check）】代码内设置的条件不满足时，软件弹出对话框中的内容，可根据用户需要进行编写，如图 9.32 和图 9.33 所示。

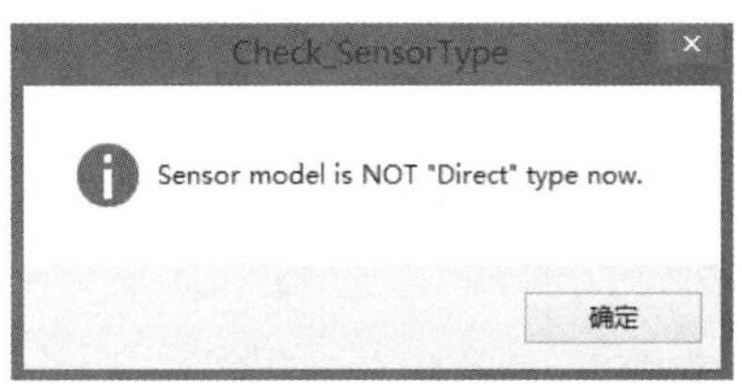

图 9.32

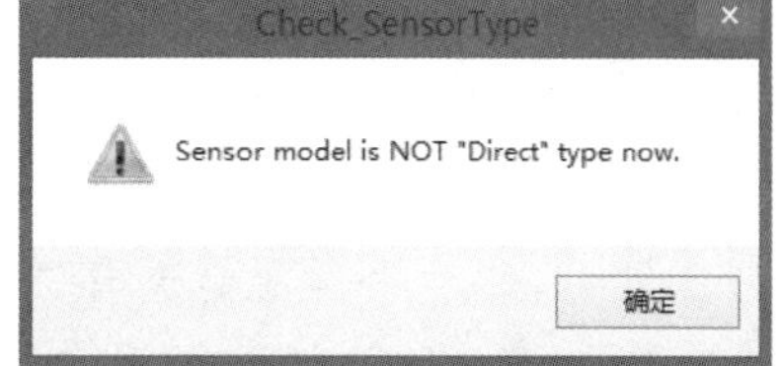

图 9.33

在【检查编辑器（Check Editor）】对话框中单击【确认（OK）】按钮后，即完成了【检查（Check）】的创建，在结构树的关系集里会生成一个名为“Check_SensorType”的【检查（Check）】特征。请注意该特征的图标及【知识（Knowledge）】工具栏中的【检查分析工具盒（Check Analysis Toolbox）】按钮图标的状态，如图 9.34 所示。

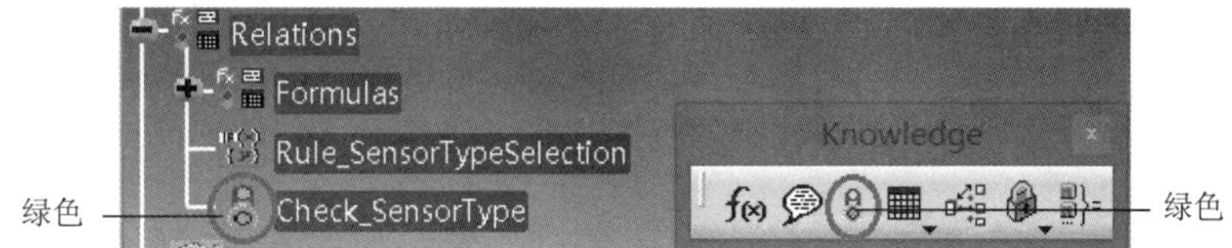

图 9.34

在结构树的参数集“Parameters”内修改参数“DirectSensor”的值为“false”，系统会立即弹出【提醒（Information)】或【警告（Warning)】信息对话框，如图 9.32 或图 9.33 所示。同时图 9.34 所示的【检查（Check)】特征图标状态由绿色变成了红色，如图 9.35 所示。在对话框中单击【确认（OK)】按钮后，参数值被修改，同时模型被刷新为“线束式传感器”。

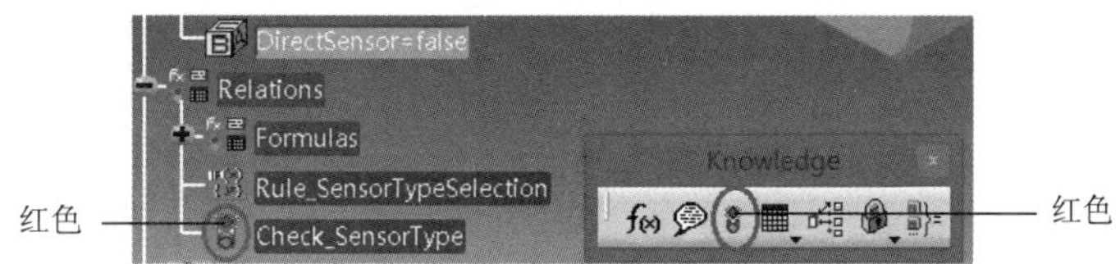

图 9.35

如前述操作，新建一【检查（Check)】特征，修改其名称为“Check_HeadFlatOffset”，如图 9.36 所示。

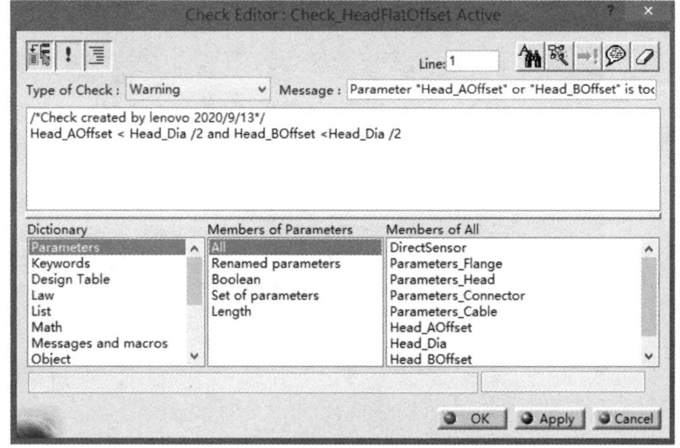

图 9.36

在图 9.36 所示的【检查编辑器（Check Editor）】对话框中输入以下代码：

```
"Head_AOffset < Head_Dia /2 and Head_BOffset <Head_Dia /2"
```

即设定检查条件为参数"Head_AOffset"和"Head_BOffset"的值需要同时小于参数"Head_Dia"的值的一半，否则，即为不满足检查条件。

在【检查类型（Type of Check）】的下拉菜单中选择【警告（Warning）】，在【提示信息（Message）】处输入以下语句：

```
"Parameter "Head_AOffset" or "Head_BOffset" is too big, please reduce it until it's smaller than "Head_Dia/2"!"
```

该【警告（Warning）】提示信息将告诉用户：参数"Head_AOffset"或"Head_BOffset"的值较大，需要减小至小于参数"Head_Dia"值的一半。

完成【检查（Check）】特征"Check_HeadFlatOffset"的创建，返回绘图窗口，在结构树中更改参数"Head_AOffset"或"Head_BOffset"或"Head_Dia"，观察该【检查（Check）】特征的图标颜色变化。

提　示

在设计过程中，经常需要注意某些参数的设计边界值，或是某几个参数之间的关系，常常可能就在偶然之间，工程师可能就会有所疏漏，导致设计错误。而【检查（Check）】功能的使用，就可以把潜在的风险"可视化"出来，及时地提醒设计人员。

9.4　橡胶波纹套管的参数化建模

如图 3.50 所示的带密封盖的橡胶波纹套管（灰色零件）在汽车线束布置中非常常见。在线束布置时，往往整车厂会给供应商如图 9.37 中所示的环境，包括车身过孔区域的钣金三维数据、钣金厚度、车身过孔的直径，由车身过孔区域的数据可以找出孔的中心点及出线方向，即图中红色的点和虚线；而作为供应商，其自身产品决定了套管的起始点及此处进线的起始方向，即图中蓝色的点和虚线。

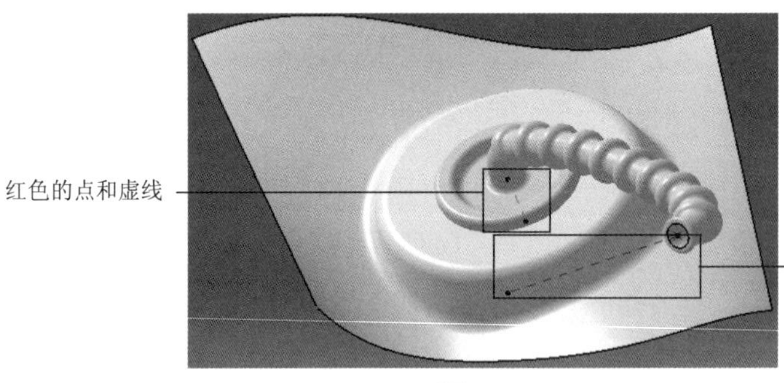

图 9.37

在给定的环境中创建这种处于装配状态下的空间扭曲的零件模型本身就比较困难，而更让设计工程师头疼的是，这样的环境数据往往在项目或产品开发过程中会发生多次变更，即要绘制多次这种空间扭曲的装配状态下的产品模型，这往往会耗费设计工程师大量的时间在绘图上。如何基于给定的安装环境快速完成装配状态下零件模型的创建呢？这将是本节主要介绍的内容。

在开始建模前，先对模型结构进行分析，这种带密封堵盖的橡胶波纹套管一般包含入口唇边特征、波纹套管特征、密封堵盖特征，其中，波纹套管特征是由多个鼓形特征和多段光管特征组成，在了解了模型的结构后，接下来就可以基于模型的结构组成进行建模了。

打开配套资源文件夹“Examples\chapter9”中的环境数据文件“RubberBellow_ENV”，以“RubberBellow_Master”命名并另存到指定文件夹中。

在【知识（Knowledge）】工具栏中选择【公式（Formula）】命令，创建九个【长度（Length）】类型的单值参数，这九个参数的名称、含义及初始值如下：

TubeOD —— 光管的外径，初始值=10mm；

TubeThickness —— 波纹管的厚度，初始值=1mm；

DrumOD —— 鼓形的外径，初始值=15mm；

DrumThickness —— 鼓形的厚度，初始值=6mm；

DrumSpacing —— 相邻两个鼓形的间距，初始值=10mm；

DrumStartPosition —— 鼓形的起始位置，亦是起始段光管长度，初始值=15mm；

DrumEndPosition —— 鼓形的终止位置，亦是末端光管长度，初始值=20mm；

HoleDia —— 过孔的直径，初始值=36mm；

SM_Thickness —— 钣金厚度，初始值=1mm。

切换工作环境至【创成式曲面设计（Generative Shape Design）】，新建几何图形集并重命名为“BellowConstruction”，选择【线框（Wireframe）】工具栏中的【样条曲线（Spline）】按钮，在绘图区或结构树中选择几何图形集“AssemblyEnvironment”内的点“Point.1”及直线“Line.1”，然后选择点“Point.2”及直线“Line.2”，默认两端连接的 Tension 值均为 1，完成样条曲线“Spline.1”的创建。

提 示

在使用【样条曲线（Spline）】命令时，选择端点的时候如果再选择某一直线，则会让该样条曲线在该端点处与所选直线相切，需要注意的是样条曲线与所选直线的相切方向；或在选择端点的时候如果再选择某一平面，则会让该样条曲线在该端点处与所选平面垂直。

在使用【样条曲线（Spline）】命令时，曲线与相连端点之间的参数【张力（Tension）】值的大小代表了曲线在连接位置的弯曲程度。

选择【线框（Wireframe）】工具栏中的【点（Point）】按钮，在弹出的如图 9.38 所示的【点定义(Point Definition)】对话框中，在【点类型(Point type)】下拉列表中选择【在曲线上(On curve)】，在【曲线(Curve)】处选择上一步创建的样条曲线“Spline.1”，在【参考距离(Distance to reference)】处选择【曲线的距离（Distance on curve)】，在【长度（Length)】区域右击并选择【编辑公式（Edit formula)】，使用参数“DrumStartPosition”驱动该尺寸，在下方的【参考（Reference)】区域选择几何图形集“AssemblyEnvironment”内的点“Point.2”，单击【确认（OK)】按钮完成点的创建，该点即是鼓形特征的起始点“Point.8”。

采用同样的方法创建鼓形特征的终止点“Point.9”，与以上操作不同的是在【长度（Length)】区域使用参数“DrumEndPosition”驱动该尺寸，在参考【(Reference)】区域选择几何图形集

“AssemblyEnvironment”内的点“Point.1”。

选择【操作（Operations）】工具栏中的【分割（Split）】按钮，在弹出的如图 9.39 所示的【分割定义（Split Definition）】对话框中，在【被分割元素（Element to cut）】处选择之前创建的样条曲线，在【分割元素（Cutting elements）】处选择之前创建的鼓形特征的起始点“Point.8”和终止点“Point.9”，单击【确认（OK）】按钮完成点对样条曲线的分割操作。注意，分割完成后保留的是两点之间的曲线部分“Split.1”。

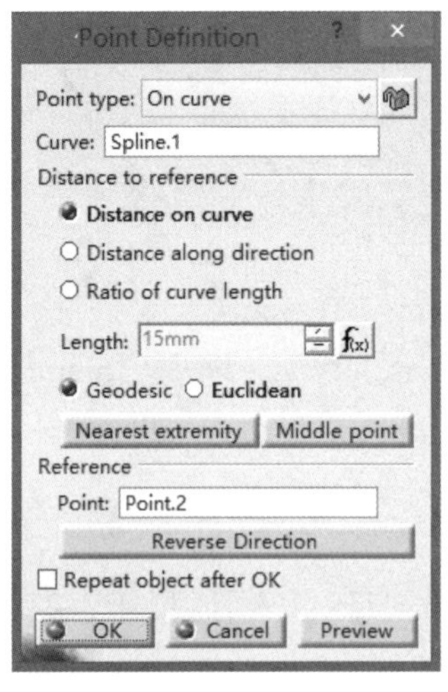

图 9.38

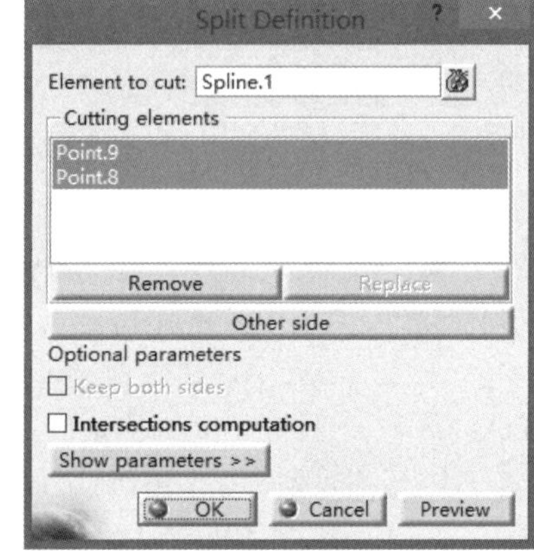

图 9.39

使用【线框（Wireframe)】工具栏中的【平面（Plane)】按钮，创建一个过点“Point.8”且与分割线“Split.1”垂直的平面“Plane.1”；使用【线框（Wireframe)】工具栏中的【圆（Circle)】按钮，创建一个以平面“Plane.1”为支撑、以点“Point.8”为圆心、半径以公式“TubeOD /2”驱动的圆“Circle.1”。

选择【线框（Wireframe)】工具栏中的【点和平面重复（Points and Planes Repetition)】按钮，在弹出的如图 9.40 所示的【点和平面重复（Points and Planes Repetition)】对话框中，在【起点（First Point)】处在绘图区或结构树中选择点“Point.8”，在【曲线（Curve)】处在绘图区或结构树中选择分割线“Split.1”，注意起点处的方向要指向分割线“Split.1”的另一端，可以使用下面的【反向（Reverse Direction)】按钮做反向操作。在【参数（Parameters)】区域的下拉列表中选择【实例数和间距（Instance & spacing)】，使用参数“DrumSpacing”驱动【间距（Spacing)】，根据分割线“Split.1”的长度在【实例数 Instance(s)】处输入一个合适的整数，需要特别注意的是这里的【实例数 Instance(s)】是无法直接用参数驱动的。

在【重复模式（Mode of Repetition)】区域默认选择【绝对的（Absolute)】，选择【同时创建法向平面（Create normal planes also)】表示在创建等距点的同时在该点上创建与所选曲线垂直的平面，选择【创建在新几何体中（Create in a new Body)】表示将新创建的点和平面放在一个新的几何体里面，实际上是放在一个新的几何图形集里。

单击【确认（OK)】按钮即完成等距点及其法向平面的创建，如图 9.41 所示。

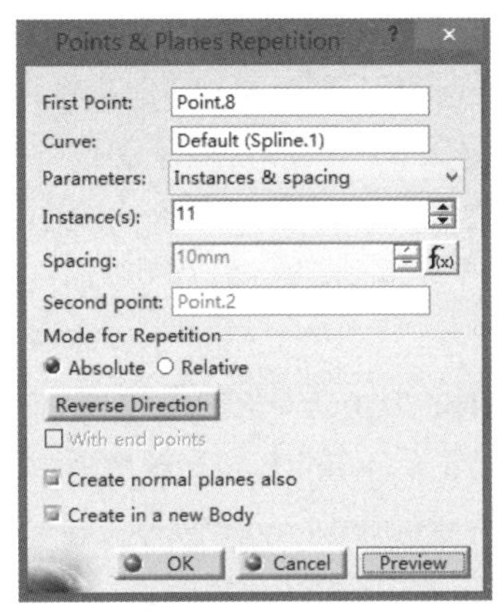

图 9.40

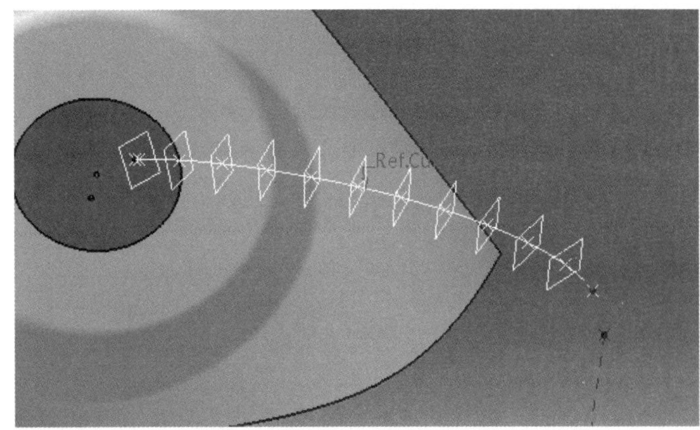

图 9.41

**提　示**

在创建样条线及等分点时，可根据设计需要先创建一个最长的样条线，并以此创建等分点以及后面的特征，在后续使用时，如果新设计的橡胶套管长度较短，可以使用【规则（Rule）】或【响应（Reaction）】特征控制多余的鼓形特征的【激活（Activate）】或【取消激活（Deactivate）】，从而实现鼓形特征随设计曲线的长短作自适应变化的功能。读者可以在本节内容学完后再复读这段提示，将有不一样的体会。

切换到【零件设计（Part Design）】模块，在【插入（Insert）】菜单下选择【几何体（Body）】命令，新建一个【几何体（Body）】，并重命名为“Tube”。

在【基于草图的特征（Sketch-Based Features）】工具栏内选择【筋（Rib）】按钮，在如图 9.42 所示的【筋定义（Rib Definition）】对话框中，选择“Circle.1”作为轮廓线，选择“Spline.1”作为中心线。

单击【确认（OK）】按钮完成如图 9.43 所示的光管段特征的创建。

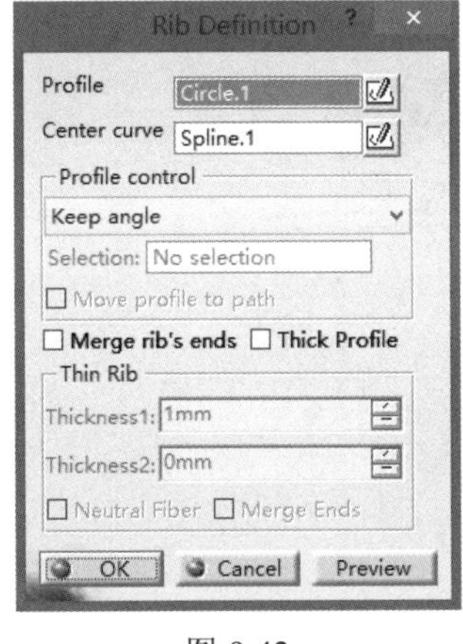

图 9.42

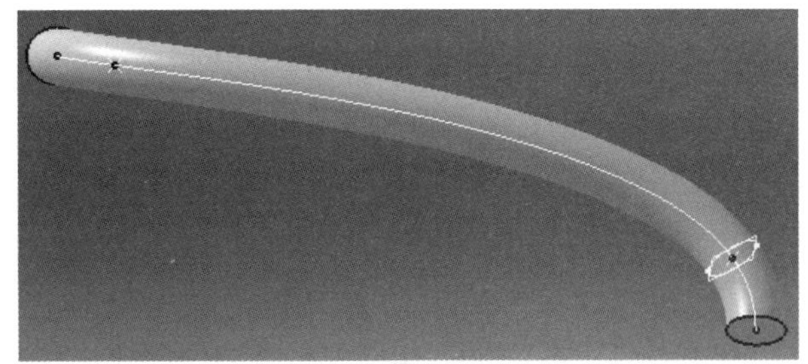

图 9.43

在【插入（Insert）】菜单下选择【几何体（Body）】命令，新建一个【几何体（Body）】，并重命名为“Drums”。

使用【定位草图（Positioned Sketch）】命令，选择平面“Plane.1”为草图支持平面，选择点“Point.8”为草图原点的投影点，在草图内创建一个直径受参数“DrumOD”驱动的圆。退出草图，选择【凸台（Pad）】命令对刚创建的草图进行拉伸操作，在【凸台定义（Pad Definition）】中选择【双向延伸（Mirror extent）】，拉伸长度由参数公式“DrumThickness /2”驱动。选择【圆角（Fillet）】命令对刚创建的凸台特征的两条锐边倒圆角，圆角半径由参数公式“DrumThickness /2”驱动，完成如图 9.44 所示的鼓形特征。

在【插入（Insert）】菜单下依次选择【知识模板（Knowledge Template）】、【超级副本（PowerCopy）】。在弹出的如图 9.45 所示的【超级副本定义（PowerCopy Definition）】对话框中，在【定义（Definition）】页面中，修改此【超级副本（PowerCopy）】的名称为“PowerCopy_Drum”，在模型树上选择几何体“Drums”下面的凸台特征及其草图、圆角特征和参数集“Parameters”下面的两个参数“DrumOD”和“Drum_Thickness”，在【输入元素（Inputs of components）】区域仅显示平面“Plane.1”和点“Point.8”。

图 9.44

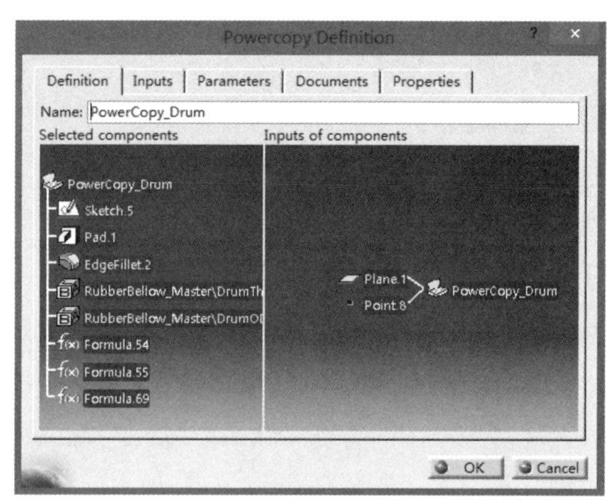

图 9.45

在【参数（Parameters）】选项卡中，分别选择参数“DrumOD”和“Drum_Thickness”，并选择窗口下方的【发布（Published）】，如图 9.46 所示。

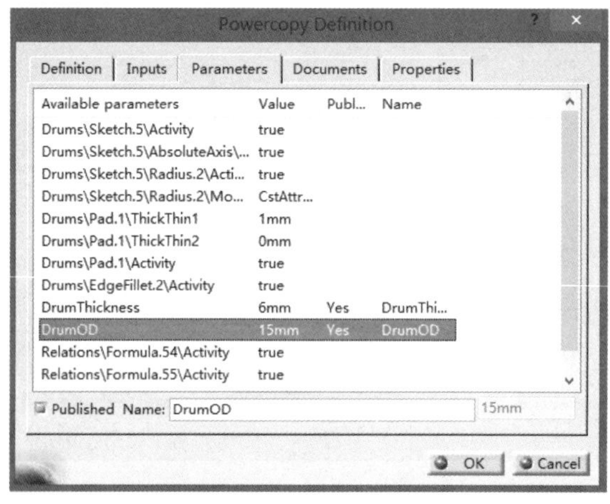

图 9.46

单击【确认（OK）】按钮完成鼓形特征的超级副本的创建，保存模型。

显示出前面创建的等距点及其法向平面特征，在【插入（Insert）】菜单下选择【通过选择进行实例化（Instantiate From Selection）】，然后在结构树中选择【超级副本（PowerCopy）】特征“PowerCopy_Drum”，在弹出的如图 9.47 所示的【插入对象（Insert Object）】对话框中，根据提示分别在模型中选择法向平面及其所在位置的等距点，根据设计需要可以编辑鼓形特征的形状参数“DrumOD”和“Drum_Thickness”，选择对话框中间右侧区域的【重复（Repeat）】可以在完成鼓形特征实例化之后再次打开此【插入对象（Insert Object）】对话框，以便连续操作插入多个鼓形特征。

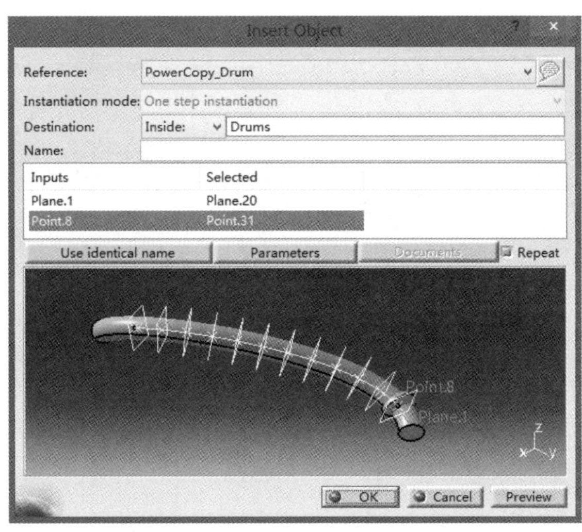

图 9.47

在重复使用插入鼓形特征后，得到如图 9.48 所示的波纹橡胶套管的雏形。

切换到【知识工程顾问（Knowledge Advisor）】窗口，选择【添加参数集（Add Set of Parameters）】命令，在参数集“Parameters”下面新建一个参数集“Parameters_DrumInstances”，并将实例化鼓形特征时创建的参数都归纳入新参数集“Parameters_DrumInstances”中，以使结构树更加简洁，如图 9.49 所示。

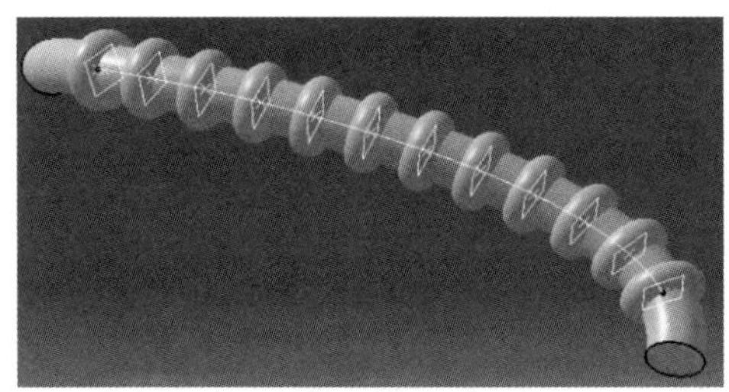

图 9.48

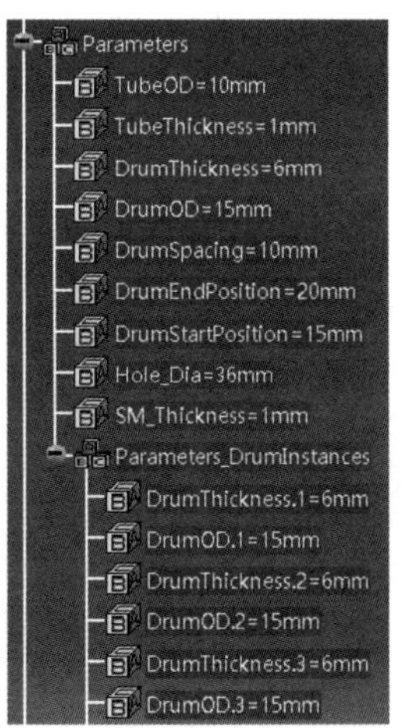

图 9.49

切换到【零件设计（Part Design）】模块，隐藏为创建鼓形特征组而创建的参考点和平面。右击几何体“Tube”，使用布尔运算将该几何体“装配”到几何体“PartBody”下面，得到布尔特征“Assemble.1”；再右击几何体“Drums”，使用布尔运算将该几何体“装配”到几何体“PartBody”下面，得到布尔特征“Assemble.2”；选择【圆角（Fillet）】命令，在弹出的如图 9.50 所示的【边圆角定义（Edge Fillet Definition）】对话框中，在【选择模式（Selection mode）】处选择【相交（Intersection）】，在【倒圆对象（Object to fillet）】处在结构树中选择布尔特征“Assemble.2”，圆角半径设为 2mm，单击【确认（OK）】按钮完成所有鼓形特征对光管特征的圆角处理；选择【壳（Shell）】命令，在如图 9.51 所示的【壳定义（Shell Definition）】对话框中，在【默认内侧厚度（Default inside thickness）】处使用参数“TubeThickness”驱动，在【被移除面（Face to remove）】处选择光管的两个端面，单击【确认（OK）】按钮完成波纹套管从实体向壳体的转变，完成后的波纹套管如图 9.52 所示。

选择【平面（Plane）】命令，在点“Point.2”处创建与曲线“Spline.1”垂直的平面“Plane.16”。在【插入（Insert）】菜单下选择【几何体（Body）】命令，新建一个【几何体（Body）】，并重命名为“InletLip”。

选择【定位草图（Positioned Sketch）】命令，以平面“Plane.16”为草图支持平面，以点“Point.2”为草图原点投影点，创建如图 9.53 所示的草图，内圆半径以参数公式“(TubeOD -TubeThickness)/2”驱动，外圆半径以参数公式“TubeOD /2+TubeThickness”驱动。

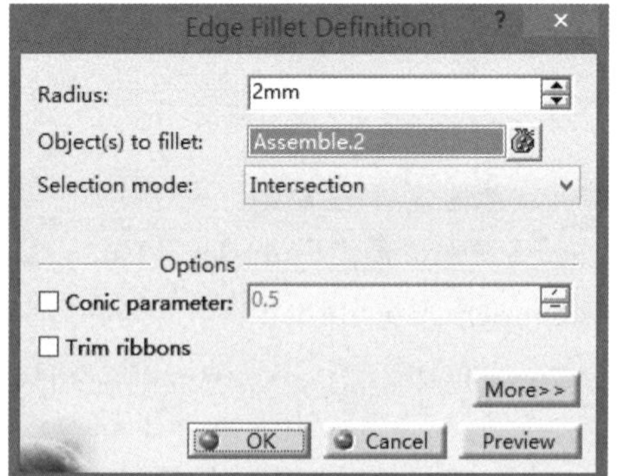

图 9.50

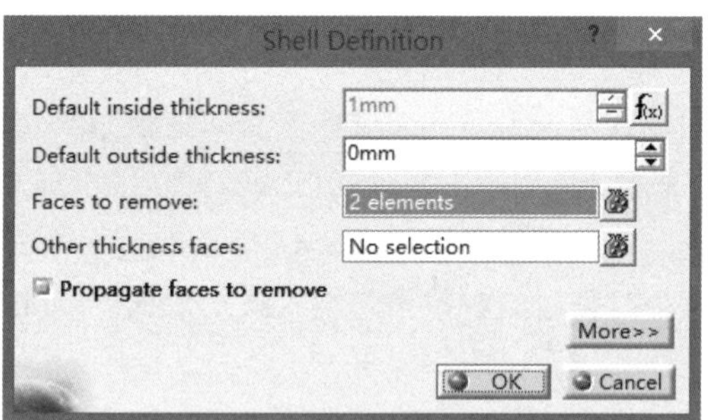

图 9.51

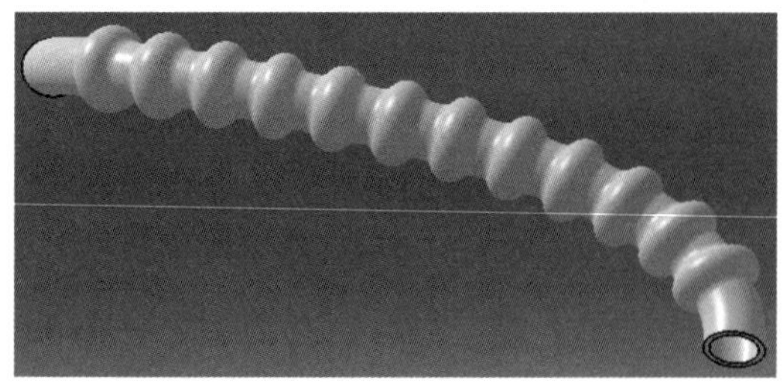

图 9.52

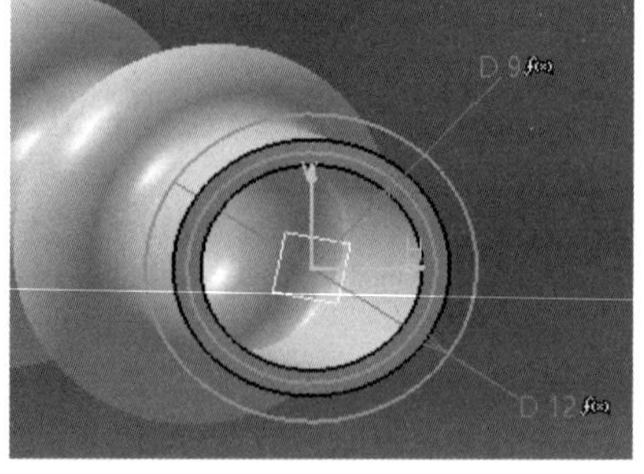

图 9.53

选择【凸台（Pad）】特征，用所绘草图拉伸 2mm，拉伸方向指向套管另一端，选择【圆角（Fillet）】命令，对拉伸的凸台特征外圆柱面上的两条锐边倒圆角，圆角半径为 1mm。

右击几何体“InletLip”，使用布尔运算将该几何体“装配”到几何体“PartBody”下面，得到布尔特征“Assemble.3”；选择【圆角（Fillet）】命令，在弹出的【边圆角定义（Edge Fillet Definition）】对话框中，在【选择模式（Selection mode）】处选择【相交（Intersection）】，在【倒圆对象（Object to fillet）】处在结构树中选择布尔特征“Assemble.3”，圆角半径设为 1mm，单击【确认（OK）】按钮完成入口唇部特征与波纹套管的光顺连接，如图 9.54 所示。

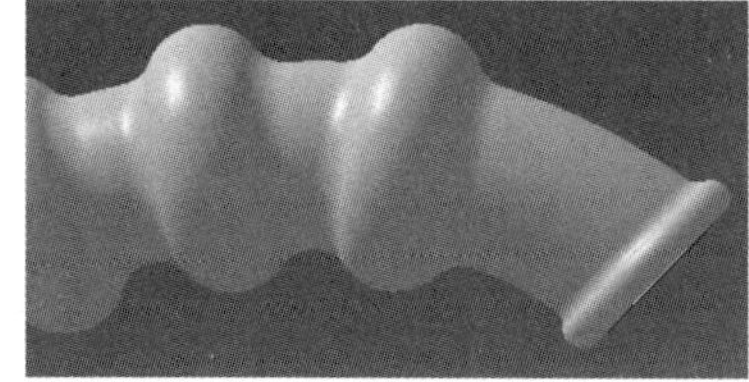

图 9.54

在【工具（Tool）】工具栏中选择【坐标系（Axis System）】按钮，在弹出的如图 9.55 所示的【坐标系定义（Axis System Definition）】对话框中，在【原点（Origin）】处在结构树或绘图区域选择点“Point.1”，在【Y 轴（Y axis）】处选择直线“Line.1”，选择【当前（Current）】复选框以设定该坐标系为当前工作坐标系，单击【确认（OK）】按钮，创建如图 9.56 所示的用户坐标系。

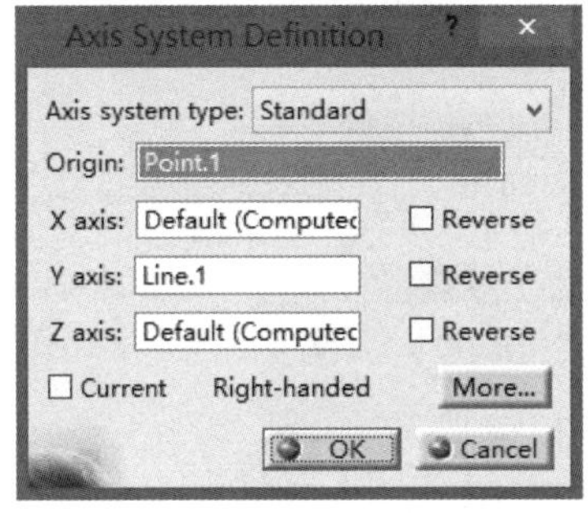

图 9.55

图 9.56

在【插入（Insert）】菜单下选择【几何体（Body）】命令，新建一个【几何体（Body）】，并重命名为“SealCap”。

选择坐标系“WSS_AxisSystem”的“XY”平面，然后选择【定位草图（Positioned Sketch）】命令，在【草图定位（Sketch Positioning）】对话框的下方，先选择【交换（Swap）】选项，再选择【V 轴反向（Reverse V）】选项，然后单击【确认（OK）】按钮进入草绘环境。绘制如图 9.57 所示的轮廓，并使用所创建的参数驱动草图中的各尺寸，其中：

内孔处尺寸 4 受参数公式“TubeOD /2-TubeThickness”驱动；

密封槽半径尺寸 18 受参数公式“Hole_Dia /2”驱动；

密封槽厚度尺寸 1.5 受参数公式“SM_Thickness +0.5mm”驱动。

完成草图绘制并退出草图，在【基于草图的特征（Sketch-Based Features）】工具栏中选择【轴（Shaft）】按钮，使用【圆角（Fillet）】命令在密封堵盖特征上创建必要的倒圆角特征，完成后的密封堵盖特征如图 9.58 所示。

使用布尔运算操作将几何体“SealCap”“装配”到几何体“PartBody”中，生成布尔类型的“Assemble.4”特征，在密封堵盖特征与波纹套管特征之间使用“相交”类型的圆角，创建圆角特征，建模完成后的橡胶波纹套管的三维模型如图 9.59 所示，保存模型。

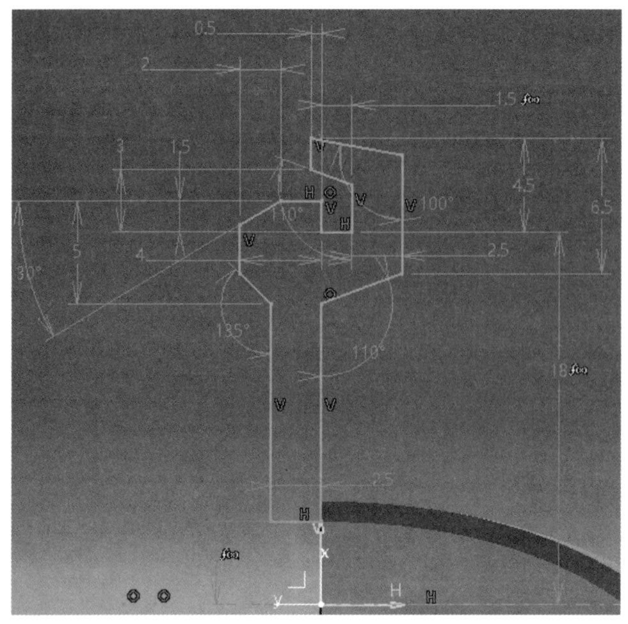

图 9.57

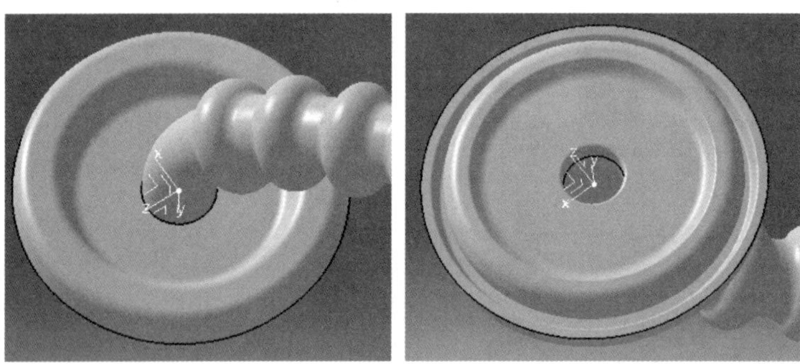

图 9.58

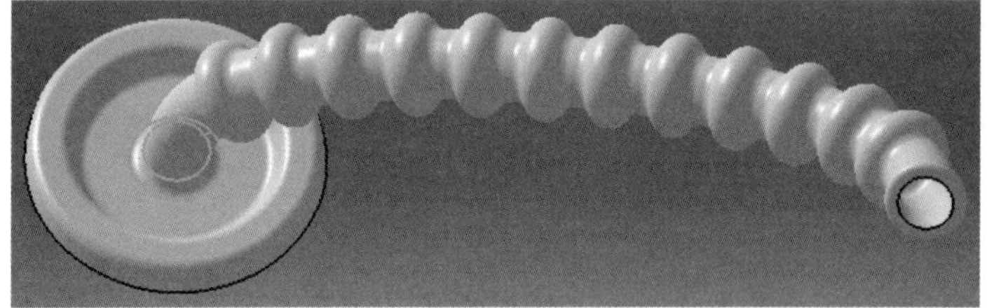

图 9.59

9.5 响应（Reaction）在橡胶波纹套管中的应用

在零件设计文档“RubberBellow_Master”中，新建【长度（Length）】类型单值参数“SplineLength”，其值使用公式“length(BellowConstruction\Spline.1)”驱动，其中，测量曲线长度的函数“length()”在【字典（Dictionary）】列表里的【测量（Measures）】目录下，选择好函数后，在结构树或者绘图区双击选择被测量对象（即曲线 Spline.1）即可，如图 9.60 所示。

切换 CATIA 工作环境到【知识工程顾问（Knowledge Advisor）】模块，在【响应特征（Reactive Feature）】工具栏中，单击选择【响应（Reactive）】按钮，弹出如图 9.61 所示的【响应（Reactive）】定义对话框。该对话框主要分成四大区域，最上面的【源类型（Source type）】用来定义【响应（Reactive）】的触发源的类型，上部区域用来选择或定义【响应（Reactive）】的触发【源（Source）】，下部区域用来定义【响应（Reactive）】被触发后的【动作（Action）】，最下面的【目标位置（Destination）】用来选择放置该【响应（Reactive）】的位置。

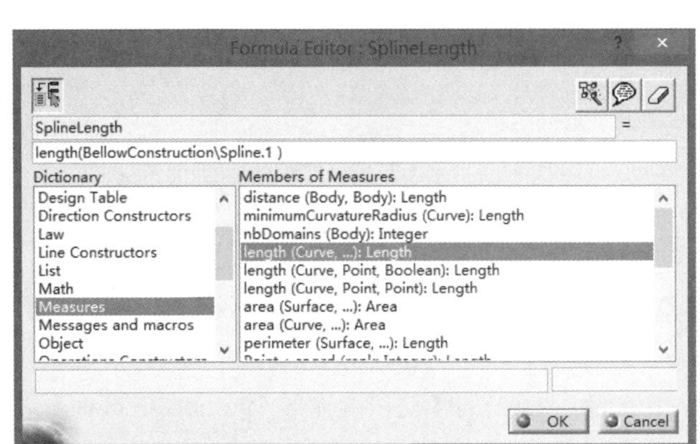

图 9.60

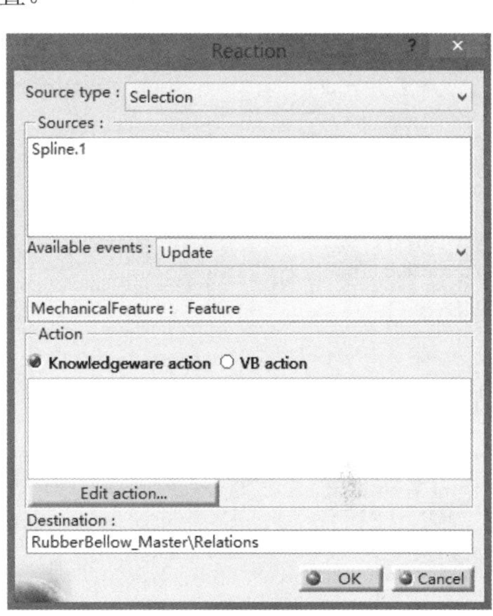

图 9.61

在【源类型（Source type）】右侧的下拉列表中，包含两个下拉选项：【选择（Selection）】和【所有者（Owner）】。【选择（Selection）】可以让用户手动选择结构树或绘图区的特征元素或参数等，选择后被选特征元素或参数就会显示在【源（Sources）】区域；【所有者（Owner）】可以让用户把【响应（Reactive）】挂在结构树中的某个特征元素下并与其直接相关。

提　示

只有【源类型（Source type）】为【选择（Selection）】时，【源（Sources）】区域才可用。

通过【目标位置（Destination）】区域选择放置所编辑【响应（Reactive）】的位置，例如可以把某个【响应（Reactive）】特征挂在某个【凸台（Pad）】特征下面，需要注意的是一旦【响应（Reactive）】定义对话框被关闭后，再次打开就不会出现【目标位置（Destination）】区域。

在【源（Sources）】区域下方，【可用事件（Available events）】的下拉列表内容会根据所选触发【源（Source）】的不同而变化，常见的【可用事件（Available events）】包括以下几类。

- 【属性修改（AttributeModification）】：当所选触发【源（Source）】的属性发生修改时，【响应（Reactive）】就会被触发，只有当【源类型（Source type）】为【选择（Selection）】时才可用。
- 【更新前（BeforeUpdate）】：当特征被更新前触发【响应（Reactive）】。
- 【拖放（DragAndDrop）】：当特征被拖放后触发【响应（Reactive）】。

- 【插入（Insert）】：当特征被插入时触发【响应（Reactive）】。
- 【插入后（Inserted）】：当特征被插入后触发【响应（Reactive）】。
- 【实例化（Instantiation）】：当用户自定义特征被实例化后触发【响应（Reactive）】。
- 【移除（Remove）】：当特征被移除后触发【响应（Reactive）】。
- 【更新（Update）】：当特征被更新后触发【响应（Reactive）】。
- 【值变化（ValueChange）】：当参数值变化后触发【响应（Reactive）】，只有当【源类型（Source type）】为【选择（Selection）】时才可用。
- 【文件内容修改（FileContentModification）】：当所关联的设计表内容被修改后触发【响应（Reactive）】。

提　示

【属性修改（AttributeModification）】根据所选【源（Source）】的不同所包含的属性也不尽相同，常见的包括颜色、图层、显示等属性。

在【可用事件（Available events）】下方，根据所选【源（Source）】的不同，会在状态提示区域出现不同的提示。

在【动作（Action）】区域，可以选择【基于知识工程语言的动作（Knowledgeware action）】，也可以选择【基于 VB 语言的动作（VB action）】进行【动作（Action）】脚本的编写。根据选择的编译语言的不同，单击【编辑动作（Edit action）】后弹出的【动作编辑器（Action Editor）】对话框也会不同，如图 9.62 和图 9.63 所示。

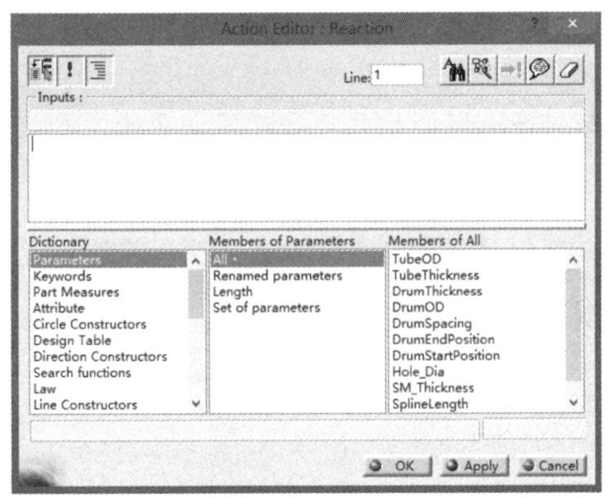

图 9.62

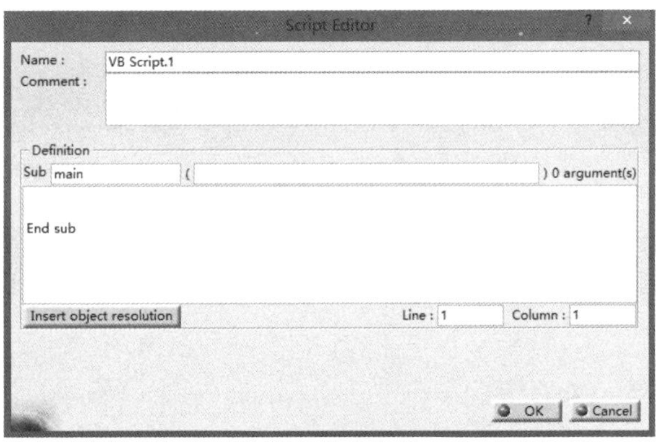

图 9.63

本例中，在【源类型（Source type）】的下拉列表中选择【选择（Selection）】，然后在结构树中选择曲线“Spline.1”，在【可用事件（Available events）】的下拉列表中选择【更新（Update）】，在【动作（Action）】区域选择【基于知识工程语言的动作（Knowledgeware action）】，单击【编辑动作（Edit action）】按钮，在弹出的【动作编辑器（Action Editor）】对话框中输入以下代码，单击【确认（OK）】按钮完成【响应（Reaction）】的创建，修改该【响应（Reaction）】的名称为“Reaction_AdaptiveBellow”。即当曲线“Spline.1”出现更新时，【响应（Reaction）】触发，软件将执行【动作编辑器（Action Editor）】中定义的【动作（Action）】。

```
if (SplineLength -DrumEndPosition -DrumStartPosition )/DrumSpacing >=11
```

```
    {
        Drums\Pad.1\Activity =true
        Drums\EdgeFillet.2\Activity=true
        Drums\Pad.16\Activity=true
        Drums\EdgeFillet.24\Activity=true
        Drums\Pad.17\Activity=true
        Drums\EdgeFillet.25\Activity=true
        Drums\Pad.18\Activity=true
        Drums\EdgeFillet.26\Activity=true
        Drums\Pad.19\Activity=true
        Drums\EdgeFillet.27\Activity=true
        Drums\Pad.20\Activity=true
        Drums\EdgeFillet.28\Activity=true
        Drums\Pad.21\Activity=true
        Drums\EdgeFillet.29\Activity=true
        Drums\Pad.22\Activity=true
        Drums\EdgeFillet.30\Activity=true
        Drums\Pad.23\Activity=true
        Drums\EdgeFillet.31\Activity=true
        Drums\Pad.24\Activity =true
        Drums\EdgeFillet.32\Activity=true
        Drums\Pad.25\Activity=true
        Drums\EdgeFillet.33\Activity=true
        Drums\Pad.26\Activity =true
        Drums\EdgeFillet.34\Activity=true
    }
    else if (SplineLength -DrumEndPosition -DrumStartPosition )/DrumSpacing
>=10 and (SplineLength -DrumEndPosition -DrumStartPosition )/DrumSpacing
<11
    {
        Drums\Pad.1\Activity =true
        Drums\EdgeFillet.2\Activity=true
        Drums\Pad.16\Activity=true
        Drums\EdgeFillet.24\Activity=true
        Drums\Pad.17\Activity=true
        Drums\EdgeFillet.25\Activity=true
        Drums\Pad.18\Activity=true
        Drums\EdgeFillet.26\Activity=true
        Drums\Pad.19\Activity=true
        Drums\EdgeFillet.27\Activity=true
        Drums\Pad.20\Activity=true
        Drums\EdgeFillet.28\Activity=true
        Drums\Pad.21\Activity=true
        Drums\EdgeFillet.29\Activity=true
        Drums\Pad.22\Activity=true
        Drums\EdgeFillet.30\Activity=true
        Drums\Pad.23\Activity=true
        Drums\EdgeFillet.31\Activity=true
        Drums\Pad.24\Activity =true
        Drums\EdgeFillet.32\Activity=true
```

```
        Drums\Pad.25\Activity=true
        Drums\EdgeFillet.33\Activity=true
        Drums\Pad.26\Activity =false
        Drums\EdgeFillet.34\Activity=false
    }
    else if (SplineLength -DrumEndPosition -DrumStartPosition )/DrumSpacing
>=9 and (SplineLength -DrumEndPosition -DrumStartPosition )/DrumSpacing
<10
    {
        Drums\Pad.1\Activity =true
        Drums\EdgeFillet.2\Activity=true
        Drums\Pad.16\Activity=true
        Drums\EdgeFillet.24\Activity=true
        Drums\Pad.17\Activity=true
        Drums\EdgeFillet.25\Activity=true
        Drums\Pad.18\Activity=true
        Drums\EdgeFillet.26\Activity=true
        Drums\Pad.19\Activity=true
        Drums\EdgeFillet.27\Activity=true
        Drums\Pad.20\Activity=true
        Drums\EdgeFillet.28\Activity=true
        Drums\Pad.21\Activity=true
        Drums\EdgeFillet.29\Activity=true
        Drums\Pad.22\Activity=true
        Drums\EdgeFillet.30\Activity=true
        Drums\Pad.23\Activity=true
        Drums\EdgeFillet.31\Activity=true
        Drums\Pad.24\Activity =true
        Drums\EdgeFillet.32\Activity=true
        Drums\Pad.25\Activity=false
        Drums\EdgeFillet.33\Activity=false
        Drums\Pad.26\Activity =false
        Drums\EdgeFillet.34\Activity=false
    }
    else if (SplineLength -DrumEndPosition -DrumStartPosition )/DrumSpacing
>=8 and (SplineLength -DrumEndPosition -DrumStartPosition )/DrumSpacing
<9
    {
        Drums\Pad.1\Activity =true
        Drums\EdgeFillet.2\Activity=true
        Drums\Pad.16\Activity=true
        Drums\EdgeFillet.24\Activity=true
        Drums\Pad.17\Activity=true
        Drums\EdgeFillet.25\Activity=true
        Drums\Pad.18\Activity=true
        Drums\EdgeFillet.26\Activity=true
        Drums\Pad.19\Activity=true
        Drums\EdgeFillet.27\Activity=true
        Drums\Pad.20\Activity=true
        Drums\EdgeFillet.28\Activity=true
```

```
        Drums\Pad.21\Activity=true
        Drums\EdgeFillet.29\Activity=true
        Drums\Pad.22\Activity=true
        Drums\EdgeFillet.30\Activity=true
        Drums\Pad.23\Activity=true
        Drums\EdgeFillet.31\Activity=true
        Drums\Pad.24\Activity =false
        Drums\EdgeFillet.32\Activity=false
        Drums\Pad.25\Activity=false
        Drums\EdgeFillet.33\Activity=false
        Drums\Pad.26\Activity =false
        Drums\EdgeFillet.34\Activity=false
    }
    else if (SplineLength -DrumEndPosition -DrumStartPosition )/DrumSpacing
>=7 and (SplineLength -DrumEndPosition -DrumStartPosition )/DrumSpacing
<8
    {
        Drums\Pad.1\Activity =true
        Drums\EdgeFillet.2\Activity=true
        Drums\Pad.16\Activity=true
        Drums\EdgeFillet.24\Activity=true
        Drums\Pad.17\Activity=true
        Drums\EdgeFillet.25\Activity=true
        Drums\Pad.18\Activity=true
        Drums\EdgeFillet.26\Activity=true
        Drums\Pad.19\Activity=true
        Drums\EdgeFillet.27\Activity=true
        Drums\Pad.20\Activity=true
        Drums\EdgeFillet.28\Activity=true
        Drums\Pad.21\Activity=true
        Drums\EdgeFillet.29\Activity=true
        Drums\Pad.22\Activity=true
        Drums\EdgeFillet.30\Activity=true
        Drums\Pad.23\Activity=false
        Drums\EdgeFillet.31\Activity=false
        Drums\Pad.24\Activity =false
        Drums\EdgeFillet.32\Activity=false
        Drums\Pad.25\Activity=false
        Drums\EdgeFillet.33\Activity=false
        Drums\Pad.26\Activity =false
        Drums\EdgeFillet.34\Activity=false
    }
    else if (SplineLength -DrumEndPosition -DrumStartPosition )/DrumSpacing
>=6 and (SplineLength -DrumEndPosition -DrumStartPosition )/DrumSpacing
<7
    {
        Drums\Pad.1\Activity =true
        Drums\EdgeFillet.2\Activity=true
        Drums\Pad.16\Activity=true
        Drums\EdgeFillet.24\Activity=true
```

```
        Drums\Pad.17\Activity=true
        Drums\EdgeFillet.25\Activity=true
        Drums\Pad.18\Activity=true
        Drums\EdgeFillet.26\Activity=true
        Drums\Pad.19\Activity=true
        Drums\EdgeFillet.27\Activity=true
        Drums\Pad.20\Activity=true
        Drums\EdgeFillet.28\Activity=true
        Drums\Pad.21\Activity=true
        Drums\EdgeFillet.29\Activity=true
        Drums\Pad.22\Activity=false
        Drums\EdgeFillet.30\Activity=false
        Drums\Pad.23\Activity=false
        Drums\EdgeFillet.31\Activity=false
        Drums\Pad.24\Activity =false
        Drums\EdgeFillet.32\Activity=false
        Drums\Pad.25\Activity=false
        Drums\EdgeFillet.33\Activity=false
        Drums\Pad.26\Activity =false
        Drums\EdgeFillet.34\Activity=false
    }
    else if (SplineLength -DrumEndPosition -DrumStartPosition )/DrumSpacing
>=5 and (SplineLength -DrumEndPosition -DrumStartPosition )/DrumSpacing
<6
    {
        Drums\Pad.1\Activity =true
        Drums\EdgeFillet.2\Activity=true
        Drums\Pad.16\Activity=true
        Drums\EdgeFillet.24\Activity=true
        Drums\Pad.17\Activity=true
        Drums\EdgeFillet.25\Activity=true
        Drums\Pad.18\Activity=true
        Drums\EdgeFillet.26\Activity=true
        Drums\Pad.19\Activity=true
        Drums\EdgeFillet.27\Activity=true
        Drums\Pad.20\Activity=true
        Drums\EdgeFillet.28\Activity=true
        Drums\Pad.21\Activity=false
        Drums\EdgeFillet.29\Activity=false
        Drums\Pad.22\Activity=false
        Drums\EdgeFillet.30\Activity=false
        Drums\Pad.23\Activity=false
        Drums\EdgeFillet.31\Activity=false
        Drums\Pad.24\Activity =false
        Drums\EdgeFillet.32\Activity=false
        Drums\Pad.25\Activity=false
        Drums\EdgeFillet.33\Activity=false
        Drums\Pad.26\Activity =false
        Drums\EdgeFillet.34\Activity=false
    }
```

```
    else if (SplineLength -DrumEndPosition -DrumStartPosition )/DrumSpacing
>=4 and (SplineLength -DrumEndPosition -DrumStartPosition )/DrumSpacing
<5
    {
        Drums\Pad.1\Activity =true
        Drums\EdgeFillet.2\Activity=true
        Drums\Pad.16\Activity=true
        Drums\EdgeFillet.24\Activity=true
        Drums\Pad.17\Activity=true
        Drums\EdgeFillet.25\Activity=true
        Drums\Pad.18\Activity=true
        Drums\EdgeFillet.26\Activity=true
        Drums\Pad.19\Activity=true
        Drums\EdgeFillet.27\Activity=true
        Drums\Pad.20\Activity=false
        Drums\EdgeFillet.28\Activity=false
        Drums\Pad.21\Activity=false
        Drums\EdgeFillet.29\Activity=false
        Drums\Pad.22\Activity=false
        Drums\EdgeFillet.30\Activity=false
        Drums\Pad.23\Activity=false
        Drums\EdgeFillet.31\Activity=false
        Drums\Pad.24\Activity =false
        Drums\EdgeFillet.32\Activity=false
        Drums\Pad.25\Activity=false
        Drums\EdgeFillet.33\Activity=false
        Drums\Pad.26\Activity =false
        Drums\EdgeFillet.34\Activity=false
    }
    else
    {
        Drums\Pad.1\Activity =false
        Drums\EdgeFillet.2\Activity=false
        Drums\Pad.16\Activity=false
        Drums\EdgeFillet.24\Activity=false
        Drums\Pad.17\Activity=false
        Drums\EdgeFillet.25\Activity=false
        Drums\Pad.18\Activity=false
        Drums\EdgeFillet.26\Activity=false
        Drums\Pad.19\Activity=false
        Drums\EdgeFillet.27\Activity=false
        Drums\Pad.20\Activity=false
        Drums\EdgeFillet.28\Activity=false
        Drums\Pad.21\Activity=false
        Drums\EdgeFillet.29\Activity=false
        Drums\Pad.22\Activity=false
        Drums\EdgeFillet.30\Activity=false
        Drums\Pad.23\Activity=false
        Drums\EdgeFillet.31\Activity=false
        Drums\Pad.24\Activity =false
```

```
    Drums\EdgeFillet.32\Activity=false
    Drums\Pad.25\Activity=false
    Drums\EdgeFillet.33\Activity=false
    Drums\Pad.26\Activity =false
    Drums\EdgeFillet.34\Activity=false
}
```

其中，大括号中的凸台特征和圆角特征对应于结构树中几何体“Drums”内的凸台特征和圆角特征（如图 9.64 所示），将关系式“(SplineLength-DrumEndPosition-DrumStartPosition) / DrumSpacing”的值与鼓形特征数量进行对比，决定有几个凸台特征及其相应的圆角特征处于激活状态，有几个凸台特征及其相应的圆角特征处于非激活状态，从而达到鼓形特征数量随曲线长度自适应变化的效果。

切换到【零件设计（Part Design)】模块，在【插入（Insert)】菜单下依次选择【知识模板（Knowledge Template)】、【超级副本（PowerCopy)】。在弹出的如图 9.65 所示的【超级副本定义（PowerCopy Definition)】对话框中，在【定义（Definition)】选项卡中，修改此【超级副本（PowerCopy)】的名称为“PowerCopy_AdaptiveBellow”，在模型树上选择几何体“PartBody”下面的特征、参数集“Parameters”及【响应（Reaction)】“Reaction_AdaptiveBellow”，在【输入元素（Inputs of components)】区域仅显示点“Point.1”、“Point.2”和直线“Line.1”和“Line.2”，如图 9.65 所示。

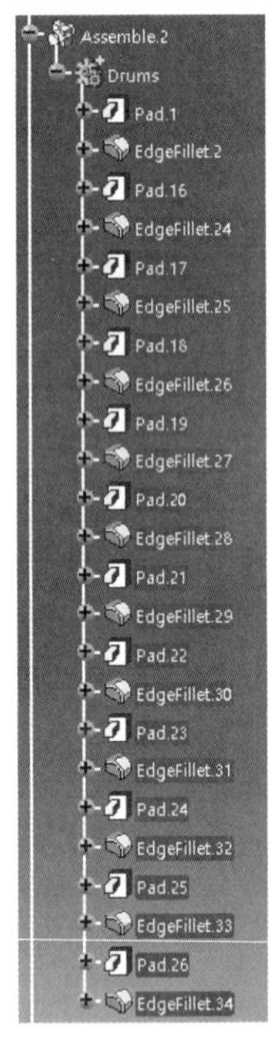

图 9.64

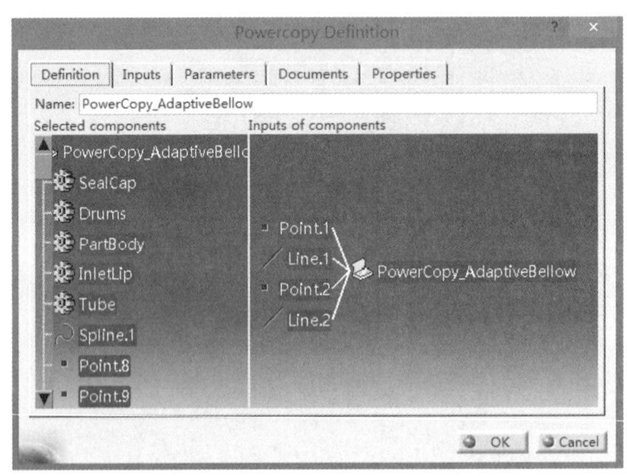

图 9.65

在【参数（Parameters)】选项卡中，找到参数集“Parameters”下的参数，并选择【发布（Published)】，将这些参数发布，以便在调用时修改使用，如图 9.66 所示。

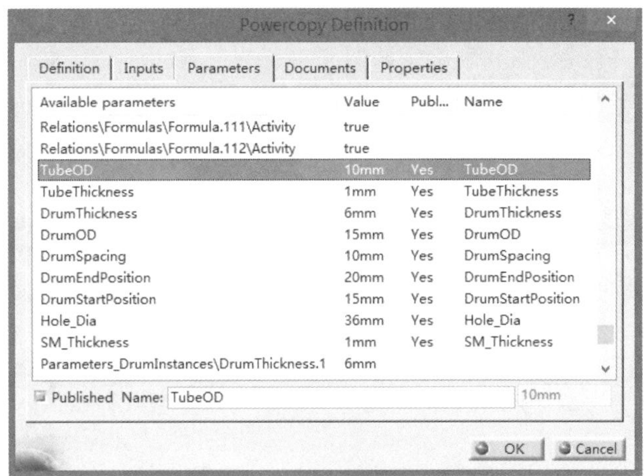

图 9.66

保存模型，在【插入（Insert）】菜单下依次选择【知识模板（Knowledge Template）】、【保存到库（Save in Catalog）】，在弹出的如图 9.67 所示的【库保存（Catalog save）】对话框中，选择【创建一个新库（Create a new catalog）】，通过对话框右上角的按钮找到合适的保存路径，并为新库命名为“RubberBellow”，单击【确认（OK）】按钮确认操作，在绘图区域把波纹套管摆放到合适的视角，截取一个图片，用于“PowerCopy_AdaptiveBellow”的预览，保存并关闭当前的零件设计文档“RubberBellow_Master”。

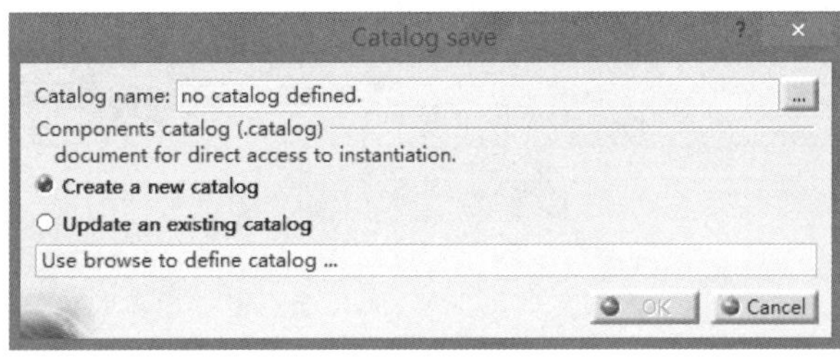

图 9.67

打开库文件“RubberBellow”，在结构树中可以看到有两个 PowerCopy 族，名称分别为“2 inputs”、“4 inputs”，其中“2 inputs”中包含的是单个鼓形特征的 PowerCopy 特征，“4 inputs”中包含的是整个波纹套管的 PowerCopy 特征，如图 9.68 所示。

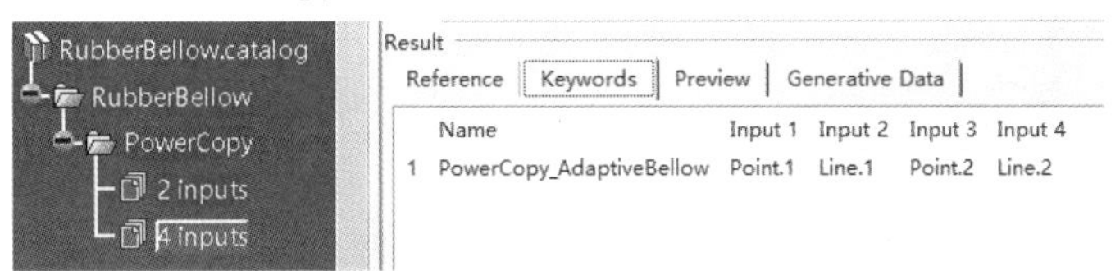

图 9.68

双击“4 inputs”，然后在右侧双击“PowerCopy_AdaptiveBellow”，在弹出的如图 9.69 所示的【描述定义（Description Definition）】窗口的【预览（Preview）】选项卡中，选择【外部文件预览（External file preview）】，在弹出的【文件选择（File Selection）】窗口中，选择前面截取的橡胶波纹套管的图片作为预览图，确认操作后，保存并关闭库文件“RubberBellow”。

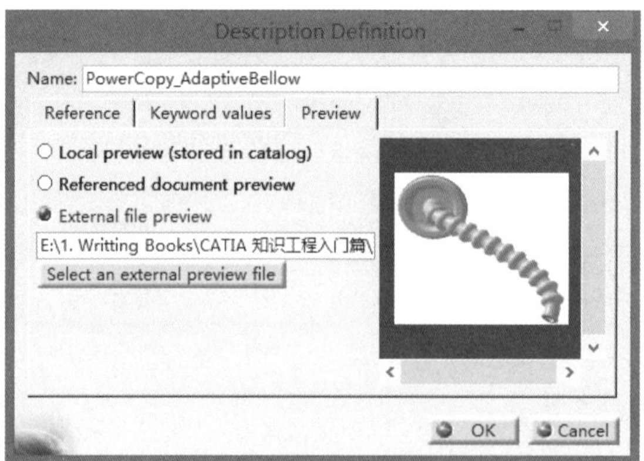

图 9.69

打开示例文件“RubberBellow_ENV_Example”，在【工具（Tools）】工具栏中选择【库浏览器（Catalog Browser）】按钮，在弹出的如图 9.70 所示的【库浏览器（Catalog Browser）】对话框中，找到刚才保存的库文件“RubberBellow”，并在其内找到 PowerCopy 特征“PowerCopy_Adaptive Bellow”，双击该 PowerCopy 特征，弹出如图 9.71 所示的【插入对象（Insert Object）】对话框。

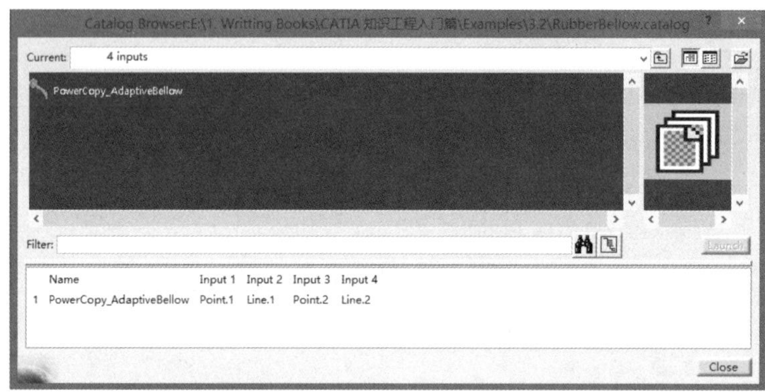

图 9.70

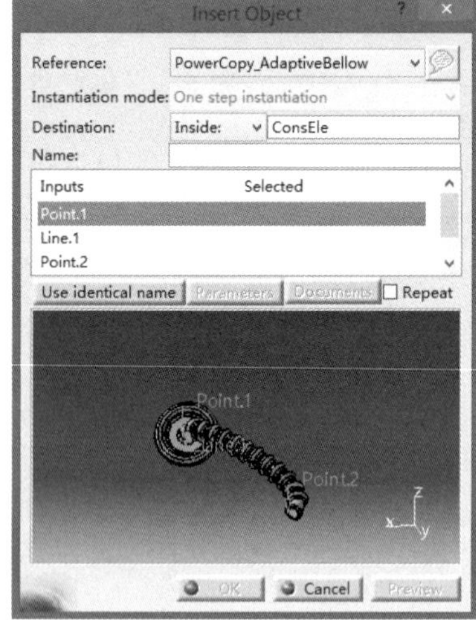

图 9.71

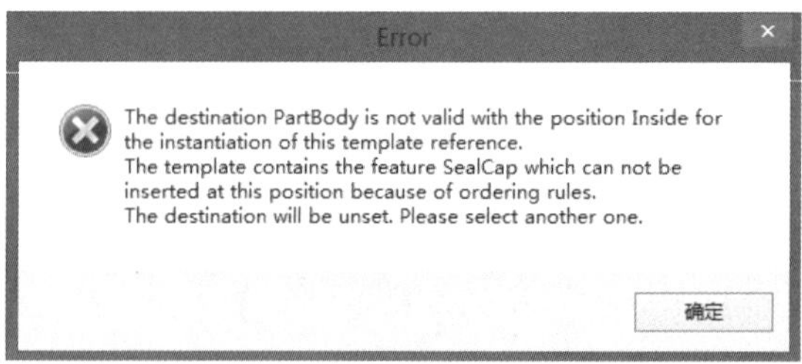

图 9.72

**提 示**

如果在弹出【插入对象（Insert Object）】对话框的同时，弹出了如图 9.72 所示的报错对话框，则说明是当前插入对象在结构树中的位置不对。本例中因为在插入几何实体特征的同时，也会把生成实体特征所用到的必须的几何构建元素（如点、线、面）插入到新的模型中，所以目标插入位置应该是一个【几何图形集（Geometrical Set）】，而非【几何体（Body）】。这时只须在【插入对象（Insert Object）】对话框的【目标位置（Destination）】右侧的下拉列表中选择【在内部（Inside）】，再在右侧的空白区域单击一下，然后在结构树中选择一个【几何图形集（Geometrical Set）】即可。

在【插入对象（Insert Object)】对话框中，根据提示在结构树中选择必要的输入元素，如图 9.73 所示，在选择两条输入直线时一定要注意线上生成的方向，可以把预览窗口中的图形放大以便于理解直线方向的意义。选择完输入元素后，【参数（Parameters)】按钮被激活，单击可以编辑在创建 PowerCopy 时的发布的参数，本例中保持这些参数不变。

单击【确认（OK)】按钮确认操作，完成 PowerCopy 特征“PowerCopy_AdaptiveBellow”的实例化调用，隐藏模型的点、线、面等构建元素，在新环境中实例化的橡胶波纹套管的模型如图 9.74 所示。

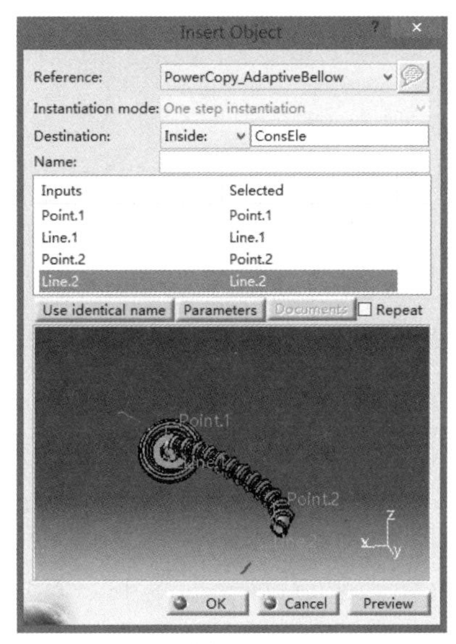

图 9.73

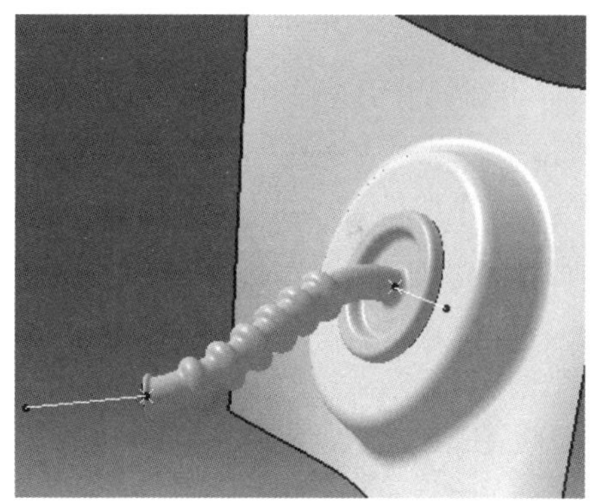

图 9.74

至此，完成了橡胶波纹套管模型的快速重建，且匹配了不同的应用环境，这在实际的类似产品设计工作中是非常实用的。使用同样的原理和操作方法，可以为波纹套管的两端设计不同类型的接口，然后通过增加一个多值参数进行选择调用。例如有些产品要求出线口的堵盖特征是圆形的，有些是跑道环型的，甚至不排除一些特殊设计的异型结构。

同样，在管道工程设计中，经常需要用到不同长度、不同直径、不同压力等级、不同大小端直径、不同弯角的管件，如何快速地创建所需要的管件是个非常庞杂的工程，而借助于知识工程的嵌入式智能可以快速地创建所需的零件，从而高效、低错、高标准化地完成设计工作。

9.6 C-EKL 常用关键字介绍

C-EKL，即 Core Engineering Language 的缩写，它是 CATIA 知识工程的核心工程语言，包括：

- 【设计表的方法（Design Table Methods）】
- 【关键字（Keywords）】
- 【法则（Law）】
- 【列表（List）】
- 【信息（Messages）】
- 【字符串方法和函数（String Methods and Functions）】
- 【电气用户函数（Electrical User Functions）】
- 【方向构建器（Direction Constructors）】
- 【圆构建器（Circle Constructors）】
- 【直线构建器（Line Constructors）】
- 【点构建器（Point Constructors）】
- 【平面构建器（Plane Constructors）】
- 【曲面构建器（Surface Constructors）】
- 【线框构建器（Wireframe Constructors）】

这里仅简要介绍以下几个常用的【关键字（Keywords）】：

- if…else…或 if…else if…else…
- let
- set
- For…while…

if…else…或 if…else if…else…一般用于【规则（Rule）】、【检查（Check）】或【响应（Reaction）】中的条件判断，例如：

```
if x>=50mm
{
    y=OD-thickness
}
else
{
    y=OD+thickness
}
```

let 一般用于一个临时变量的声明，对于非数值变量必须在变量后的小括号内声明其类型，例如：

```
let M = 12mm
let P(Point)
```

set 一般用于参数的赋值，例如：

```
set X=8mm
set Y=Pitch
```

for…while…一般用于循环语句，只能用于【动作（Action）】和【响应（Reaction）】脚本中，当 for 后面的参数循环执行到该参数让 while 后面的语句中的值为“假”时，停止循环，例如：

```
let i = 1
for i while i<=5
{
    Message(i)
    i=i+1
}
```

9.7　C-EKL 常用运算符

在进行模型参数化以及进行规则设定时，往往需要对参数进行数学运算、比较或赋值等操作，CATIA 知识工程有以下常用的运算符：

【算术运算符（Arithmetic Operator）】

“+” 加法符号，也用作字符串的连接符；

“-” 减法符号；

“*” 乘法符号；

“/” 除法符号；

“()” 用于在表达式中将运算元素分组；

“=” 赋值符号；

“**” 幂符号。

【逻辑运算符（Logical Operator）】

“and” 逻辑“与”；

“or” 逻辑“或”。

【比较运算符（Comparison Operator）】

“<>” 不等于符号；

“==” 等于符号；

“>=” 大于等于符号；

“<=” 小于等于符号；

“>” 大于符号；

“<” 小于符号。

第 10 章 知识工程顾问控制特征

本章将以 CATIA 帮助文档中的示例，详细介绍列表（List）和循环（Loop）的用法，列表和循环将使第二篇介绍的超级副本（Power Copy）和用户自定义特征（User Defined Feature）的优势得到进一步的放大。

本章知识要点

- 列表的创建
- 循环的创建

10.1 列表（List）

打开配套资源文件“List_Demo.CATPart”，切换到【知识工程顾问（Knowledge Advisor)】模块，在如图 10.1 所示的【控制特征（Control Features)】工具栏中，包含两个特征命令：【列表（List)】和【循环（Loop)】。

图 10.1

【列表（List)】中可以包含诸如点、曲线、曲面等几何特征元素，也可以包含各种类型的参数。一个【列表（List)】中可以同时包含不同类型的几何元素或参数，但一般情况下，会把一类的参数或几何元素放在一个【列表（List)】中，以便于操作管理。

单击【列表（List)】命令，弹出【列表编辑（List Edition)】对话框，然后在结构树中选中参数“Point1_X”、“Point2_X”、“Point3_X”、“Point4_X”，然后单击【列表编辑（List Edition)】对话框中的【添加（Add)】按钮，即可把参数“Point1_X”、“Point2_X”、“Point3_X”、“Point4_X”添加到此【列表（List)】中，如图 10.2 所示。如果要从该列表中移除某一元素，可选中该元素，然后单击窗口右侧的【移除（Remove)】按钮。同样地，可以对列表中的元素进行【上移（Move Up)】和【下移（Move Down)】操作。单击【确认（OK)】按钮即可完成【列表（List)】的创建。

创建完成的【列表（List)】是挂在【参数集（Parameter Set)】下面的，通过右键菜单编辑其属性可以修改【列表（List)】名称，例如“List_Point_X_Coor”。

使用同样的方法，创建第二个【列表（List)】，里面包含点“Point.1”、“Point.2”、“Point.3”、“Point.4”，并修改此【列表（List)】的名称为“List_Point”，如图 10.3 所示。

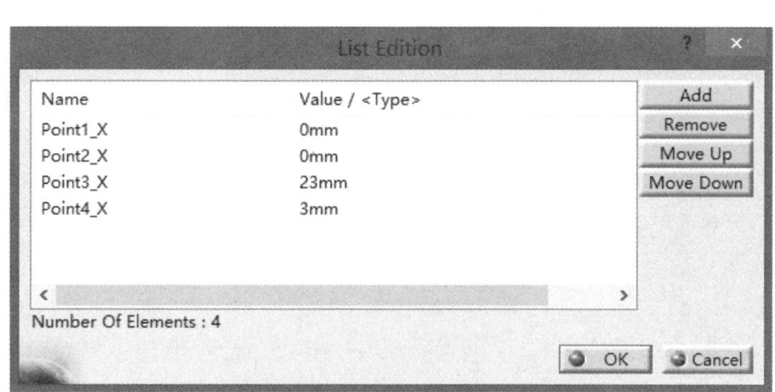

图 10.2

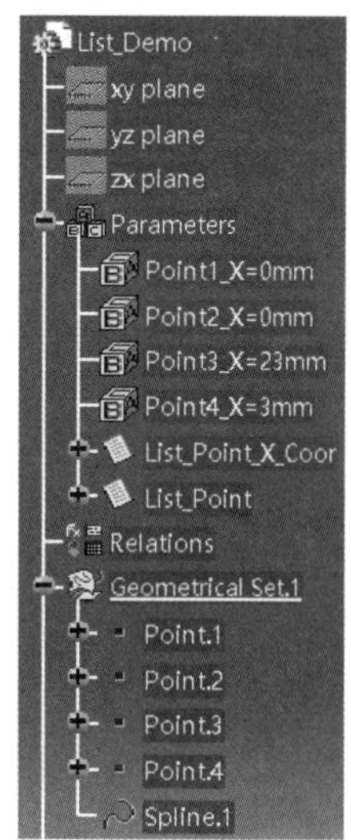

图 10.3

10.2　循环（Loop）

【循环（Loop）】通过使用脚本语言来驱动创建、修改或删除一系列特征，结合超级副本（Power Copy）和用户自定义特征（UDF）可以轻松地实现较为繁杂的模型创建或修改。

打开配套资源文件“KwrLoop1.CATPart”，里面包含一个曲面特征“Clearance_Surface”、几何体“Body.2”（示意一个孔特征）、一个用户特征“Clearance_Hole_UDF”及一个超级副本“Clearance_Hole_PC”，如图 10.4 所示。

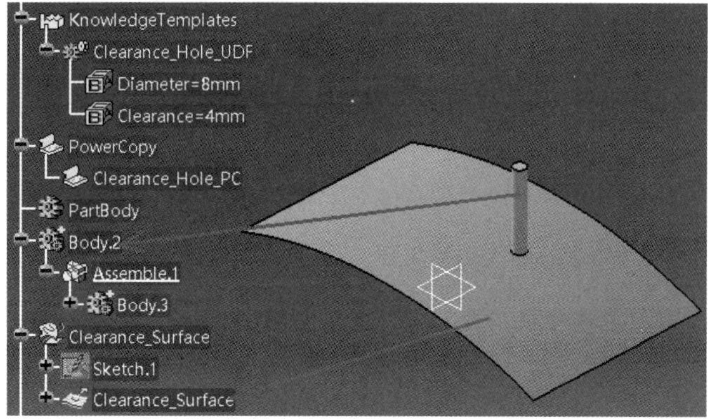

图 10.4

其中，用户特征“Clearance_Hole_UDF”的输入元素包含一个点、一条直线、一个曲面，发布的参数为“Diameter”和“Clearance”。

打开配套资源文件“KwrLoop2.CATPart”，里面包含一个曲面特征“Revolute.1”、包含多个点的列表“List_Extract”、一条直线“Line.7”，如图 10.5 所示。

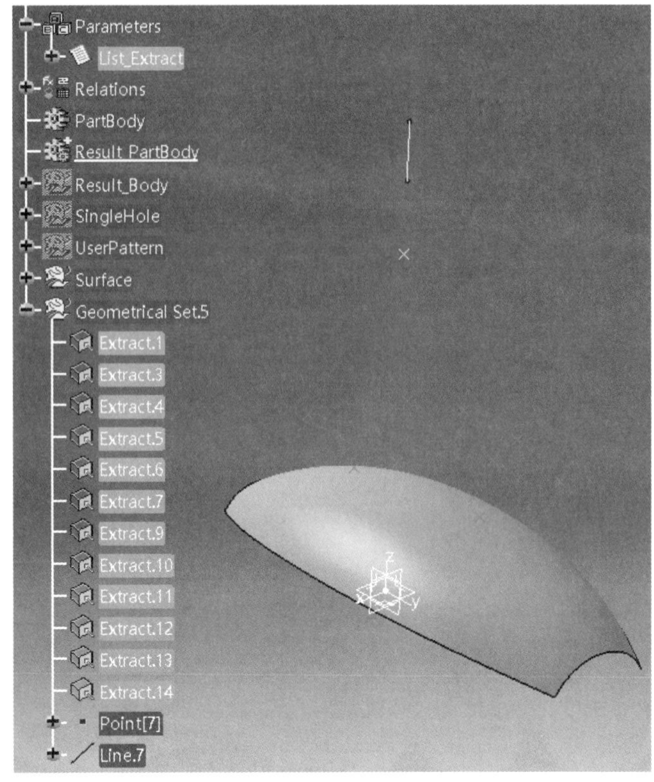

图 10.5

切换 CATIA 工作环境到【知识工程顾问（Knowledge Advisor）】模块，在【控制特征（Control Features）】工具栏中，单击【循环（Loop）】按钮，在弹出的如图 10.6 所示的【循环（Loop）】定义对话框中，在结构树中选择列表“List_Extract”，则列表“List_Extract”就会出现在对话框的【输入（Inputs）】区域，在其下方的【输入名称（Input Name）】区域修改选中的列表名称为“PointsList”；在结构树中选择曲面特征“Revolute.1”，在【输入名称（Input Name）】区域修改选中的曲面名称为“SurfRef”；在结构树中选择直线“Line.7”，在【输入名称（Input Name）】区域修改选中的直线名称为“LineAxis”。

在【环境（Context）】区域，在结构树中选择几何体“Result_PartBody”，即后续生成的特征都将放在该几何体中。

在【至（to）】后面的区域右击，在右键菜单中选择【编辑公式（Edit Formula）】，使用列表“List_Extract”下的参数“Size”驱动循环个数的上限。

在下方的脚本编辑区中，先输入关键字“import”，然后右击，在右键菜单中选择【插入文件路径（Insert File Path）】，在弹出的窗口中，找到存放文件“KwrLoop1.CATPart”的文件夹并双击该文件，即可在编辑区中插入该文件的路径。在语句后面输入英文分号“;”作为语句结尾，然后在其下方输入以下语句：

```
UDF_$i$ isa Clearance_Hole_UDF
{
    Position = object: PointsList[$i$];
    Clearance_Surface = object: SurfRef;
```

```
    Axis = object: LineAxis;
}
```

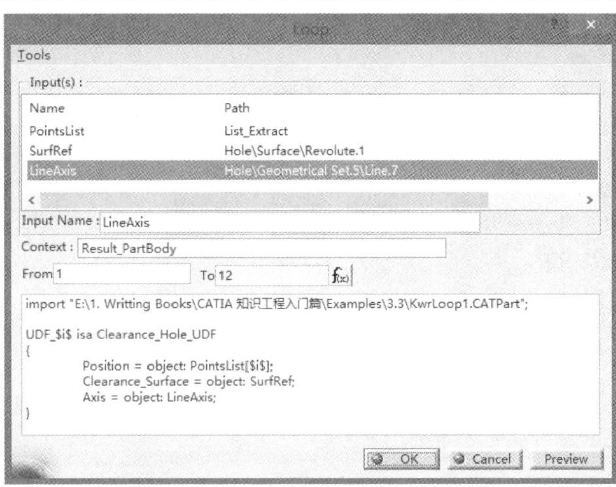

图 10.6

单击【确认（OK）】按钮，得到如图 10.7 所示的多个用户自定义特征（示意孔），这些特征都建立在列表“List_Extract”包含的点的位置，并且这些用户自定义特征距离曲面的距离均为设定的相同距离。单击【刷新（Update）】按钮即可刷新模型。

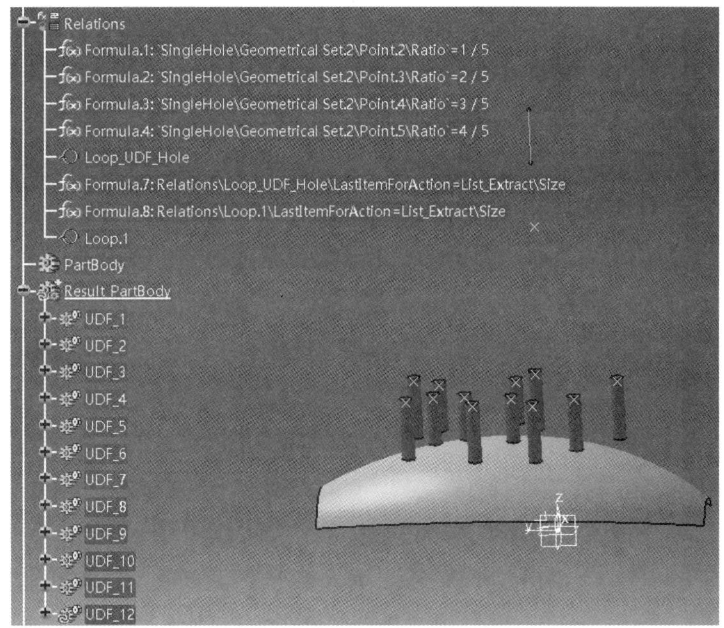

图 10.7

10.3 包含循环（Loop）的超级副本（Power Copy）

打开配套资源文件“KwrLoop3.CATPart”，切换 CATIA 工作环境到【知识工程顾问（Knowledge Advisor）】模块，在【控制特征（Control Features）】工具栏中，单击【循环（Loop）】按钮。在弹出的如图 10.8 所示的【循环（Loop)】定义对话框中，在结构树中选择列表“List_PointsRef”，在其下方的【输入名称（Input Name)】区域修改选中的列表名称为“PointsList”；在结构树中选择曲面特征“Clearance_Surface”，在【输入名称（Input Name)】区域修改选中的曲面名称为“SurfRef”；在结构树中选择直线“Line.2”，在【输入名称（Input Name)】区域修改选中的直线名称为“LineAxis”。

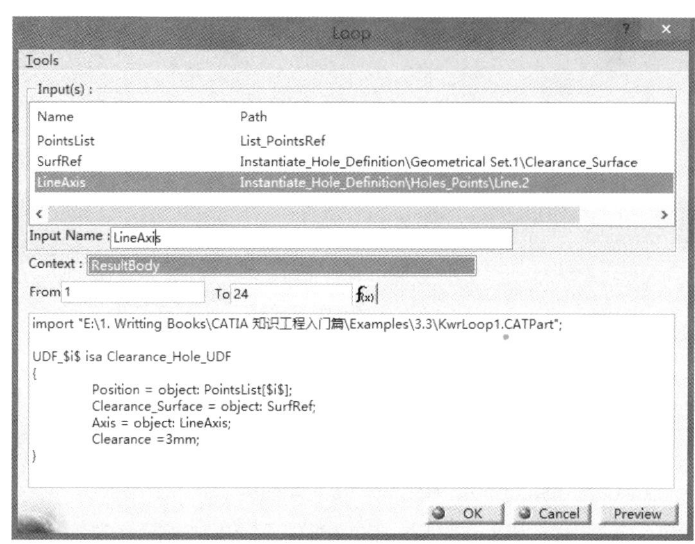

图 10.8

在【环境（Context)】区域，在结构树中选择几何体“Result_Body”，在【至（to)】后面的区域右击，在弹出的右键菜单中选择【编辑公式（Edit Formula)】，使用列表“List_PointsRef”下的参数“Size”驱动循环个数的上限。

在下方的脚本编辑区中，先输入关键字“import”，然后右击，在右键菜单中选择【插入文件路径（Insert File Path)】，在弹出的窗口中，找到存放文件“KwrLoop1.CATPart”的文件夹并双击该文件，即可在编辑区中插入该文件的路径，在语句后面输入英文分号“;”作为语句结尾，然后在其下方输入以下语句：

```
UDF_$i$ isa Clearance_Hole_UDF
{
    Position = object: PointsList[$i$];
    Clearance_Surface = object: SurfRef;
    Axis = object: LineAxis;
}
```

单击【确认（OK)】按钮，得到如图 10.9 所示的多个用户自定义特征，新建的【循环（Loop)】“Loop.1”特征挂在【关系集（Relations)】下面。

双击【列表（List)】“List_PointsRef”，从中移除点“Extract.21”、“Extract.22”、“Extract.23”、“Extract.24”，然后双击【循环（Loop)】“Loop.1”，打开【循环（Loop)】定义窗口，则循环数上限值会自动更新，关闭【循环（Loop)】对话框后，可见用户特征数量将作对应的减少，单击【刷新（Update)】按钮刷新模型。

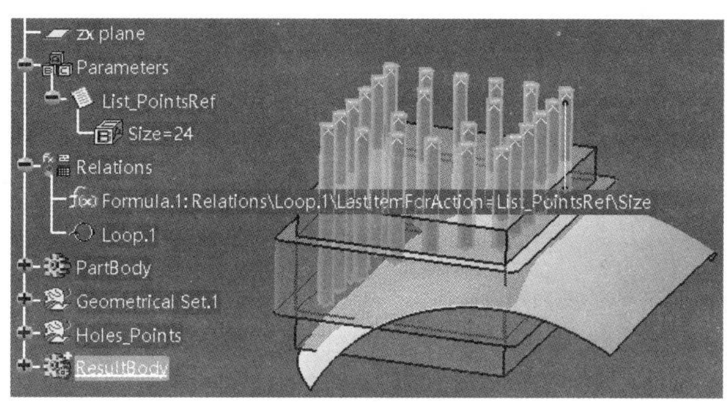

图 10.9

切换 CATIA 工作环境到【零件设计(Part Design)】模块，在插入菜单下选择【超级副本(Power Copy)】，在弹出的如图 10.10 所示的【超级副本定义（Powercopy Definition)】对话框中，在结构树中选择公式“Formula.1”和循环“Loop.1”。单击【确认（OK)】按钮完成包含【循环（Loop)】的【超级副本（Power Copy)】的创建，以名称“KwrLoop3-1.CATPart”另存本模型。

打开配套资源文件“KwrLoop4.CATPart”，在插入菜单下选择【从文档中实例化（Instantiate From Document)】，在弹出的【文件选择（File Selection)】窗口中选择包含了超级副本的文件“KwrLoop3-1.CATPart”，在弹出的如图 10.11 所示的【插入对象（Insert Object)】对话框中，根据提示依次从结构树中选择列表“List_Of_Points”下的参数“Size”、几何体“Body.2”、列表“List_Of_Points”、曲面“Extrude.1”、直线“Line.1”。

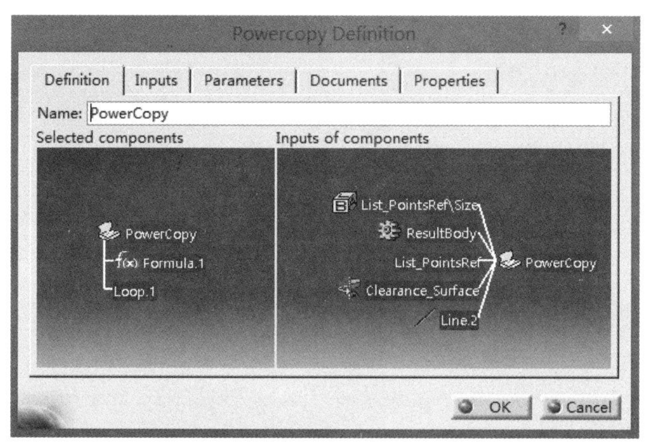

图 10.10

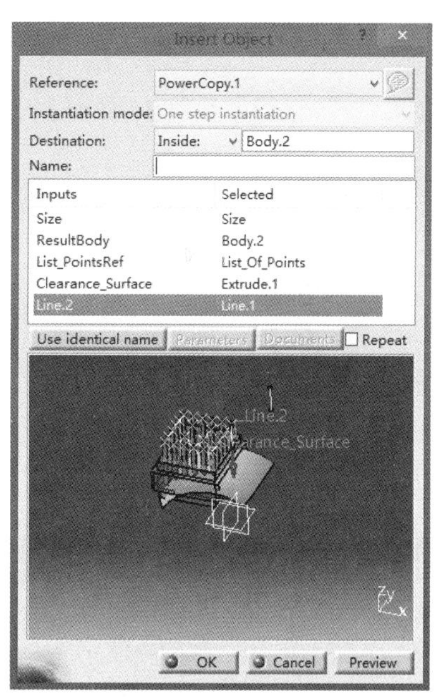

图 10.11

单击【确认（OK)】按钮完成超级副本的实例化，完成后的模型如图 10.12 所示。

以上示例仅是【循环（Loop)】与【超级副本（Power Copy)】及【用户自定义特征（UDF)】的简单应用，在实际工程案例中，往往需要将本书前面介绍的多个知识点作灵活运用，才能有效地帮助设计人员提高设计效率和设计质量。

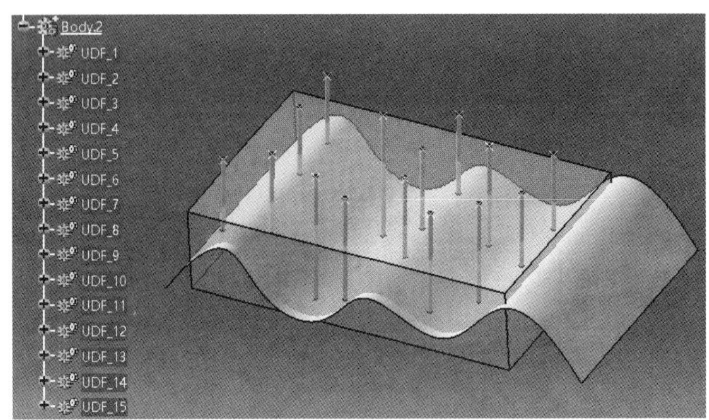
Body.2
UDF_1
UDF_2
UDF_3
UDF_4
UDF_5
UDF_6
UDF_7
UDF_8
UDF_9
UDF_10
UDF_11
UDF_12
UDF_13
UDF_14
UDF_15

图 10.12